本专著由国家重点研发计划课题"变化环境下城市暴雨洪涝灾害成因"（2017YFC1502701）资助

变化环境下
城市暴雨洪涝灾害成因

徐宗学　庞博　贺瑞敏　叶殿秀　任梅芳　等　著

中国水利水电出版社
www.waterpub.com.cn
·北京·

内 容 提 要

本书系国家重点研发计划课题"变化环境下城市暴雨洪涝灾害成因"的部分研究成果,主要针对全球气候变化背景下我国城市洪涝灾害日益严重的问题,从北到南以北京、济南、成都和深圳四个城市作为典型城市,重点开展变化环境下典型城市暴雨特性及其时空演变规律、城市降雨径流特性及控制机理以及典型城市洪涝成因分析等相关研究工作。本书全面分析了典型城市长、短历时雨型变化特征并给出了典型城市的暴雨强度公式,结合室外水文观测实验和数值模拟试验,揭示了城市复杂下垫面条件下降雨-径流关系及其调控机理,实现了城市流域降雨-产流物理机制的定量描述,阐述了变化环境下城市暴雨洪涝灾害的形成机制,剖析了气候变化和城市化对暴雨特性和产汇流机理的影响。本书对于科学认识城市流域雨洪形成过程及其致灾机理具有十分重要的现实意义,对我国海绵城市建设亦具有重要的理论意义和参考价值。

本书既可以作为我国城市暴雨洪涝灾害研究领域的参考书,也可作为水文学与水资源、城市给排水、环境科学等相关领域的专家、学者和研究生以及高年级本科生的参考用书。

图书在版编目(CIP)数据

变化环境下城市暴雨洪涝灾害成因 / 徐宗学等著
. -- 北京 : 中国水利水电出版社,2023.5
ISBN 978-7-5226-1156-3

Ⅰ. ①变… Ⅱ. ①徐… Ⅲ. ①城市—暴雨—水灾—灾
害防治—研究 Ⅳ. ①P426.616

中国版本图书馆CIP数据核字(2022)第242824号

审图号:GS京(2023)0064号

书　　　名	**变化环境下城市暴雨洪涝灾害成因** BIANHUA HUANJING XIA CHENGSHI BAOYU HONGLAO ZAIHAI CHENGYIN
作　　　者	徐宗学 庞博 贺瑞敏 叶殿秀 任梅芳 等著
出 版 发 行	中国水利水电出版社 (北京市海淀区玉渊潭南路1号D座　100038) 网址:www.waterpub.com.cn E-mail:sales@mwr.gov.cn 电话:(010)68545888(营销中心)
经　　　售	北京科水图书销售有限公司 电话:(010)68545874、63202643 全国各地新华书店和相关出版物销售网点
排　　　版	中国水利水电出版社微机排版中心
印　　　刷	北京印匠彩色印刷有限公司
规　　　格	184mm×260mm　16开本　14.75印张　365千字　5插页
版　　　次	2023年5月第1版　2023年5月第1次印刷
印　　　数	0001—1000册
定　　　价	**158.00**元

本书编委会

我国地理位置特殊，地形地貌条件复杂多样，独特的三级阶梯地形和季风气候特点使得我国长期以来饱受洪涝灾害威胁。受季风气候影响，我国暴雨洪水集中、洪涝灾害严重，城市洪涝多发一直是十分突出的问题。近年来，随着全球气候变化影响的不断加剧，我国城市洪涝灾害问题日趋严重，"逢雨即涝""城市看海"已成为我国城市的一种通病，并成为影响我国城市公共安全的突出问题和制约国家经济社会发展的重要因素。在全球气候变化的背景下，随着工业化、城镇化和经济社会的快速发展，我国新老水问题相互交织，洪涝干旱灾害风险加大，生态环境问题日益突出，我国水安全与可持续发展面临着更为严峻的挑战。

近年来，党中央、国务院对防洪减灾工作作出了一系列重大决策部署，确立了"节水优先、空间均衡、系统治理、两手发力"的新时期治水思路。2016 年 12 月出台了《中共中央 国务院关于推进防灾减灾救灾体制机制改革的意见》，提出要正确处理防灾减灾救灾和经济社会发展的关系，坚持以防为主、防抗救相结合，坚持常态减灾和非常态救灾相统一，努力实现从注重灾后救助向注重灾前预防转变，从应对单一灾种向综合减灾转变，从减少灾害损失向减轻灾害风险转变，切实提高防灾减灾救灾工作法治化、规范化、现代化水平，全面提升全社会抵御自然灾害的综合防范能力。2020 年 10 月 29 日，中国共产党第十九届中央委员会第五次全体会议通过《中共中央关于制定国民经济和社会发展第十四个五年规划和二〇三五年远景目标的建议》，明确提出"增强城市防洪排涝能力，建设海绵城市、韧性城市"。2020 年 11 月，习近平总书记在南京召开的全面推动长江经济带发展座谈会上又进一步提出要增强城市防洪排涝能力，为新时期我国城市洪涝防治工作提出了新的更高的要求。

2017 年 12 月，由本人担任项目负责人的国家重点研发计划"重大自然灾害监测预警与防范"专项"我国城市洪涝监测预警预报与应急响应关键技术研究及示范"项目由科技部正式批准立项，项目由南京水利科学研究院牵头，北京师范大学、中国水利水电科学研究院、水利部水利水电规划设计总院、中山大学、南京大学等单位共同承担。其中课题一"变化环境下城市暴雨洪涝灾害成因"由北京师范大学承担，徐宗学教授为课题负责人。课题采用科学实验观测与系统分析相结合的途径，综合考虑城市区域复杂下垫面、河湖水系、排水管网等多种因素对产汇流过程的影响，提出城市化对产汇流影响的判据与阈值，揭示城市化对暴雨洪涝过程及产汇流的影响机理，为城市规划与海绵城市、韧性城市建设提供科学依据。经过三年多的研究，该课题取得了较为丰富的研究成果。本书系上述研究成果的部分内容，其出版发行对于我国城市洪涝问题的研究与海绵城市建设无疑具有重要的现实意义与参考价值。

科学认识城市洪涝形成过程及其致灾机理，准确评估城市洪涝灾害风险，建立有效的城市洪涝灾害监测预警、风险识别及管理技术体系，是完善城市防洪排涝减灾体系、提升城市防洪排涝能力、减轻城市洪涝灾害损失的重要基础性工作。围绕城市洪涝问题开展基础性和理论性研究工作，对于保障流域和国家水安全，支撑经济社会可持续发展具有重要的科学意义和实用价值。相信该书的出版，将为我国城市水安全保障作出重要贡献。

中国工程院院士

英国皇家工程院外籍院士

2021 年 4 月 2 日

受气候变化和人类活动的双重影响，尤其是随着我国近数十年来城市化的快速发展，城市水循环过程发生了剧烈变化，极端水文事件增多、增强，城市"热岛效应""雨岛效应"凸显，城市洪涝频繁发生。城市洪涝灾害问题日益严重，已成为影响我国城市公共安全的突出问题，也成为制约我国经济社会发展的重要因素。据住房和城乡建设部统计资料，2006—2016 年的 11 年间，全国平均每年有 162 座城市发生洪涝。2021 年 7 月 17—23 日，河南省遭遇历史罕见特大暴雨，导致严重的城市内涝。郑州市、新乡市等地遭受重大人员伤亡和财产损失，其中郑州市直接经济损失 409 亿元。经国务院调查组调查认定，"7·20"特大暴雨灾害是一场因极端暴雨导致严重城市内涝、河流洪水、山洪滑坡等多灾并发，造成重大人员伤亡和财产损失的特别重大自然灾害。社会各界深刻意识到现代城市面对极端自然灾害时的高脆弱性和高风险性。科学揭示城市化背景下的水文效应，厘清产汇流过程对城市化的响应关系，缓解城市洪涝问题，提升城市洪涝防御能力和韧性是当前保障城市水安全的重大需求。

近年来，党中央、国务院对防洪减灾工作作出了一系列重大决策部署。2021 年 3 月 12 日，《中华人民共和国国民经济和社会发展第十四个五年规划和二〇三五年远景目标纲要》发布，明确指出建设"源头减排、蓄排结合、排涝除险、超标应急"的城市防洪排涝体系，推动城市内涝治理取得明显成效。2021 年 4 月 8 日，国务院办公厅发布了《关于加强城市内涝治理的实施意见》（国办发〔2021〕11 号），明确到 2025 年，各城市要因地制宜，基本形成"源头减排、管网排放、蓄排并举、超标应急"的城市排水防涝工程体系；到 2035 年，各城市排水防涝能力与建设海绵城市、韧性城市要求更加匹配，总体消除防治标准内降雨条件下的城市内涝现象。2021 年 4 月 25 日，财政部办公厅、住房和城乡建设部办公厅、水利部办公厅联合发布了《关于开展系统化全域推进海绵城市建设示范工作的通知》（财办建〔2021〕35 号），提出

"十四五"期间，选择部分城市开展典型示范，系统化全域推进海绵城市建设，增强城市防洪排涝能力被提高到国家战略高度。变化环境下城市洪涝致灾机理与风险评估研究是完善城市防洪排涝减灾体系、提升城市防洪排涝能力的重要依据，对我国城镇化建设的推进具有重要的现实意义。

针对上述国家重大需求，我国科研人员在有关科研项目的支持下，在城市水文效应、洪涝过程模拟、洪涝灾害风险分析与应对等方面取得了丰硕的成果。通过系统揭示变化环境下城市暴雨洪涝成因与致灾机理，全面认识城市暴雨洪涝及其灾害变化的环境驱动因子，识别不同驱动因子对城市暴雨洪涝及灾害的驱动作用及贡献程度，将会丰富城市水文学研究内容，有力推动城市水文学发展，为海绵城市建设与城市防洪提供重要的科技支撑。本专著作为国家重点研发计划课题"变化环境下城市暴雨洪涝灾害成因"的部分研究成果，深入分析了城市化对暴雨事件的影响规律，探讨了"城市雨岛"效应形成的物理机制，揭示了城市化对暴雨、产汇流的影响及其互馈机理，辨析了城市化发展与暴雨事件的相互关系，提出了城市化对产汇流影响的定量指标与评价技术。课题负责人徐宗学教授现担任城市水循环与海绵城市技术北京市重点实验室主任，并兼任国际水文科学协会（IAHS）副主席，对水文学研究的国内外最新进展十分熟悉，也是国内较早从事城市水文学研究的专家学者。本专著反映了城市水文学研究的最新成果，也代表了国内外在该领域的学术前沿，具有很高的学术水平。相信本专著的出版，将为我国城市防洪减灾、海绵城市与韧性城市建设提供重要的理论基础和科技支撑，也将有力推动我国城市水文学的理论研究和应用实践。

特此为序。

中国科学院院士，武汉大学教授

2022 年 9 月 1 日

2020 年 11 月 3 日，中国共产党十九届中央委员会第五次全体会议审议通过的《中共中央关于制定国民经济和社会发展第十四个五年规划和二〇三五年远景目标的建议》正式发布，提出"推进以人为核心的新型城镇化。强化历史文化保护、塑造城市风貌，加强城镇老旧小区改造和社区建设，增强城市防洪排涝能力，建设海绵城市、韧性城市。提高城市治理水平，加强特大城市治理中的风险防控"。随着"韧性城市"首次被列入中央文件，增强城市防洪排涝能力被提高到国家战略高度，成为推进以人为核心的新型城镇化的工作重点。变化环境下城市洪涝致灾机理与风险评估研究是完善城市防洪排涝减灾体系、提升城市防洪排涝能力的重要依据。因此，深入研究变化环境下城市洪涝致灾机理，辨识环境因素对城市洪涝风险的驱动机制，对我国新型城镇化建设的推进具有重要的现实意义。

变化环境下的城市水文学也是当今水科学研究的重点方向之一。在国际水文科学协会（IAHS）主导的 2013—2022 年科学计划"Panta Rhei：变化环境下的水文科学"研究计划中，城市水文方向是研究计划的一个关注焦点。随着科学计划的推进，研究者在城市洪涝模型、城市风险评估、城市化对洪涝灾害的影响、城市雨洪管理利用和城市水资源可持续管理等方面取得了诸多科研成果。我国科研人员也在海绵城市建设的支持下，在城市洪涝过程模拟、城市化的水文效应和未来洪水风险应对等方面取得了长足的进步。但是作为自然系统和社会系统交互最为剧烈的领域，关于城市洪涝灾害复杂形成机制的研究仍有待深入，气候变化和城市化对洪涝过程的影响机制研究仍有待加强。因此，揭示变化环境下城市暴雨洪涝成因与致灾机理，全面认识城市暴雨洪涝及其灾害变化的环境驱动因子，识别不同驱动因子对城市暴雨洪涝及其灾害的驱动作用及贡献程度，将有力推动城市水文学、社会水文学和气候变化科学等学科的发展，为我国海绵城市、韧性城市建设的推进提供理论依据和科技支撑。

作者在国家重点研发计划项目"我国城市洪涝监测预警预报与应急响应关键技术研究及示范"之课题"变化环境下城市暴雨洪涝灾害成因"的支持

下，采用科学实验观测与系统分析相结合的途径，分析城市化对暴雨事件的影响规律，探讨城市雨岛效应形成的物理机制，揭示城市化对暴雨的影响及其互馈机理，辨析城市化发展与暴雨事件的相互关系；综合考虑城市区域复杂下垫面、河湖水系、排水管网、泵站、蓄水池等诸多因素对产汇流过程的影响，提出城市化对产汇流影响的定量指标与评价技术，充分认识和理解城市化对产汇流过程的影响机制；从理论层面揭示城市化对暴雨事件及对产汇流过程的影响，为城市规划与海绵城市、韧性城市建设提供科学依据。课题组目在北京、济南、深圳和成都四座典型城市开展了示范应用，模型研发的部分成果已经纳入当地防汛抗旱指挥系统，提高了示范城市洪涝预报精度，提升了示范城市洪涝应急管理能力和抗灾减灾能力。

本书共分为9章，徐宗学教授负责总体设计与大纲，庞博副教授负责全书统稿。其中第3、第8章由贺瑞敏、宋晓猛撰写，第4、第5章由叶殿秀、邹旭恺撰写，其余各章由徐宗学、庞博、任梅芳撰写。第1章主要介绍了研究背景和意义、国内外研究进展、研究中存在的问题和研究思路；第2章主要介绍了示范城市的自然地理、水文气象、河流水系和经济社会概况；第3章阐述和分析了我国典型城市的洪涝问题，对我国城市洪涝灾害的类型、基本特点进行了剖析；第4章分析了典型城市的暴雨特性及其演变规律，以及典型城市的暴雨空间分布、暴雨年内变化、强降水日变化和暴雨长期变化特征；第5章分析了典型城市短、长历时雨型变化特征，并给出了典型城市的暴雨强度公式；第6章结合室外场地实验和数值模拟，辨识了汇水单元尺度城市降雨径流特性及控制机理；第7章对典型城市化流域产汇流模型的应用进行了介绍，包括北京市凉水河大红门排水片区、通州区杨洼闸排水片区以及深圳河流域等；第8章通过典型城市下垫面演变规律的分析，识别了城市洪涝的影响因素，分析了典型城市的洪涝成因；第9章为结论与展望。本书是一部具有很强实践性的专著，可为我国城市洪涝过程分析、模拟和治理提供很好的借鉴和参考。

本书主要内容是在国家重点研究计划课题的研究成果基础上提炼完成的，上述作者也是课题的主要承担者。在此对所有项目参与人员表示由衷的感谢。本书初稿完成后，庞博、任梅芳分别进行了检查和修改，李鹏和黄亦轩协助对体例格式与参考文献进行了检查和梳理，最后，徐宗学对全书进行了进一步修改和完善。北京市水文总站、济南市水文局、深圳市水务局和成都市水利局相关人员在项目执行过程中给予了大力支持和配合，南京水利水电科学研究院对本课题执行和专著编写给予了大力支持，中国水利水电出版社隋彩虹为本专著的出版付出了大量心血，在此一并致以衷心的感谢。

　　限于时间和水平，本书难免存在疏漏之处，敬请读者批评指正。

作者

2022 年 6 月

目录

第1章 绪 论

1.1 研究背景及意义

城市化是我国乃至全世界范围内的普遍现象，伴随着快速的城市化进程，城市人口数量也在迅速增长。2009年，人类历史上第一次超过世界一半的人口居住在城市区域和城市周边区域（United Nations，2010）。预测2030年世界城市人口将超过总人口数量的80%，增长或移民的人数主要集中在城市区域和发展中国家。在我国，城市化进程不断加快，国家统计局相关数据显示，我国城市化率已经从1979年的19.7%增长到了2013年的53.7%。增长的人口和城市化的发展不仅对自然环境造成一定的压力，同时也对水资源的可持续利用带来挑战（Lee et al.，2003）。因此，城市区域及其环境问题受到了越来越广泛的关注。

城市化进程的不断加快增强了人类活动与自然环境的相互作用，引发了城市区域下垫面条件、局地气候条件和相应水文循环过程的剧烈改变，从而导致城市径流系数增加、"雨岛效应"显著、城市暴雨洪涝风险增大等一系列社会-环境-生态问题。近年来，我国城市水患问题频发，并以城市暴雨引发的洪涝灾害最为严重。城市暴雨具有突发性强、灾害损失严重、与城市发展同步增长等特点，如2012年北京"7·21"暴雨、2016年6月初武汉特大暴雨、2016年7月中下旬河北暴雨等均造成了巨大的社会危害、经济损失和生态破坏（徐宗学等，2020）。因此，对变化环境下城市暴雨洪涝灾害的致灾因素进行分析就显得尤为重要，以便对我国城市洪涝监测预警预报与应急响应提供支撑。

依据水文气象频率分析的理论，基于已有的降雨记录数据，采用数理统计的方法得到的城市暴雨量、暴雨强度、降雨历时、时间空间的分布等，是科学表达城市降雨规律的一种方法，也是城市室外排水工程规划设计的重要基础性工作。因此，开展城市暴雨强度公式的编制或修编是非常必要的。城市化导致的下垫面改变将直接影响区域的产汇流条件，揭示城市流域产汇流物理过程、形成机理及驱动要素响应机制是城市雨洪灾害成因分析的重要前提。而由于城市区域的下垫面包括自然地表和人工地表，地表覆盖物种类复杂，不同地表的产汇流机制差异较大，城市地表不透水面与透水面空间分布错综复杂，空间异质性较强，导致与天然流域相比城市流域的产汇流形成机理更加复杂。因此，深入开展在城市复杂条件下的降雨-径流过程研究，在科学和实践方面都具有十分重要的意义（张建云等，2014b；夏军等，2018；刘家宏等，2017；徐宗学等，2019）。通过深入分析，揭示变化环境下城市暴雨洪涝成因与致灾机理，全面认识城市暴雨洪涝及其灾害变化的环境驱动机理，能够为我国海绵城市建设提供理论依据和科技支撑。

1.2 国内外研究进展

2000 年，全世界约 45％的人口居住在城市地区（Arnfield，2003），预计到 2025 年将达到 60％（UNFP，1999）。《中国新型城市化报告 2012》（牛文元，2012）显示，2011 年，我国内地城市化率首次突破 50％，达到 51.3％。城市化进程不仅改变了原有的下垫面特征，而且城市消耗的大量能源使大气增加了数量可观的人为热和污染物，改变了近地层大气结构，形成了以城市效应为主的局地气候。近年来，随着社会经济和城市建设的快速发展，市区房屋建筑密集，不透水面积大增，雨水渗透减少，使得城市对雨水调蓄的功能下降。另外，由于城市人口不断增加，经济不断发展，城市的用水量和排水量也在不断增加，这些变化也使城市已有的排涝标准必然呈下降的趋势。近几年，由短时强降水引发的城市内涝灾害日益频繁，对社会经济发展和人民生活造成了较大影响。高强度降水是造成城市浸水的主要外在原因，一方面由于城市的发展使防洪排涝难度增大，另一方面气候变化导致的高强度降水频率增大，又加大了城市遭受水浸的自然风险。城市经济类型的多元化及资产的高密集性致使城市的综合承灾能力更为脆弱，城市严重浸水可以导致以城市交通、商贸活动等为主体的城市命脉系统因灾中断，对城市工业、商业、服务业及对外贸易等将产生日益重大的影响。城市经济类型的多元化及资产的高密集性对城市的综合承灾能力提出了更高的要求。降水是最基本的水文气象要素之一，国外很多学者很早之前就发现了城市化会对降水产生影响这一科学问题。经过大量的科学实验观测、资料分析和数值模拟，对于城市化对降水效应影响的认识在不断深化，但由于降水观测资料的局限性以及降水本身复杂的形成和分布机制，目前关于城市化影响降水的物理机制、具体规律和成因仍存在不同的认识，甚至存在争议（胡庆芳等，2018）。另外，国内很多地区城市化的发展呈现出更为复杂的时空演变特征，这也给城市化对降水效应的研究带来了新的挑战。近些年来，国内外学者对城市强降水进行了大量的研究。有研究表明，中国有半数以上大城市年平均极端降水强度和年极端降水事件频数的变化趋势比周围大（王萃萃等，2009）。城市化效应对降水的影响存在明显的区域和季节差异，对降水影响的不确定性也很大。在城市化对三大城市群的降水影响上也存在不同的研究结论（邵海燕等，2013；花振飞等，2013；任慧军和徐海明，2011；Kaufmann et al.，2007）。大多数的研究认为城市化造成京津冀地区降水减少、减弱，长三角和珠三角地区降水增加、增强。随着城市的发展，京津冀地区极端强降水的频率和强度降低，造成夏季和年总降水量减少；长三角地区极端强降水有所增强，小量级降水有所减弱，两者的综合效应是夏季与年总降水量增加；珠三角地区中雨、大雨量级降水明显增强，春季降水有所增加；城市化效应使京津冀地区更加干旱，长三角和珠三角地区更加湿润（聂安祺等，2011；李天杰，1995；Chen et al.，2003；Guo et al.，2006；张立杰等，2009）。以广州为例，城市化造成了广州大雨、暴雨和大暴雨等强降水日数增加，相对于城市化之前，从 1991 年开始，城市化过程使得广州降水量增加的趋势明显，城市化对广州城市降水增加的贡献率为 44.7%（廖镜彪等，2011）。对最新的小时降水资料的分析结果表明，近 50 多年，北京最大小时降水量有所减弱，广州则呈明显的增强趋势，而大规模城市化的气候效应通过大气环流的调整和传输可以传播到更广阔的范围，我国东部大规模城市化可能对东亚夏季风有显著减弱影响，并对我国近几十年来"南涝北旱"降水格局的形成有一定贡献（Ma et al.，2015）。不同地域（纬度）的城市下垫面扩展对大范围气候的影响也具有明显差异（郑益群等，2013；聂安祺等，2011）。另外，由于暴雨会在短时间内产生大量的降水，常常对城市渍涝、交通带来严峻考验，同时也与泥石流、洪涝等灾害密切相关。引起城市洪涝灾害的原因是多方面的，其中一个重要方面是雨水排水的设计标准问题，而城市暴雨强度计算和设计暴雨过程是排水设计标准的另一个重要方面，是科学、合理规划设计城市排水系统的基础，能够给市政建设、水务及规划部门提供科学的理论依据和准确的设计参数。目前多数城市现有的城市暴雨公式编于 20 世纪 80 年代，原有的暴雨强度公式已经难以满足新时期城市排水设计与雨水管理的需要。面对新时期城市内涝防治需求，2014 年 5 月，中国气象局与住房和城乡建设部联合发布《城市暴雨强度公式编制和设计暴雨雨型确定技术导则》（简称《导则》），要求各地住房和城乡建设、气象部门开展合作，修订城市暴雨强度公式和设计暴雨雨型，加快开展城市内涝预警与防治工作。准确的城市暴雨强度公式和合理的暴雨雨型设计是科学、合理地规划设计城市排水系统的基础，是提高城市防灾减灾和防洪排涝能力的现实需要，直接关系到城市排水系统规划及设计建设的合理、高效和经济性。

城市化的快速发展使得大片耕地和天然植被为街道、工厂和住宅等建筑物所代替，天然流域被开发、土地利用状况改变，下垫面的滞水性、渗透性、热力状况均发生明显的变化，集水区内天然调蓄能力减弱（张建云等，2012），这将直接影响流域的产汇流规律。国内外展开了诸多探讨城市化背景下不同下垫面的产流规律的试验和应用研究（岑国平等 1997；Shuster et al.，2008），也取得了相应的研究成果。早期人们对下垫面变化的研究主要采用流域试验法，1909 年，美国设置了第一个探讨森林覆被变化对流域产流影响的对比试验流域（Whitehead et al.，1993）。Shuster et al.（2008）研究了透水面积、连通性和前期含水量等因素在实验室环境中对小空间尺度产流机制的影响。进入 20 世纪 50 年代以后，随着"流域模型"概念的提出，Onstad et al.（1970）最先尝试运用水文模型预测下垫面变化对径流的影响，标志着下垫面变化对产汇流影响的研究开始起步。90 年代初，随着土地利用与土地覆盖变化（land use and cover change，LUCC）计划的发起，加之 3S 技术在水文学中的应用和分布式水文模型的迅速发展，城市化下垫面变化对产汇流机制的影响研究进入到一个新的发展阶段（董国强等，2013）。Elliott et al.（2007）通过总结现今流行的 10 个城市雨洪模型对产流部分的处理，发现对不透水部分均采用相同的处理方法，而对透水部分则出现了多种计算方法，如径流系数法、概念性降雨径流法等，但由于缺乏对城市地区复杂下垫面产流规律的系统认识，仅停留在不透水地面产流量和透水地面产流量简单叠加的阶段（胡伟贤等，2010）。Seo et al.（2013）建立了基于宽度函数的水文分析方法，并建立了透水面、有效不透水面和无效不透水面的不同水文响应机制，结果表明，模型精度得到了改进。Hwang et al.（2013）改进了基于宽度函数的瞬时单位线法，以评估降低有效不透水面对径流过程的影响，结果表明，有效不透水面的变化会立即影响管网出口径流，并将峰值流量降低 12%。在国内，岑国平等（1997）采用室内模拟降雨试验，对多种城市下垫面及其组合的产流特性进行了系统研究，结果表明降雨强度、土壤含水量、地面覆盖和不透水面积比例是影响城市地面产流的主要因素。葛怡等（2003）对上海市区城市化的研究表明，城市化大幅增加了径流系数。郑璟等（2009）通过分析深圳市布吉河流域城市化进程中土地利用变化对流域水文的影响，发现建设用地的增加导致流域蒸散发量、土壤水含量和地下径流深度都有不同程度的减少，而地表径流则有大幅增加。在汇流方面，城市化使得流域地表汇流呈现坡面和管道相结合的汇流特点，明显降低了流域的阻尼作用，汇流速度显著加快，水流在地表的汇流历时和滞后时间大大缩短，集流速度明显增大，城市及其下游的洪水过程线变高、变尖、变瘦，洪峰出现时刻提前，城市地表径流量大为增加（张建云等，2014）。通过对美国纽约市附近 Croton 河 3 个试验流域（集水面积为 $0.38\sim0.56km^2$，分别代表高度城市化区域、中等城市化区域和未开发区域）的 27 场雨洪资料进行分析发现，随着城市化的不断发展，洪峰流量不断增加，洪水退水时间将减少（Burns et al.，2005）。对于汇流的计算方法，利用英国、瑞典等国城市地表径流观测资料进行比较发现，对于城市雨水地面汇流模拟而言，非线性水库演算法较好，等流时线法和线性水库法一般，瞬时单位线法较差。在国内，分析长沙市实测雨洪资料也得出了类似的结论（任伯帜等，2006）。因此，采用水文水动力学方法进行城市雨洪地面汇流计算有较高精度（任伯帜等，2006；张新华等，2007）。上述因下垫面性质改变引发的产汇流特性变化之外，城市汇流路径的连通性（不透水面的连通度）也是影响地表水文过程的重要驱动因素（Schueoler et al.，2009；Han et al.，2009）。对于部分不透水区域直接与相近的透水区域连通或直接进入城市水体，则可能削弱不透水表面对产汇流的影响，即不透水表面的空间分布及其有效性成为一个不可忽略的重要因素。因此，引发了不透水表面分布与有效性的讨论，如何量化城市区域不透水面积及确定有效不透水面积成为研究的一个热点（宋晓猛等，2014）。Earles et al.（2005）提出快速城市化带来的不透水面积的增加是导致城市水文效应发生变化的最主要原因，其中与排水系统直接相连接的不透水面通常也被称为有效不透水面，对城市地表径流的贡献率最大。Lee et al.（2003）通过研究美国迈阿密某居民区有效不透水表面的产流情况，发现占比 44% 的 DCIA（directly connected impervious area，直接相连的不透水面积）产流量占 52 年来区域总径流量的 72%，因此要将 DCIA 作为城市化对产汇流影响的关键指标。在国内，班玉龙等（2016）通过 SWMM（storm water management model，暴雨洪水管理模型）定量分析不同地表汇流演算模式与土地利用格局变化对城市产汇流模拟结果的影响，结果表明，在一定降雨条件下，最大化地使渗透面对有效不透水面进行阻断的土地利用格局，可使汇水区总径流量下降 52%，径流系数下降 52.4%。另外，城市河网水系的萎缩、排水系统的管网化建设、城市河湖泵站以及蓄水池等多种水利设施的影响，都在一定程度上影响城市区域的汇流特征，而针对这些方面开展的研究仍较少。综上所述，城市化对产汇流机制的影响已经成为水文学研究的热点。其中，融合多源信息建立城市有效不透水表面的估计方法成为产流研究的重点，考虑城市地表覆盖的复杂性开展城市水文-水动力耦合模型研究成为汇流研究的重点，在两者的基础上，开发城市区域分布式水文水动力模型，对更好地认识和理解城市化对产汇流过程的影响机制具有重要的意义。

对全国 351 座城市的统计结果表明，2008—2010 年全国有 62% 的城市发生过不同程度的洪涝，其中 137 座城市洪涝灾害超过 3 次。近年来，每逢雨季，各地城市轮番上演"城市看海"景象，造成严重的洪涝灾害和人员伤亡及财产损失。城市暴雨洪涝灾害已成为我国自然灾害损失最严重的部分。以 2014 年为例，全国 28 个省（自治区、直辖市）遭受不同程度洪涝灾害，因灾死亡 485 人，受灾人口 7382 万人，受淹或内涝城市有 125 座，直接经济损失 1500 多亿元。对近年城市暴雨洪涝现状的分析结果表明：宏观层面上，城市暴雨洪涝影响范围广，洪水量级大，积水和洪灾损失严重；微观层面上，城市暴雨重现期标准偏低，产汇流时间缩短，降雨径流量增加，易涝点呈现动态变化。Tripathi et al.（2014）通过对 2007 年发生在美国 Vernonia 市的洪涝事件分析发现：城市化和硬化地面的增加使得暴雨下渗减少，地面径流量增加，洪峰流量加大，洪灾更为严重。Owrangi et al.（2014）指出快速城市化进程极大增加了城市洪涝风险，近年来加拿大温哥华市发生的洪涝灾害与土地利用状况变化密切相关。王浩院士在"第九届中国城镇水务国际研讨会"上指出，在快速城镇化这一新形势下，我国城市洪涝现状可概括为"发生范围广、积水深度大、积水时间长，洪涝频发、影响严重、损失巨大"，强调城市洪涝灾害成因主要有以下几个方面：①气候变化导致城市极端气象事件（暴雨）频发；②城市雨岛效应增加了城市暴雨频率和强度；③城市建设侵占洪水通道和雨洪调蓄空间；④城市下垫面硬化改变地表径流数量和过程；⑤原有城市排水管网规划设计标准偏低；⑥城市微地形特征（如下凹式立交、地下广场等）导致洪涝易发频发；⑦城市内排和外排标准不衔接；⑧城市洪涝应对管理不完善。张建云院士曾先后撰文阐述了全球气候变化及城镇化对城市降水和极端暴雨的影响机制，并从流域产汇流角度分析了城镇化对洪水过程的影响，系统剖析了中国城市洪涝频发的主要原因，提出了我国城市洪涝防治的应对策略，强调科学合理确定城市防洪、除涝和排水标准，是城市洪涝防治工程规划和布局的重要内容，是决定城市洪涝治理能力的重要基础（张建云等，2014；2016；2017）。夏军院士也针对城市洪涝问题以及海绵城市建设中的水问题，强调"城市病"的主导因素是城市化水文效应，在海绵城市建设过程中应重视水文学基础研究，加强风险管理意识与应对能力建设。徐宗学等（2016）结合城市水文学所面临的挑战，指出我国近年来提出的海绵城市建设应依托城市水文学的发展，进行系统性、协同性和创新性等多方融合多学科交叉，深入研究城市雨洪过程及洪涝致灾机理，真正解决"城市看海"问题。解建仓等（2015）从城市洪涝事件引发灾害的原因角度分析，基于大量研究成果提出了城市洪涝问题的新思考。尚志海等（2009）从系统论的角度出发，分析了当代全球变化下城市洪涝灾害的形成机制，指出城市洪涝灾害的脆弱性存在加剧的趋势，强调加大对城市洪涝灾害风险的管理。

总之，城市暴雨洪涝影响范围广，社会经济损失严重，影响城市洪涝的因素相对较为复杂，主要可分为两大类：一类是自然因素，另一类是人为因素。自然因素可包括水文气象条件、地形地貌特征、工程设施情况等，近年来全球气候变化的影响成为自然因素的重要方面；人为因素则主要包括城市化建设、管理制度、相关标准等，其中城市化建设引起的下垫面变化及其相应的水文效应成为关注的焦点。

从系统学和灾害学角度分析，由于受到天、地、人等多种条件的约束和众多繁杂因素的影响和干扰，城市洪涝灾害是一个典型的复杂系统。城市洪涝灾害并不是由强降水事件、城市特定的孕灾环境及城市承灾体等简单综合而成的一个系统，最后酿成的城市洪涝灾害是它们相互作用的结果。致灾因子是城市洪涝灾害产生的前提条件，是放大或缩小城市这一整体承灾体损失的必要条件，致灾因子的变化强度和频率一般与致灾因子的危险性成正比；孕灾环境对致灾因子和承灾体相互作用起辅助作用，影响城市洪灾的发生频率和发生强度；城市这一承灾体在一定程度上决定洪灾的风险度和城市抵御洪灾的脆弱程度。暴雨作为主要致灾因子，城市作为洪涝承灾体，两者共同作用形成城市暴雨洪涝灾害。为此，应分别从暴雨形成与洪涝形成两个层面分析城市暴雨洪涝形成机理。当前，随着对大气环流特征和天气系统演化规律认识的深入与计算机技术的发展，诸多学者从气象学角度研究暴雨洪涝形成机理。以叶笃正和陶诗言等为代表的气象学家开创性地采用大气环流演变过程揭示暴雨形成机理，指出以副热带高压和阻塞高压为代表的环流特征与局部暴雨天气密切相关（陶诗言等，2003）。此外，气候异常对局地暴雨的影响也广受关注，如 ENSO（El Niño-Southern Oscillation，厄尔尼诺与南方涛动）、北极涛动、太平洋年代际涛动等。城市化发展对洪涝灾害的影响从灾害学角度分析主要包括孕灾环境变化、致灾因子变化和承灾体变化（Jha et al.，2012）。城市化对孕灾环境的影响主要表现在（Wilby et al.，2006；Zevenbergen et al.，2008；丁文峰等，2006；陈云霞等，2007；刘志雨，2009；许有鹏等，2012；赵安周等，2013）：地面硬化导致地面透水性差，改变了自然条件下的产汇流机制；城市河道渠化及排水系统管网化，减少了汇流时间，峰现时间提前；城市发展侵占天然河道滩地，减少了行洪通路，降低了泄洪能力和河道调蓄能力。由此可见，城市化过程地面结构的变化改变了水文情势，影响了流域产汇流过程，增加了暴雨洪水灾害风险。城市化对致灾因子的影响则主要表现在城市热岛效应、阻碍效应和凝结核效应对城市降雨特征产生影响，从而使得城市暴雨发生概率增加，城市洪涝灾害风险也随之增加（张建云等，2017）。城市化对承灾体的影响则表现为城市化使得城市财富、人口和资源集中，暴雨洪涝灾害造成的损失也随之增加，其影响也越发严重。

1.3　研究内容与技术路线

1.3.1　研究内容

针对变化环境下城市暴雨洪涝灾害成因分析这一主题，本书拟从以下几个方面开展相关研究工作。

1. 典型城市暴雨特性及其演变规律

分析典型城市暴雨频次和强度的时空分布特征和气候变化特征；推求典型城市不同历

时暴雨概率函数的相应参数,通过对比分析,确定适合各典型城市的暴雨强度公式;根据典型城市历史降水资料,基于连续降水序列和暴雨强度公式,推求其短历时和长历时雨型;基于典型城市的短历时和长历时雨型,分析给出典型城市不同重现期下,短历时和长历时给定时间间隔的设计降雨具体时程分配。

2. 下垫面驱动要素的改变对城市产流的影响机制研究

基于城市各类下垫面的产汇流物理机制,构建能够较精细刻画城市下垫面特征、能够对多种下垫面组合计算,且具有较高精度和稳定性的产汇流数值模拟模型;根据透水面与不透水面的组合特征,选择典型汇水单元开展相关水文监测实验,测定模型所需下渗参数;根据水文监测实验结果,对所建模型进行率定和验证。主要工作包括:①典型汇水单元选择,开展水文监测实验;②模型建立;③模型率定与验证;④模型应用。

3. 城市化流域产汇流模型研究

以典型城市化流域为例,采用统计学模型及物理模型(水文、水动力学模型)分析城市化进程对流域产汇流的影响。主要包括:①以北京市凉水河大红门排水片区为例,研究不同汇流路径对城市流域水文过程的影响;②以北京市通州区两河片区杨洼闸排水片区为例,研究流域下垫面的变化对流域水文过程的影响;③以济南市黄台桥排水片区为例,构建 SWMM 一维管网模型与 LISFLOOD-FP 二维地表淹没模型,对研究区节点溢流及地表淹没情况进行模拟分析;④以深圳河为例,基于 Copula 函数,分析深圳河流域雨潮组合风险概率,对深圳河流域雨潮组合进行风险分析。

4. 城市洪涝成因及其驱动机制

分析典型城市洪涝事件发生的频率、强度的演变特征,调研典型城市近些年洪涝事件发生的天气背景、地形特征、排水条件等,明晰典型城市暴雨洪涝的主要驱动因子,对比不同降水条件下的暴雨洪涝特征,分析和评估不同驱动因子对暴雨洪涝的驱动作用及响应关系,结合区域地形和城市暴雨洪涝模拟结果,系统揭示城市洪涝形成的驱动机制。

1.3.2 技术路线

本书围绕变化环境下城市暴雨和洪涝灾害成因的研究热点,采用"数据准备与整理—检测与甄别—影响与响应研究—模型研究与分析"这一主线,从历史观测资料分析入手,结合室外实地观测、数理统计分析、实验与模型等多种手段,从多种时间和空间尺度的观测资料入手,采用多学科交叉、多源信息融合、多方法集成等途径开展研究工作。

以文献调研、多源遥感降水数据评估、典型城市降水时空演变分析、典型城市土地利用分析、典型城市研究区域实地观测实验以及水文-水动力学模型的模拟等技术为主线,采用多种研究途径,揭示全球气候变化和我国快速城市化对城市流域产汇流的影响机理。

技术路线如图 1.1 所示。

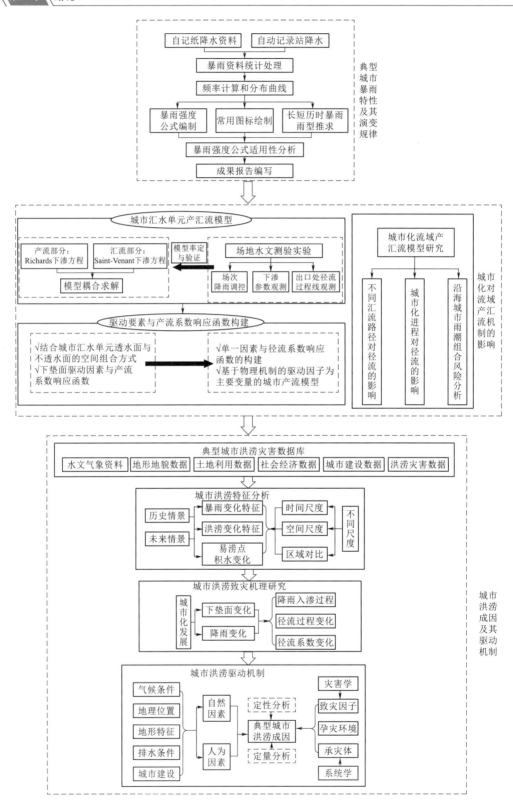

图 1.1　技术路线

第2章 研究区概况

2.1 研究区范围

根据研究示范区域的基本要求，综合考虑到沿海、内地、南北方和东西部的代表性，重点针对北京、济南、深圳和成都四个示范城市，同时兼顾其他主要城市分析我国城市洪涝成因及驱动机制。四个示范城市的基本特点见表 2.1。

表 2.1　　　　　　　　　示范城市主要特点

示范城市	特　　　点	洪涝日期
北京	高度城镇化，国家政治中心，受西北部山区洪水和中心城市内涝共同影响	2004 - 07 - 10 2011 - 06 - 23 2012 - 07 - 21
济南	南绕丘陵，北环孤山，呈低洼盆地，城市排涝泄洪负担较重，马路行洪常见	2007 - 07 - 18 2014 - 03 - 30 2016 - 08 - 16
深圳	沿海城市，国家一线城市，受潮汐顶托影响，城市防洪排涝问题突出	2008 - 06 - 13 2011 - 07 - 03 2014 - 05 - 11
成都	西部国家中心城市，地势差异显著，水系纵横，水网密集，外洪内涝问题交织	2018 - 07 - 11

2.2 自然地理概况

2.2.1 北京市

北京市位于东经 $115°25'\sim117°30'$、北纬 $39°28'\sim41°05'$，处于华北平原北端，东南与天津市相接，其余被河北省所环绕，总面积为 $16800km^2$，其中山区面积 $10400km^2$，占总面积的 62%，平原面积 $6400km^2$，占总面积的 38%。北京市共辖东城、西城、朝阳、海淀、丰台、石景山、门头沟、房山、通州、顺义、大兴、平谷、怀柔、昌平、密云和延庆 16 个区，其中东城区、西城区、朝阳区、海淀区、丰台区、石景山区统称为城六区。北京市地势西北高东南低，高程范围为 $13\sim2215m$，地形图如图 2.1 所示，西部为太行山脉的西山，山脊高程为 $1400\sim1600m$；北部、东北部为燕山山脉的军都山，山脊平均高程为 $1000\sim1500m$，基本形成北京市山前、山后平均高程为 $1000m$ 的天然障碍线。北京市地貌形态由西向东、由北向南形成中山、低山、丘陵过渡到洪积冲积台坡地、冲积洪积扇平原、洪积冲积倾斜平原，一直到冲积平原。山区山脉层叠，地势呈阶梯状下落，地势下降非常明显，由于山脉交接、断裂、下陷和侵蚀的作用，形成了古北口、南口、永定河入口三个通道，影响着北京市的气候。

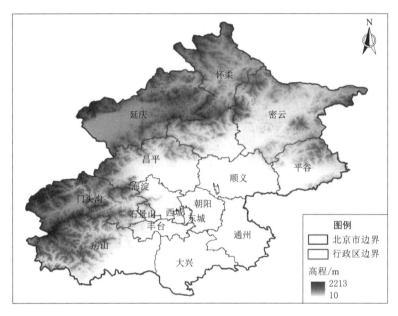

图 2.1　北京市地形图

2.2.2　济南市

济南市位于山东省的中西部，南与列入"世界自然文化遗产"的泰山毗邻，北与被称为"中华民族母亲河"的黄河相依，地理位置位于东经 $116°12'\sim117°44'$、北纬 $36°10'\sim37°40'$，地形如图 2.2（a）所示。济南市地处鲁中南低山丘陵与鲁西北冲积平原的交接带上，地势南高北低，按地形可分为北部冲积平原带、中部山前平原带和南部丘陵山区带。全市总面积 8177km²，其中市区（包括历下、市中、槐荫、天桥、历城、长清

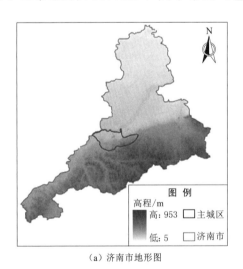

（a）济南市地形图

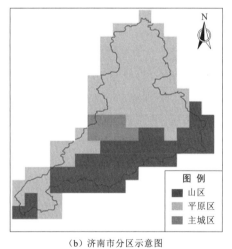

（b）济南市分区示意图

图 2.2　济南市地形图和分区示意图（2018 年资料）

六区）面积 3257km²。济南城区依山傍水，风光秀丽，是一处地理条件优越、自然环境优美之地。

济南市市区处于泰山山脉与华北交接的山前倾斜平原，形成了东西长、南北窄的狭长地带。南部山区高程 100～975m，冲沟发育，切割深 6～8m，一般坡度大于 40°，山前倾斜平原高程 30～100m，以 23‰～9‰ 的坡度向北伸展。北部为黄河、小清河冲积平原，有数处火成岩侵入成山丘，高 50～200m，小清河以南高程一般为 23～30m，向北倾斜。小清河以北由于火成岩侵入影响及黄河冲积淤高，地面微向南倾斜，因而形成北园一带的低洼沼泽地带。黄台以东又趋于平坦，一般高程 26～29m，以 3‰ 的坡度向北倾斜。根据济南市行政边界和联合国环境规划署世界保护监测中心（United Nations Environment Programme - World Consenvertion Monitoring Centre，UNEP - WCMC）标准，可初步将济南市划分为平原区、主城区和山区三部分，如图 2.2（b）所示。

2.2.3　深圳市

深圳市地处广东省南部，珠江口东岸，与香港一水之隔，陆域位置是东经 113°46′～114°37′、北纬 22°27′～22°52′，东临大亚湾和大鹏湾，西濒珠江口和伶仃洋，南隔深圳河与香港相望，北部与东莞、惠州两市接壤，如图 2.3 所示。根据《深圳市 2017 年国民经济和社会发展统计公报》，截至 2017 年年末，深圳市常住人口 1252.83 万人，其中户籍人口 434.72 万人，实际管理人口超过 2000 万人，城市化率 100%。全市下辖 9 个行政区（福田、罗湖、南山、盐田、宝安、龙岗、龙华、坪山、光明）和 1 个新区（大鹏新区），总面积 1997.27km²。

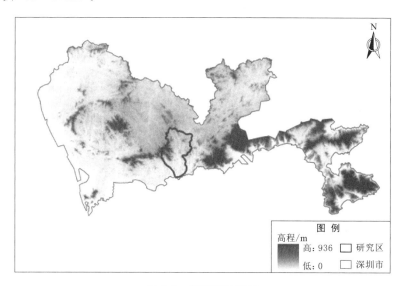

图 2.3　深圳市地形图

深圳市所辖范围呈狭长形，东西长，南北窄。其东西向直线距离，自东宝河口至蛇口半岛南端为 155.2km，至大鹏半岛最南端为 157.2km；其南北向最窄处自北部边界至沙鱼涌海岸的直线距离仅 6km。深圳以平原和台地地形为主（约占总面积的 78%），西部沿海一带是滨海平原，北面和东北面多为山地和丘陵。地势东南高，西北低。深圳市土壤质地主要为中壤土和砂壤土，分别占深圳市面积的 58.7% 和 35.8%，其余部分为软土，主要分布在沿海填海地区。深圳绿地面积约为 1055km²，约占深圳市总面积的 53%。裸土面积约占 2.7%，其中，原特区内城市建设基本完成，裸土面积最小。深圳市水面覆盖率较低，城区蓄洪能力较弱。

2.2.4 成都市

成都市地处四川盆地西部，青藏高原东缘，东北与德阳市毗邻，东南与资阳市毗邻，南面与眉山市相连，西南与雅安市接壤，西北与阿坝藏族羌族自治州接壤；地理位置位于东经 102°54′~104°53′、北纬 30°05′~31°26′。2016 年，全市土地面积为 14335km²，市区面积 4241.81km²，其中建成区面积 837.27km²。

成都市地势由西北向东南倾斜，西部属于成都平原。四川盆地边缘地区，以深丘和山地为主，高程大多为 1000~3000m，最高处位于大邑县西岭镇大雪塘（苗基岭），高程为 5364m；东部属于四川盆地盆底平原，由岷江、湔江等江河冲积而成，是成都平原的腹心地带，主要由平原、台地和部分低山丘陵组成，高程一般在 750m 上下，最低处在简阳市沱江出境处河岸，高程 359m。

2.3 水 文 气 象 概 况

2.3.1 北京市

北京市的气候为典型的暖温带半湿润大陆性季风气候，夏季高温多雨，冬季寒冷干燥，春、秋短促。多年平均气温 11.7℃，夏季最高气温可达 42.6℃，冬季最低气温可达 −27.4℃；降雨季节分配不均，夏季（6—8 月）降雨强度大，约占全年降水量的 70% 以上，春季和秋季占 28% 左右，冬季降水较少，只占全年降水量的 2% 左右。据 1981—2017 年北京市平均降水量统计，北京市多年平均降水量在 372.1~682.9mm 之间，见表 2.2，多年平均降水量为 585mm。全市降水在空间上的分布极不均匀，呈现出东北部密云和平谷最多，其次为南部平原城市区域较多，西部山区和东南郊较少的趋势，多年平均降水量的空间分布如图 2.4 所示（见文后彩插）。

表 2.2　　　　　　　　　　　地面降雨观测站点基本信息

站点编号	站点名称	多年平均降水量/mm	站点编号	站点名称	多年平均降水量/mm
1	半壁店（BBD）	485.71	9	卢沟桥（LGQ）	544.89
2	番字牌（FZP）	578.29	10	马驹桥（MJQ）	461.76
3	凤河营（FHY）	430.44	11	密云（MY）	604.84
4	高碑店（GBD）	550.36	12	南各庄（NGZ）	483.01
5	黄花城（HHC）	556.86	13	千家店（QJD）	424.59
6	黄松峪（HSY）	698.75	14	三家店（SJD）	555.96
7	喇叭沟门（LBGM）	469.10	15	沙河（SH）	529.27
8	乐家花园（LJHY）	553.43	16	松林闸（SLZ）	568.40

站点编号	站点名称	多年平均降水量 /mm	站点编号	站点名称	多年平均降水量 /mm
17	唐指山（TZS）	563.80	24	沿河城（YHC）	398.40
18	通县（TX）	561.56	25	羊坊闸（YFZ）	565.47
19	王家园（WJY）	507.89	26	右安门（YAM）	548.72
20	温泉（WQ）	547.94	27	榆林庄（YLZ）	506.54
21	霞云岭（XYL）	596.09	28	枣树林（ZSL）	688.75
22	下会（XH）	615.92	29	斋堂水库（ZTSK）	442.94
23	延庆（YQ）	443.69	30	张坊（ZF）	594.16

2.3.2　济南市

济南市属于大陆性气候区，暴雨时空分布极不均匀，其时间分布特点是暴雨量大、强度高，暴雨时程分布非常集中，暴雨空间分布呈现出显著的局部性特点，暴雨及特大暴雨均为南部山区多于北部平原，市区遭受短历时、高强度暴雨的机会较多。据1917年以来降水量资料分析，年降水量的75%集中在6—9月，其中7—8月又占全年的53%，而且特别容易出现短历时高强度暴雨。

从近几十年来的降雨情况看，济南市几次灾害性的暴雨，其暴雨中心大多出现在城区。如1962年7月13日暴雨、1987年8月26日暴雨及2007年7月18日暴雨，其暴雨中心主要集中在市区，这三场大暴雨梯度均较大，自暴雨中心到外围递减迅速。1962年7月13日特大暴雨，实测最大6h降水量298.4mm，短历时洪水频率为300年一遇，暴雨中心在城区及南部山区；1987年8月26日这场暴雨是一次范围小、强度大、历时短的强暴雨，面平均降水量137.7mm，强降雨主要集中在城区及南部山区，最大点雨量为340mm；2007年7月18日这场暴雨突发性强、历时短、强度高，降水量主要集中在市区，根据不同站点降雨量统计，济南市18日平均降水量74mm，市区平均降水量103mm，本次城区雨量站最大1h降水量151mm，理论发生概率为200年一遇。

济南市小清河流域地处华北中纬度地带，属暖温带半湿润大陆性季风气候区，光热资源较丰富，多年平均气温12.9℃，全年无霜期202d。最高气温41.1℃，最低气温−24.5℃。其特点是春季干燥多风，夏季炎热多雨，秋季天高气爽，冬季干冷期长，四季分明，雨热同期。多年平均降水量为617.2mm，总的分布趋势南部多于北部，中部大于东西两端。南部中低山区多年平均降水量为700～750mm，中部丘陵山区多年平均降水量为600～700mm，北部平原区多年平均降水量为550～600mm。降水年内分布很不均匀，主要集中于汛期6—9月，降水量约占全年的75.5%，年际间丰枯期交替出现。历史上年最大降水量为1145mm，发生于1962年，而年最少降水量仅336mm，并具有周期变化与持续时间较长的特点，时常发生旱涝灾害，且水资源严重不足，这些都直接影响着工农业生产的发展。

2.3.3　深圳市

深圳市地处华南沿海，属于显著的亚热带季风气候区。深圳市多年平均气温22.4℃，最高气温 38.7℃（1980 年 7 月 10 日）、最低气温 0.2℃（1957 年 2 月 11 日）。深圳市雨量充沛，年降水量 1700～2000mm，年降水量最高记录 2662mm（1957 年），年降水量最低记录 913mm（1963 年）。降水量季节分配极不均衡，主要集中在 4—9 月，占全年的 85％以上。深圳受台风、季风、热带云团、锋面等系统影响，极容易产生暴雨。大暴雨降水具有累积雨量大、强降水时间集中、雨强大等特点，且具有明显的季节性。

降水空间分布极不均匀，具有明显的地域性特征，主要集中在深圳中南部的南山区东南部、福田区、罗湖区中西部和宝安区东南部区域，深圳东南部的盐田区和龙岗新区西南部，以及深圳东部的葵涌、坪山一带。1993 年 9 月 26 日，深圳河流域普降暴雨，实测 24h 最大点降水量 438mm，形成新中国成立以来深圳河最大的暴雨洪水；2000 年 4 月 14 日，珠江口附近普降大暴雨，珠海市日降水量达 643.5mm，达 300 年一遇，深圳 12h 降雨突破自 1952 年以来雨量的最高记录；2008 年 6 月 13 日暴雨，石岩水库最大 24h 点雨量为 625mm，重现期大于 500 年，在一天时间内降水量占多年平均年降水量的 34.2％；2014 年 5 月 11 日，全市 116 个自动站录得大暴雨，34 个自动站录得特大暴雨，龙华站最大累积雨量 458.2mm。

2.3.4　成都市

成都市属亚热带季风气候区，具有春早、夏热、秋凉、冬暖的气候特点，年平均气温为 16℃，多年平均降水量为 1000mm 左右。成都气候的一个显著特点是多云雾、日照时间短，民间谚语中的"蜀犬吠日"正是这一气候特征的形象描述。成都气候的另一个显著特点是空气潮湿，因此，夏天虽然气温不高（最高温度一般不超过 35℃），却较闷热；冬天气温平均在 5℃以上，但由于阴天多、空气潮，却较阴冷。成都的雨水集中在 7—8 月，冬、春两季干旱少雨，极少冰雪。成都极端最低气温为 -5.9℃，大部分区（市、县）最低气温出现在 12 月，少部分出现在 1 月。

据统计，2016 年成都市年降水量 939.4mm，与 2015 年降水量 857.1mm 相比，增加了 9.6％，与多年平均降水量 964.0mm 相比减少了 2.55％，降水在年内分配不均，主要集中在 6—9 月。

2.4　河流水系概况

2.4.1　北京市

北京市地处海河流域，自东向西分布有蓟运河、潮白河、北运河、永定河、大清河五大水系，如图 2.5 所示。五大水系中，只有北运河发源于北京市，蓟运河、潮白河、大清河三大水系发源于河北省，永定河发源于山西省，五条水系下游均汇入永定新河和海河，经天津市入海。市区内有通惠河、凉水河、清河、坝河四条主要排水河道及 30 多条较大支流，大部分由西向东汇入北运河。通惠河水系位于市中心区，包括护城河系、内城河系、金河、长河、南旱河等，总流域面积 258km²，是西山地区、城区及东郊的主要排水河道；凉水河位于市区南部，上游有新开渠、莲花河等，为城西及南郊主要排水河道，通过右安门分洪道，担负南护城河的分洪任务，总流域面积 624km²；清河位于市区北部，主要支流有万泉河、小月河及西北土城沟，为城西、北郊的主要排水河道，总流域面积

217km²；坝河位于市区东北部，主要有北小河、东北土城沟及亮马河，为城东北郊的主要排水河道，同时通过坝河分洪道承担北护城河的分洪任务，总流域面积156km²。

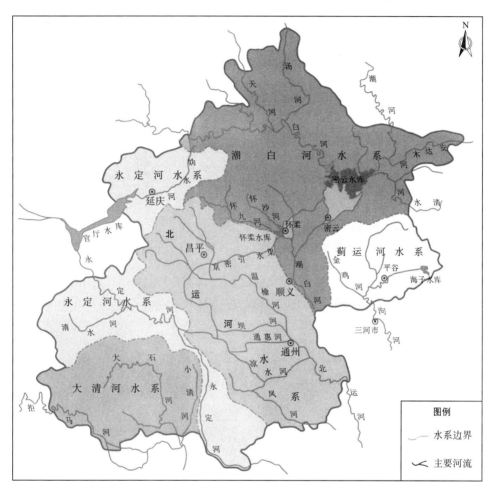

图 2.5　北京市主要河流水系图

2.4.2　济南市

济南市的河流水系分属黄河和小清河两大水系，各水系支流众多。黄河干流济南段从济南市区西部边界向东北方向经长清、市区、历城至章丘、济阳边界出境，该段河道长度为 185.25km，流域面积 2778km²，主要有南大沙河、北大沙河、玉符河三条支流。小清河是市区唯一的排洪干道，济南市境内河长 70.5km，流域面积 2792km²，大小支流 20 多条，属于山洪河道，如图 2.6 所示。

2.4.3　深圳市

深圳市境内有独立河流 93 条，一级支流 136 条，二级支流 77 条，三、四级支流 24 条。其中流域面积大于 100km² 的河流共 6 条，分别为观澜河、茅洲河、龙岗河、坪山河、深圳河和石岩河；大于 50km² 且小于 100km² 的河流 4 条；大于 10km² 的河流 64 条；大于 5km² 的河流 112 条；大于 1km² 的河流 330 条。深圳市境内河流中直接入海河

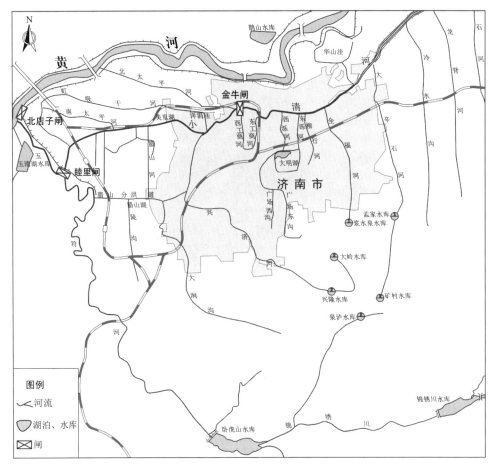

图 2.6　济南市水系图

流有 90 条，这些河流一定程度上受到潮位的影响，部分河道属感潮河段。深圳市市域划分为九大流域，其中珠江口流域、深圳湾流域、大鹏湾流域、大亚湾流域、茅洲河流域、深圳河流域直接入海；龙岗河流域、坪山河流域、观澜河流域属于东江水系。

至 2017 年年底，深圳市有水库 24 座，其中中型水库 9 座，总库容 5.25 亿 m^3。位于市区东部的深圳水库，总库容 4000 多万 m^3，是深圳与香港居民生活用水的主要来源。

2.4.4　成都市

成都市有岷江、沱江等 12 条干流及几十条支流，河流纵横，沟渠交错，河网密度高达 1.22km/km^2，加上著名的都江堰水利工程，库、塘、堰、渠星罗棋布。

2016 年全市地表水资源量为 81.79 亿 m^3，折合径流深 570.5mm，比 2015 年增加 15.6%；地下水资源量 32.72 亿 m^3，比 2015 年增加 26.7%；扣除地表水与地下水重复计算后，全市水资源总量为 87.82 亿 m^3，比 2015 年增加 15.1%，为多年平均值的 97.7%。按户籍人口计，深圳市人均水资源量为 628m^3；按常住人口计，人均水资源量为 552m^3。2016 年年末，全市各类蓄水工程总蓄水量为 60967 万 m^3。

2.5　经济社会概况

2.5.1　北京市

截至 2017 年年底，北京市常住人口 2170.7 万人，从城乡构成看，城镇人口 1876.6 万人，乡村人口 294.1 万人；城镇人口占全市常住人口的比重为 86.5%。2017 年全市地区生产总值（GDP）2.8 万亿元，人均生产总值 12.9 万元，其中第一产业 120 亿元，第二产业 5310 亿元，第三产业 2.25 万亿元。

2.5.2　济南市

截至 2017 年年底，济南市常住人口 732.1 万人，户籍人口 643.6 万人，全市城镇化率达到 70.2%。2017 年全市地区生产总值 7202 亿元，人均生产总值 9.9 万元，其中第一产业 317.4 亿元，第二产业 2569.3 亿元，第三产业 4315.3 亿元。

2.5.3　深圳市

截至 2017 年年底，深圳市常住人口 1252.83 万人，比 2016 年末增加 55.08 万人。其中常住户籍人口 434.72 万人，增长 11.3%，占常住人口比例 34.7%；常住非户籍人口 818.11 万人，增长 1.4%，占比 65.3%。2017 年，全市地区生产总值 22438.39 亿元，其中第一产业 18.54 亿元，第二产业 9266.83 亿元，第三产业 13153.02 亿元。

2.5.4　成都市

截至 2017 年年底，成都市常住人口 1604.5 万人，全市城镇化率为 71.9%。全市户籍人口 1435.3 万人，其中城镇人口 851.2 万人，乡村人口 584.1 万人。2017 年，全市地区生产总值 13889.4 亿元，其中第一产业 500.9 亿元，第二产业 5998.2 亿元，第三产业 7390.3 亿元。

第3章　我国典型城市洪涝问题

3.1　我国城市洪涝灾害类型

受特殊的自然地理条件影响，我国地形地貌多样，水文特性复杂，洪涝类型众多，沿江沿海区域城市密集，不同城市洪涝特性各异，抵御洪涝灾害能力和洪涝灾害致灾后果也存在显著差异。结合城市所处地理位置、地形地貌、水系特点，分析不同类型城市的洪涝特性，包括洪涝总量、持续时间、易受洪涝类型和常见防治体系，对城市防洪排涝减灾具有重要意义。我国城市洪涝灾害类型划分结果见表3.1。不同类型拥有不同的特性，如滨海或河口城市与一般城市相比，除遭遇上游洪水、当地暴雨涝水外，还会遭遇河口涌潮顶托，当出现洪、涝、潮遭遇时，就会发生特大灾害。江河沿线城市洪涝灾害受江河水位、汛期等特性影响明显，而平原河网城市则常常因排水不畅，发生区域性城市洪涝。山丘区城市更容易发生山洪、泥石流和水库洪水的威胁，其洪涝灾害一般由山洪和内涝形成。

表 3.1　　　　　　　　　　　我国城市洪涝灾害类型划分

洪涝灾害类型		典　型　城　市
滨海或河口城市	滨海城市	深圳、珠海、杭州、宁波、东营等
	河口城市	上海、天津、青岛、大连、福州、厦门、盘锦、湛江等
江河沿线城市	长江流域	南京、荆州、宜昌、九江、安庆、长沙、岳阳、马鞍山、镇江、苏州等
	黄河流域	三门峡、洛阳、郑州、开封、济南、滨州、东营、济南等
	淮河流域	蚌埠、寿县、凤台、盱眙等
	海河流域	北京、石家庄等
	珠江流域	广州、来宾、云浮、肇庆、佛山等
	松花江流域	吉林、松源、齐齐哈尔、佳木斯等
	辽河流域	沈阳、抚顺、盘锦
平原河网城市		哈尔滨（松嫩平原），武汉、黄石（江汉平原），成都（成都平原），合肥、淮南、安庆、蚌埠、芜湖（长江中下游平原），南昌（鄱阳湖平原），长春（东北平原）
山丘区城市		南宁、柳州、梧州、重庆、清远、韶关、毕节、昆明、丽江、昭通、乐山、安康、十堰、三明、龙岩等

3.2　我国城市暴雨洪涝灾害的基本特点

城市暴雨洪涝灾害是指由于暴雨急而大，城市排水不畅引起积水成涝，造成市区严重积水，影响公共安全的气象灾害。通过综合分析发现，我国城市洪涝灾害情况近年来主要有以下两个基本特点：

（1）城市暴雨洪涝灾害在全国大中型城市凸显，具有普发性、群发性和持续频发性的特征。住房和城乡建设部 2010 年的调查结果显示（表 3.2），在 351 个城市中，有 213 个发生过积水内涝，占总数的 61%，洪涝灾害一年超过 3 次以上的城市有 137 个，甚至有 57 个城市最大积水时间超过 12h。从地域上看，不仅是南方的广州、深圳、昆明和武汉等城市，就是北方的济南、北京和长春等城市近几年也遭受了较为严重的洪涝灾害。如近 20 年北京先后于 2004 年、2006 年、2007 年、2008 年、2009 年、2011 年和 2012 年发生了严重的洪涝灾害，其中包括 2011 年 6 月 23 日和 2012 年 7 月 21 日的严重洪涝灾害。柳杨等（2018）研究结果显示，我国城市洪涝灾害呈南重北轻、中东部重西部轻的空间分布格局，洪涝灾害频繁的城市主要集中于长江中下游城市群、成渝城市群和珠三角城市群。我国每年都有百余座城市发生暴雨洪涝，近年来发生频次呈上升趋势，如 2014 年、2015 年、2016 年遭受洪涝灾害的城市数量分别为 125 个、164 个和 216 个。1990—2014 年的部分统计结果显示（表 3.3），全国各城市洪涝灾害总次数呈现先减小后增加的趋势，特别是近年来年均达 3 次的城市越来越多，表明我国城市洪涝灾害越来越频繁。利用《中国水利年鉴》《中国水旱灾害公报》《中国气象灾害年鉴》等数据，统计 2003—2018 年我国城市洪涝次数，其空间分布特征如图 3.1 所示，与 1990—2015 年基本相似，空间格局并未发生变化，整体上仍呈现出南多北少、中东部多西部少的特征，但长江流域和珠江流域特别明显。

表 3.2   **2008—2010 年城市洪涝调查结果**

项目	发生频次			最大积水深度/mm			持续时间/h			
	1~2	≥3	总计	15~50	≥50	总计	0.5~1	1~12	≥12	总计
数量	76	137	213	58	262	320	20	200	57	277
比例/%	22	39	61	16.5	74.6	91.1	5.7	57	16.2	78.9

表 3.3   **我国城市洪涝灾害次数统计**

时间段	洪涝次数	发生洪涝灾害的城市数量				
		0~4 次	5~9 次	10~14 次	15~19 次	>20 次
1990—1994 年	2085	145	153	54	6	0
1995—1999 年	1390	253	77	26	2	0
2000—2004 年	1287	251	88	18	1	0
2005—2009 年	2380	166	114	69	6	3
2010—2014 年	2270	163	128	21	18	21

（2）城市暴雨洪涝灾害造成的经济损失巨大。据统计，目前全球各种自然灾害所造成的损失，洪涝占 40%，热带气旋占 20%，干旱占 15%，地震占 15%，其余占 10%。近年来，随着城市规模加速扩张，特别是大批基础设施工程加快建设，城市在暴雨内涝及其衍生灾害方面的脆弱性越来越显著，灾害损失也以前所未有的速度增长。城市暴雨洪涝灾害发生时，首先是因建筑物和物资破坏而导致的直接经济损失。2010 年 5 月，暴雨 3 次袭

击广州市,使羊城饱经水患。其次,暴雨洪涝引发的城市交通、网络、通信、水、电、气和暖等生命线工程系统瘫痪,社会经济活动中断,其间接灾害损失某种程度上已远远超过建筑物和物资破坏所造成的损失。2011 年 6 月 23 日,北京市突降暴雨,经济损失近百亿元;2012 年 7 月 21 日的突发极端降水,造成经济损失 116.2 亿元。根据 1990—2015 年城市洪涝灾害直接经济损失统计结果(图 3.2),洪涝灾害造成的直接经济损失呈现增加趋势,尤其是 2010 年之后,由于城市化水平提高和极端天气的影响,城市洪涝灾害损失加剧。2016 年 10 月防御台风"莎莉嘉"过程中,仅海南省 19 个市(县)就有 207 个工矿企业停产,13 个机场港口关停,铁路中断 339 条次,公路中断 963 条次,供电中断1253 条次,给人民群众生产生活带来了严重影响。

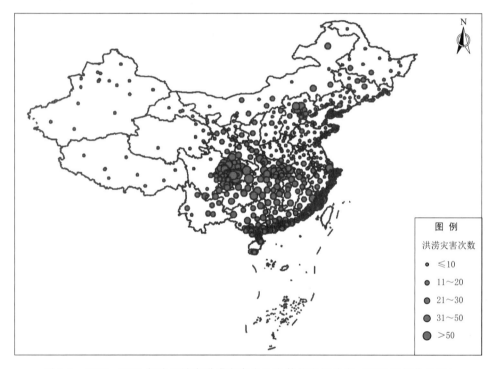

图 3.1 2003—2018 年我国城市洪涝灾害发生次数的空间分布(不含港澳台地区)

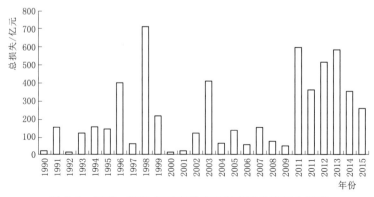

图 3.2 1990—2015 年城市洪涝灾害直接经济损失情况

3.3 典型城市洪涝灾害特征

3.3.1 北京市

根据北京市水旱灾害的统计资料，1949—1980 年，北京城区出现过两次严重的洪涝灾害，分别为 1959 年 7 月 31 日和 1963 年 8 月 8—9 日，且这两次灾害事件均是由强降水引起的。1959 年强降水导致东南护城河决堤，萧太后河漫溢，市区大面积积水 113 处，70% 的积水点位于老城区。1963 年暴雨中心在朝阳区，城市上游西山洪水的下泄与城市内的洪水重合，导致市区多条河流漫溢，市区主要排水通道通惠河顶托使得南护城河沿岸积水严重。这两场暴雨内涝受河道洪水等影响明显，主要积水点也沿河道或河流两侧的河漫滩分布。这部分淹没区与河流的位置和走向密切相关，并且大范围的淹没区域都位于低洼处，受自然地形影响强烈。

根据对北京市 1981—2011 年城市内涝的调查，将研究区域划分为小巷、小区、道路、十字路口和立交桥，统计得出不同时期的城区内涝积水点情况：1981—1990 年，城市内涝 19 个积水点多集中在二环以内范围，约占全部积水点的 61.3%，在三环及其以内范围的积水点共 29 处，占全部积水点的 93.5%；1991—2000 年，城区内涝积水点的分布存在向外环逐步扩张的趋势，尽管三环及其以内范围仍属于内涝积水易发区域，约 28 处积水点（占全部积水点的 70%），但外围四环和五环也有部分路段发生积水内涝事件，如五环外的首都国际机场附近、立水桥附近以及通州区 2 处；2000 年之后（2001—2006 年和 2007—2011 年）城区积水点总数则呈现明显的增加趋势，同时在空间上也表现出明显的向外环扩张趋势，这也说明近年来老城区的排水改造、河道治理等减轻了老城区的排水压力，从图 3.3 中可以清晰地发现三环及三环外的积水点增加明显，这与北京市的城市扩展存在明显的关系。此外，2000 年之后，存在部分相对密集积水点的内涝区域，如城区西南部的丰台西三环和西四环之间和城区西北部的海淀北三环和北四环之间，对于西三环和西四环之间则主要是由于地势相对低洼，而对于北三环和北四环而言则是因为近年来该区域城市建设不透水面积比例增加较快。

北京市六环内不同时期城市内涝积水点位置统计如图 3.4 所示。

根据北京市水情信息统计 2006—2012 年道路积水点情况，2006 年有 39 处，2007 年有 43 处，2008 年有 5 处，2009 年有 116 处，2010 年有 58 处，2011 年有 73 处，2012 年有 66 处。2000 年以来北京市发生了多次暴雨洪涝事件，选择 2004 年 7 月 10 日、2011 年 6 月 23 日、2012 年 7 月 21 日三次最典型的城市内涝事件进行分析（图 3.5）。根据积水点调查可知，主要积水点仍集中于城市开发的低洼地，如典型的下沉式立交桥，三次内涝事件中立交桥积水点分别占全部积水点的 77%（26 个点）、68%（17 个点）和 58.7%（37 个点）。此外，从空间分布来看，积水点多集中于西部环路和南部环路地区，特别是西三环和南三环附近，成为内涝的主要发生区域。根据暴雨事件中降雨的分布和时间历程分析，引发城市内涝的多为短历时强降水事件，小时降水量一般较高，超过 50mm，超过了北京市多数排水管网的设计标准。

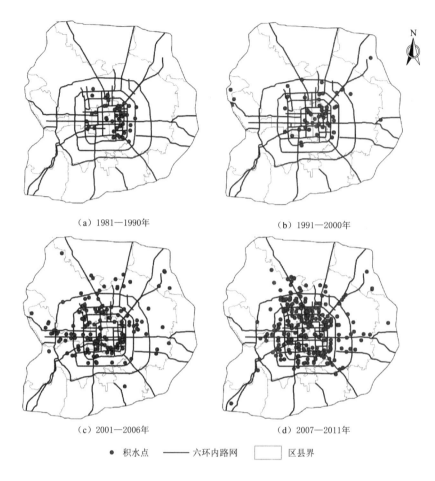

（a）1981—1990年   （b）1991—2000年

（c）2001—2006年   （d）2007—2011年

● 积水点   —— 六环内路网   □ 区县界

图 3.3 北京市六环内不同时期城市内涝积水点分布

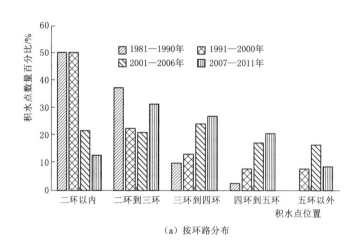

（a）按环路分布

图 3.4（一） 北京市六环内不同时期城市内涝积水点位置统计

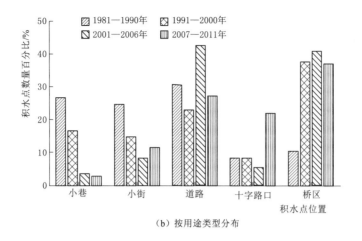

（b）按用途类型分布

图 3.4（二）　北京市六环内不同时期城市内涝积水点位置统计

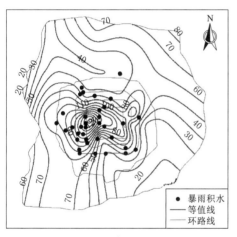

（a）2004年7月10日

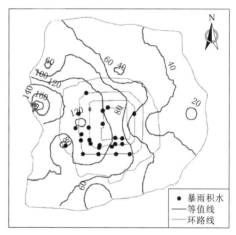

（b）2011年6月23日

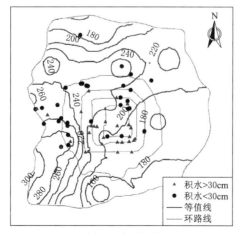

（c）2012年7月21日

图 3.5　三次典型暴雨的城市内涝积水点分布

北京市水灾频发，清朝时期（1644—1911）共有 129 年发生水灾，特大水灾有 5 年（1653 年、1668 年、1801 年、1890 年及 1893 年）。民国时期（1912—1949）共有 19 个水灾年，其中特大水灾 5 年（1917 年、1924 年、1925 年、1929 年及 1939 年），最严重的是 1939 年 7 月特大洪水，永定河洪峰流量 4390m³/s，潮白河 15000m³/s。新中国成立后，北京市也发生过多次洪涝灾害，主要洪涝灾害事件见表 3.4。纵观北京市百年洪涝灾害史，北京城市洪涝灾害主要有永定河洪水、西山洪水及城区暴雨内涝三个来源。

表 3.4 北京市主要洪涝灾害事件统计（1950—2015 年）

时 间	暴 雨 特 点	受 灾 情 况
1952 - 07 - 21	房山、门头沟、海淀、昌平、怀柔等县区降暴雨，最大日降水量 263mm（三家店）	冲毁耕地 891 亩❶，房屋 464 间，煤矿采空区塌陷 72 处
1956 - 07 - 29— 08 - 06	全市普降暴雨，最大日降水量为 435.4mm（门头沟区王平口）	全市受涝面积 264 万亩，农田过水面积 52 万亩，绝收 15 万亩，房屋倒塌 1.6 万间，死亡 11 人
1959 - 08 - 06	全市普降暴雨，房山葫芦垡 24h 降水 410.7mm	大兴、房山、顺义、朝阳、通县等 12 条小河满溢决口，城区街道积水严重，房屋倒塌 4.2 万间，死亡 43 人，伤 58 人
1963 年 8 月上旬	降水历时长，强度大，分布均匀，最大 24h 降水量 464mm，暴雨中心地区雨量 400mm 以上	重点灾区积水面积 133km²，积水深 1.5～100cm，积水历时 1～3d，全市死亡 35 人，房屋倒塌近万间，农田成灾 99 万亩
1969 - 08 - 10	怀柔、密云、平谷、通县降大暴雨，最大日降水量 264mm（枣树林）	全市 96 万亩耕地受灾，死亡 159 人
1972 - 07 - 26—28	全市普降暴雨，枣树林最大日降水 479mm，7 月 28 日下午，东直门降水 261.1mm	全市死亡 39 人，耕地受灾 2.6 万亩，东城区房屋倒塌 400 余间
1976 - 07 - 23	短历时强降水，田庄水库 2h 降水 288mm，最大雨强 10min 32.2mm	引发山洪泥石流灾害，受灾 2370 人，死亡 105 人
1986 - 06 - 26—27	全市普降暴雨，城区日降水量 152mm	全市漏雨房屋 1.1 万余间，死亡 2 人，市内多条公交线路受阻，69 条长途线路停运
1991 - 06 - 10	密云、怀柔、平谷、顺义、延庆等降暴雨，密云四合堂日降水量 372.8mm	95 个乡发生不同程度洪涝，怀柔、密云、延庆发生泥石流，死亡 28 人，全市受灾农田 38 万亩，成灾 12.7 万亩，倒塌房屋 1500 余间
1994 - 07 - 12—13	全市普降暴雨，降水历时超过 30h，最大雨量为 413mm（顺义杨镇），最大 24h 降水量为 391mm（大孙各庄），全市平均降水量 140mm	受灾乡镇 84 个，受灾人口 23 万人，8 人死亡，塌房 1 万多间，农田成灾面积 34.5 万亩，直接损失约 7.25 亿元

---

❶ 1 亩 ≈ 666.67m²。

时　间	暴　雨　特　点	受　灾　情　况
2004-07-10	发生20年不遇的强降水，最大10min降水量22mm，最大1h降水量90mm（莲花桥段）	城区41处路段严重积水，其中8处立交桥；城西环线交通中断，90处地下空间进水
2006-07-31	首都机场天竺地区1h降水量115mm	迎宾桥下积水80cm，机场高速断路3h
2007-08-01	北三环安华桥一带1h降水量91mm	最大积水深度2m，北三环双向交通中断
2011-06-23	城区平均降水量73mm，最大降水量215mm（模式口）	全市29处桥区道路积水，800多辆汽车被水淹
2012-07-21	全市平均降水量170mm，城区平均215mm，最大降水量460mm（房山区河北镇）	受灾160万人，经济损失116.2亿元，死亡79人，房屋倒塌1万余间，主要积水路段63处，受灾面积1.6万km²，成灾1.4万km²

3.3.2　济南市

济南市区南依群山，北临黄河，地势南高北低，从南到北由中低山过渡到低山丘陵，北部市区及东西郊区处于泰山山脉与华北平原交接的山前倾斜平原，形成了东西长、南北窄的狭长地段。就济南城区而言，南北高差极大，中心城区低洼。济南市地处华北中纬度地带，属暖温带半湿润大陆性季风气候区。季节降水极不均匀，年内降水高度集中在汛期，汛期6—9月降水量占全年降水总量的70%～80%。汛期中降水也高度集中，常集中在几场大暴雨中。对于每场暴雨而言，其时空变化剧烈。时程上，暴雨强度大，历时短，高强度暴雨常集中在数小时内。降雨形成的洪水，由南向北宣泄，造成了城区的洪涝灾害。新中国成立至今，济南发生过3次典型的暴雨洪涝灾害，分别为1962年7月13日、1987年8月26日和2007年7月18日，给济南市造成了严重的损失。

1962年7月13日，济南遭受特大暴雨袭击，6h市区平均降水量298.4mm，暴雨中心位于市区西郊一带，最大点雨量321mm，黄台桥以上平均降水量210mm。市区南部山洪暴发，北部一片汪洋，小清河五柳闸最高水位26.15m（青岛高程），护城河、工商河、小清河全部漫溢，低洼地带一片汪洋。槐荫区营市街、道德街、天桥区北坦、工人新村、北园、历下区的山水沟、东关仁智街一带受灾最重，洪水淹没1～2.5m。因为水情变化急剧，许多防洪建筑物失去控制。全市有76家工厂被迫停产，1.1万余间房屋倒塌，伤亡285人。市区一度停水、停电，通信中断。受灾面积达38万亩，其中山洪成灾11.3万亩，绝产13.7万亩，减产粮食2500万kg，损失蔬菜0.65亿kg。

1987年8月26日12时至27日3时，济南市自西向东出现了一次高强度的降雨过程，平阴、长清、章丘三县降暴雨到大暴雨，市区降特大暴雨。全市平均降水量124mm，其中市区平均降水量317.5mm，暴雨中心位于历下区解放桥，中心降水量340mm。小清河黄台桥水文站以上流域内，平均降水量230mm，产生洪水总量5000万m³，扣除山区水库、大明湖蓄存，腊山分洪及地面渗漏蒸发的水量约1600万m³外，自8月26日12时至9月3日10时共下泄洪水3400万m³。由于暴雨成洪，市区主要排水河道小清河水位上涨，高达26.70m（青岛高程），超过警戒水位2.6m，洪峰流量123m³/s。由于小清河排泄能力低，洪水宣泄不及，满溢成灾，致使历下、市中、天桥、槐荫、历城等5个区有

18 个街道办事处、5 个区属镇低洼地带积水，最大积水面积 72km²，总积水量 6600 万 m³。据统计，此次暴雨灾害共造成 642 人死伤，其中死亡 47 人。暴雨期间全市有 805 个工厂企业、72 座大中型商业仓库和一大批零售商店积水，其中 618 个工厂被迫停产，直接经济损失 3.7 亿元。市区行洪河道 14 条 33 处河岸被冲毁，总长 1014m，面积约 3072m²，另有 9 处河堤冲毁，人民生命财产受到严重损失。

2007 年 7 月 18 日 17 时至 19 日凌晨 2 时，济南市自北向南发生了一次强降水过程，多数地区普降暴雨。暴雨过程覆盖了济南市的各个区（县），暴雨中心在市区，全市平均降水量 82.3mm，最大降雨点位于市政府，降水量高达 182.7mm。市区唯一的排水出路小清河上的黄台水文站水位从 18 日 17 时 30 分开始上涨，至 18 日 22 时，达到最大洪峰水位 23.58m，超警戒水位 1.04m，5h 涨幅达 4.06m，平均上涨约 80cm/h，实测流量 202m³/s，比 1987 年 "8·26" 特大暴雨洪灾时流量多 79m³/s。整个降水期间南部山区及主城区降水总量约 6000 万 m³。与水位上涨快形成对比的是水位回落慢，水位自 18 日 22 时 22 分开始回落，至 19 日 7 时 15 分回落至 22.91m，平均回落速度为 7cm/h。洪水过程中小清河堤防、控水建筑物等防洪工程基本完好，市区个别河段岸墙损坏。由于降雨过于集中，市区北部部分河道洪水满溢，在马路上形成湍急的河流。因为济南市地势南高北低，强降水形成的径流迅速从南部山区汇入市区，导致道路行洪现象严重。在地势较陡的地段，水流的速度甚至超过 3m/s，许多道路上的积水均达到了 0.5m。此次暴雨洪灾共造成 37 人死亡、171 人受伤、5718 户住房受淹，受灾群众 33.3 万人，全市直接经济损失 12.3 亿元。

3.3.3 深圳市

深圳市降水量丰富，多年平均降水量 1837mm，降雨强度大，时空分布不均，在时间上汛期降水量约占全年降水量的 85%，且多集中在几次大的暴雨过程。在空间上，降水量从大鹏半岛至宝安区逐渐减少。近年来，深圳先后遭受了多次暴雨洪涝影响，如 2008 年 6 月 12—13 日的特大暴雨，致使深圳多处严重水浸，造成 6 人死亡，转移 10 万多人。2014 年，深圳连续遭受 "3·30" "5·8" "5·11" "5·17" "5·20" 五场特大暴雨影响，全市共发生积水 446 处，深圳北站隧道、宝安区 107 国道等地积水严重，并造成河堤严重水毁 107 处。特别是 "5·11" 特大暴雨，造成全市 300 余处道路积水、约 50 个片区发生内涝、20 条河流水毁、39 条供电线路中断、50 处发生山体滑坡等次生灾害，直接经济损失近 1 亿元。现状条件下的内涝积水点分布见表 3.5。以 2014 年历次降雨为基础，对深圳全市易涝区积水点（共计 257 处道路积水点、189 个低洼易涝区）进行调研，结果如图 3.6 所示（见文后彩插）。

表 3.5　　　　　　　　　深圳市现状内涝积水点数量分布　　　　　　　　　单位：处

行政区	街　道									
罗湖区	清水河	笋岗	东门	桂园	莲塘	翠竹	东晓	东湖	黄贝	南湖
	5	1	3	3	5	1	2	2	1	5
福田区	梅林	香蜜湖	莲花	福田						
	6	4	6	2						

行政区	街 道							
南山区	南头 2	南山 1	西丽 9	桃源 2	沙河 2			
盐田区	沙头角 2	梅沙 6	盐田 6	海山 1				
宝安区	新安 13	西乡 28	福永 16	沙井 30	松岗 12	石岩 8		
龙岗新区	龙岗 5	龙城 15	平湖 5	坂田 12	横岗 4	布吉 13	坪地 17	南湾 9
坪山新区	坪山 17	坑梓 16						
光明新区	光明 10	公明 16						
大鹏新区	葵涌 38	大鹏 13	南澳 3					
龙华新区	观澜 25	龙华 26	大浪 7	民治 11				
总计	446							

1980—2010 年的深圳市洪涝灾害情况统计见表 3.6，由此可知深圳市洪涝灾害事件主要有流域洪水、城市暴雨内涝、台风、潮汐等多种类型，且容易遭受多种类型组合遭遇式洪涝灾害。

表 3.6　　　　　　　　　　深圳市 1980—2010 年洪涝灾害统计

时间	地点	降雨强度/(mm/h) 或降水量/mm	经济损失/亿元	死亡人数	主要灾害成因
1980 – 07 – 28	罗湖区东门老街	200/3			涝、洪
1981 – 07 – 20	松岗街道				涝
1983 – 09 – 09	沙井、福永		0.05	7	台风
1987 – 05 – 20	光明、公明、松岗、 沙井、福永、西乡	光明 406/8， 石岩 270/5	0.63	6	洪（漫堤）
1988 – 07 – 19	罗湖区文锦渡、 嘉滨路，布吉穿孔桥， 田面村	41.3/2			潮
1989 – 05 – 20	罗湖区、南头大街、 西乡、福永、沙井、 松岗、公明	特区 227～377， 宝安区 334～449	1.3	1	涝

续表

时间	地点	降雨强度/(mm/h)或降水量/mm	经济损失/亿元	死亡人数	主要灾害成因
1989 - 07 - 18	南山前、后海，福田		0.17		潮
1992 - 07 - 18	龙华、观澜、桂花、松元、新田	龙华 380/8，观澜 246/8			洪
1992 - 09 - 07	福田区岗厦、皇岗，罗湖区草埔、水贝、渔农村	59/2		4	涝
1993 - 06 - 16	布吉镇、福田区沿河机场、广深铁路	布吉河上游 256/5	7.37	11	涝
1993 - 09 - 26	罗湖商业区、福田区、盐田区	深圳水库 338～429，盐田 441/24	7.64	14	洪
1994 - 07 - 22	特区深南路以南	303/24	2	7	涝、潮
1994 - 08 - 06	罗湖区	深圳水库 360/24	0.05	4	涝
1996 - 06 - 24	盐田、沙井、福永、公明、松岗	233/6	0.03		涝
1997 - 07 - 19	龙岗新区、盐田区	三洲田 497/24，横岗、龙岗、坪山 390，盐田 495/24	1.05		洪
1997 - 08 - 12	南山区 4km	76.4/2	0.22		涝
1998 - 05 - 24	罗湖区罗芳村、新秀村	沙头角 412，深圳水库 385，横岗镇 343	1.83	8	洪
1999 - 08 - 22	全市	468.8/49	1.5	7	台风
1999 - 09 - 16	梅林、福田、洪湖、盐田、南澳	214.4/53	0.76		台风
2000 - 04 - 14	全市、西乡臣田村、广深公路钟尾村段	307/41	0.51	6	涝
2001 - 06 - 27	全市	249/34	0.3		涝
2001 - 07 - 06	西海堤	149.8～192.5/35			台风
2003 - 05 - 04	全市 36 个村、5 个居委会 13 处河堤	南澳 537/72	1.2	2	涝、洪
2003 - 09 - 02	南头检查站、水围村、文锦北路、田贝四路	98/24	2.5	22	台风
2005 - 08 - 20	全市	西乡 204/24	1.8	8	
2006 - 06 - 09	全市	沙井 193.7/24	0.3		
2006 - 07 - 16	公明、松岗、沙井	松岗 264/6	0.5		
2008 - 06 - 13	全市	石岩水库	12	8	涝、洪

3.3.4　成都市

　　成都市地处四川省中部、四川盆地西部、成都平原腹地，境内地貌多样，山地、丘陵、平原兼具，水系发育，洪涝灾害时有发生，如1947年7月和1981年7月曾两度发生全流域范围特大洪水。因地形地貌变化丰富，成都洪涝灾害形成以江河洪水、山洪灾害和城市内涝为主。山洪主要集中在龙门山和龙泉山山区和丘陵地区，江河洪水主要集中在成都平原腹心地带，城市内涝主要集中在成都市主城区和区（市、县）重点城镇。近40年来，成都市洪涝灾害表现为"外洪灾害减轻、城区内涝灾害加剧、山洪灾害较活跃"。成都市三条流域干流（即岷江干流、沱江干流、锦江干流）作为洪水出境通道，经过1998年长江特大洪水后的江河治理，已显著提升了流域防洪能力，特别是流经中心城区的锦江防洪标准已提升到200年一遇，使得成都防御外洪能力得到很大提高。成都市主要江河分布在其西北部（多山丘陵地带），使得河流山区段成为泥石流山洪灾害的易发地区，特别是2008年"5·12"汶川大地震之后岩层松动使得山洪灾害活跃，一遇暴雨洪水，极易形成泥石流山洪，近年来发源于龙门山的龙溪河、白沙河、湔江连续发生不同程度泥石流山洪灾害。如2009年7月16日8时至17日8时，白沙河上游遭受特大暴雨，都江堰市虹口乡降水量达220mm，引发泥石流灾害，导致公路房屋被毁，河水高度浑浊，一定程度上影响了城区自来水供应。2010年8月13日15—18时，都江堰市龙池镇降水量达150mm，龙溪河洪峰流量达314m³/s，超过历史最大洪峰流量，诱发滑坡及泥石流灾害，导致流域内320hm²森林被毁，造成公路损毁近5km。2010年8月18日20时至19日16时，都江堰市白沙河流域普降暴雨至大暴雨，白沙河发生特大洪水，河口杨柳坪水文站洪峰流量1510m³/s，特大暴雨及洪水诱发滑坡及泥石流灾害，导致虹口乡道路垮塌，交通中断，河水浊度高达5万NTU，对城市供水造成严重威胁。2011年8月20—21日，成都西部山区普降大雨，造成西部山区山洪暴发，部分道路垮塌，交通中断，白沙河再次发生泥石流。2012年8月17日，彭州市北部山区遭受特大暴雨，最大12h降水量达247mm，引发山洪、泥石流，导致多条道路多处桥梁及房屋受损，近2000名当地群众受灾。

　　由于城市快速发展与气候变化等影响，城市暴雨内涝问题逐渐凸显，并由中心城区向周边城镇扩展，如1998年7月5日，成都市出现一次强降水过程，暴雨中心在温江区，过程降水量达444.2mm，其中最大1h降水量达120mm，双流县降水量达373.9mm，均超历史最高记录。此次暴雨使成都市中部和西南部出现严重洪涝灾害，受灾范围涉及12个区20余万人，被洪水围困群众1.45万人，积水城镇33个。双流县城东升镇全部受淹，时间长达6h，街道积水普遍在1m以上，该镇直接经济损失1.24亿元。2011年7月3日，成都市中心城区出现一场大暴雨，降雨过程4.5h，据中心城区38个雨量站实测资料，中心城区面雨量超过100mm，点雨量在200mm以上的有2个点，150～200mm的10个点，100～150mm的7个点，50～100mm的10个点，此场暴雨造成中心城区部分区域严重内涝，40多条道路部分路段积水，6座下穿隧道积水，8个地下车库严重积水，导致350多辆汽车进水。根据有关资料，成都市中心城区建成区内共有89个易淹区，合计122个易淹点。

3.4 本 章 小 结

本章在分析我国城市洪涝灾害类型和基本特点的基础上,以北京、济南、深圳、成都四个典型城市作为研究区域,分析了典型城市洪涝灾害特征,得出以下结论:

(1) 根据城市所处地理位置、地形地貌和水系特点,将我国城市洪涝灾害分为四类:滨海或河口城市型、江河沿线城市型、平原河网城市型和山丘区城市型。

(2) 我国城市洪涝灾害具有普发性、群发性和持续频发性,1990—2014 年洪涝灾害总次数呈先减小后增加的趋势,空间上呈南重北轻、中东部重西部轻的分布格局,长江流域和珠江流域是城市洪涝灾害的重灾区。此外,我国城市暴雨洪涝灾害造成巨大经济损失,建筑物和物资破坏带来的经济损失呈增加趋势,间接导致的工程系统瘫痪严重影响人民群众生产生活。

(3) 1980 年以前,北京市城市洪涝主要受河道洪水、地形的影响,1980 年以后主要受地势、城市扩张的影响。市区内多数排水管网设计标准较低,排洪能力不足,因此近年来洪涝灾害的主要类型为暴雨洪涝,短历时强降水是造成城市洪涝灾害的直接原因,城区内涝点在时间和空间上分别呈增加和扩张趋势。三环及以内是北京市内涝积水易发区域,1990 年以后积水位置发生显著变化,二环内小巷积水点数量有所下降,立交桥区域成为城区内涝积水点的主要发生地。西三环和南三环成为内涝的主要发生区域,主要积水点集中于城市开发的低洼地。

(4) 济南市季节降水极不均匀,降水高度集中在汛期,市区洪涝灾害主要由短历时强降水造成,由于地势较低以及区内唯一排泄河道排泄能力低,中心城区成为洪涝灾害的重灾区,造成严重经济损失。

(5) 深圳市洪涝灾害事件频发,1980—2010 年发生洪涝灾害 28 次,主要有流域洪水、城市暴雨内涝、台风、潮汐等多种类型,且易受多种类型组合遭遇式洪涝灾害。宝安区、龙岗新区和大鹏新区是深圳的易涝区,但积水点最集中的地区是龙华新区,其中葵涌街道积水点占 70%。

(6) 成都市洪涝灾害以江河洪水、山洪灾害和城市内涝为主,流域防洪能力提升后外洪灾害减轻,但城市内涝灾害加剧,山洪灾害较活跃,城市内涝由中心城区向周边城镇扩展,主要集中在成都市主城区和区(市、县)重点城镇,山洪主要集中在龙门山和龙泉山山区和丘陵地区。

第4章 典型城市暴雨特性及其时空演变特征

4.1 北 京 市

利用北京城区 20 个国家级气象观测站 1961—2018 年逐日降水量和逐小时雨量资料，统计分析了北京市 58 年的暴雨时空变化特征。其中暴雨为日降水量大于等于 50mm 的降水，根据《全国短时临近预报业务规定》，短历时强降水为小时雨量大于等于 20mm。

4.1.1 暴雨空间分布特征

从北京各强度等级降雨的累计降水量占比（图 4.1）来看，西部和西北山区以小到中雨为主，大雨以上量级的降水比例较低。越靠近城区，降水逐渐以大雨以上量级为主。怀柔、密云、平谷等山前迎风区大雨以上量级的降水较多。中心城区暴雨概率较高。通过对资料的统计，近几十年来北京地区区域性（超过 2/3 的站点）强降水的过程很少，强降水多数为局地性对流系统，而弱降水多数为区域性过程。因此可以说明北京市这种年降水的局地分布特征除了与北京地区地形和盛行风有关外，也反映了城市热岛效应的影响。这与城市热岛的存在加强了对流天气的发生，使得城区容易出现局地短时的强降水过程（江晓燕和刘伟，2006）结论一致。

降水量的空间分布一方面受大气环流、温度、风等多种气象因素的影响，另一方面受地形、植被、土地利用类型等下垫面条件影响。在城市化快速发展阶段，北京市大规模的

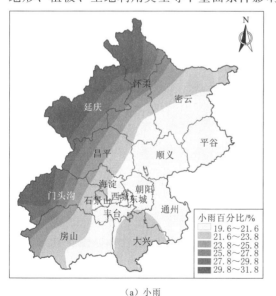

（a）小雨

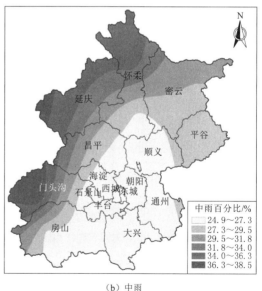

（b）中雨

图 4.1（一） 北京市各强度等级降雨占比分布

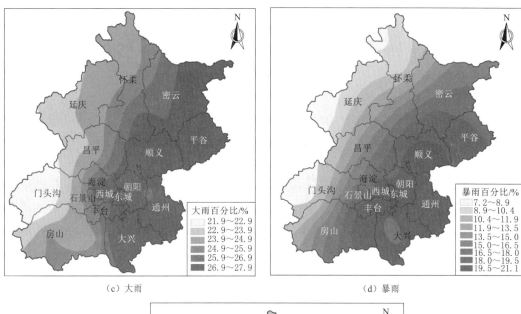

（c）大雨　　　　　　　　　　　　　　　　（d）暴雨

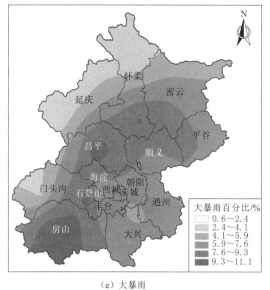

（e）大暴雨

图 4.1（二）　北京市各强度等级降雨占比分布

快速城市化改变了土地利用、地表植被覆盖和地表热通量等，导致城市化对降水的影响效
应日趋明显。

通过北京市多年平均年暴雨日数空间分布图（图 4.2）可以看出，北京市大部分地区
多年平均年暴雨日数在 1d 以上，空间上呈东多西少分布；不同时期的年暴雨日数空间分
布差异明显，随着时间的推移，年暴雨日数总体呈减小趋势，2d 以上的年暴雨日数范
围逐渐向东部缩小。1981—2010 年和 1991—2018 年北京市没有出现 2d 以上的暴雨天气。

北京市大部分地区年最大日降水量一般为 150～200mm，年最大日降水量大值区主要位于

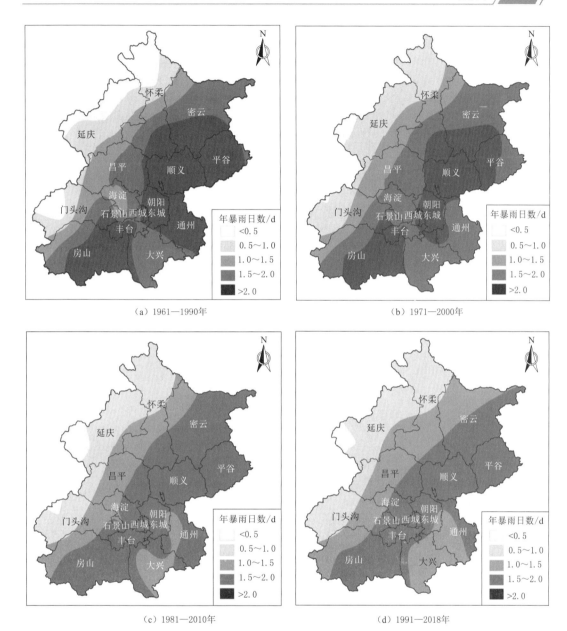

（a）1961—1990年　　　　　　（b）1971—2000年

（c）1981—2010年　　　　　　（d）1991—2018年

图4.2　不同气候态下北京市多年平均年暴雨日数空间分布

北京市中部和东部地区，年最大日降水量的极大值主要出现在密云和通州。随着气候态的推移，前三个气候态年最大日降水量并没有表现出明显增加或减少的变化特征。1991—2018年平均年最大日降水量极大值分布范围最广，且出现了明显增强，大部分地区的年最大日降水量在200mm以上（图4.3）。

与年最大日降水量的空间分布相似，北京市年小时雨量大于等于20mm频数的大值区也主要分布在北京市的中东部，且随着气候态的推移，大值区向北部移动。北京市大部分地区都会出现小时雨量大于等于20mm的降水，但中东部地区出现频繁，年均有3次

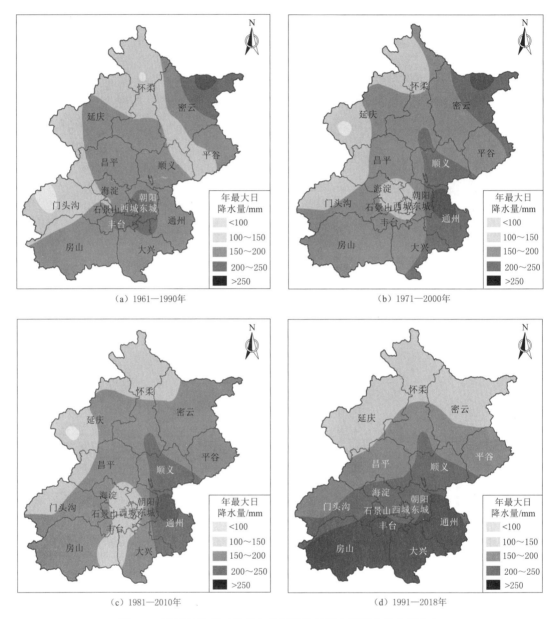

图 4.3　不同气候态下北京市多年平均年最大日降水量空间分布

以上。不同气候态下北京市多年平均年小时雨量大于等于 20mm 频数的空间分布如图 4.4 所示，可以看出，1961—1990 年北京市年小时雨量大于等于 20mm 频数在四个时期中是最少的，大部分地区年小时雨量大于等于 20mm 的频数小于 2 次，频数较多的地区位于北京东南部分地区；1971—2000 年年小时雨量大于等于 20mm 的频数有所增多，大部分地区大于 3 次；1981—2010 年顺义部分地区和 1991—2018 年海淀、怀柔、密云、顺义部分地区年小时雨量大于等于 20mm 的频数均大于 3.5 次；1991—2018 年密云部分地区甚至大于 4 次。

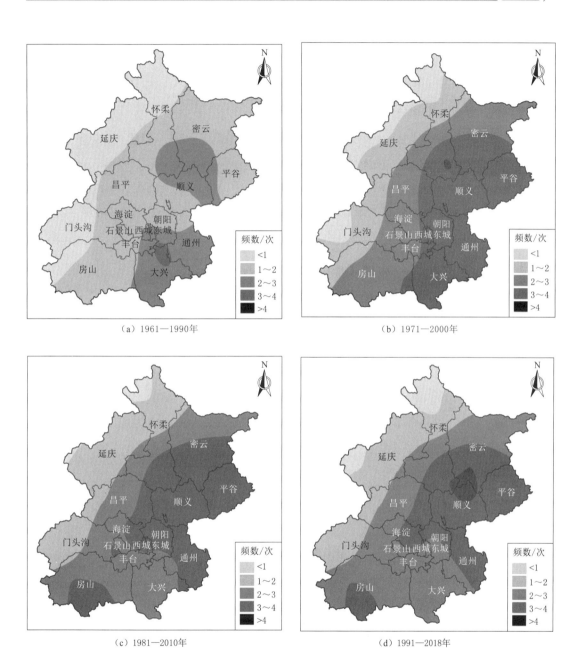

（a）1961—1990年　　　　　　　　　　　（b）1971—2000年

（c）1981—2010年　　　　　　　　　　　（d）1991—2018年

图 4.4　不同气候态下北京市多年平均年小时雨量大于等于 20mm 频数空间分布

　　北京市年小时雨量大于等于 20mm 频数占比中东部高、西部低。北京市年小时雨量大于等于 20mm 频数占全年降水频数比例中，东部一般为 1％～1.5％，西部一般为 0.5％～1.0％，局部地区低于 0.5％。随着气候态的推移，年小时雨量大于等于 20mm 频数占比没有出现明显变化，仅在 1971—2000 年，怀柔部分地区年小时雨量大于等于 20mm 频数占比在 1.5％以上（图 4.5）。

　　同北京市年小时雨量大于等于 20mm 频数空间分布相似，年小时雨量大于等于 20mm

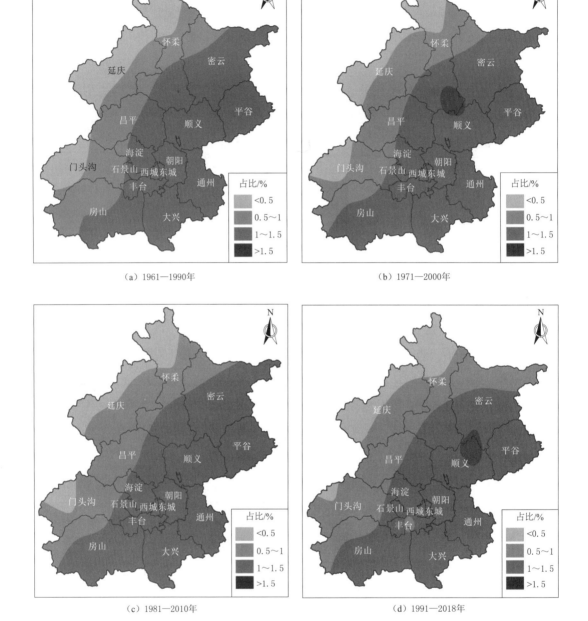

（a）1961—1990年

（b）1971—2000年

（c）1981—2010年

（d）1991—2018年

图 4.5　不同气候态下北京市多年平均年小时雨量大于等于 20mm 频数占比空间分布

累计雨量大值区主要分布在北京市的东部，且随着时间的推移，前三个气候态年小时雨量大于等于 20mm 累计雨量大值区范围明显扩大，累计雨量在 90mm 以上的范围覆盖了北京市大部分地区，1981—2010 年密云出现了大于 120mm 的地区；最近一个气候态累计雨量大值区范围缩小（图 4.6）。

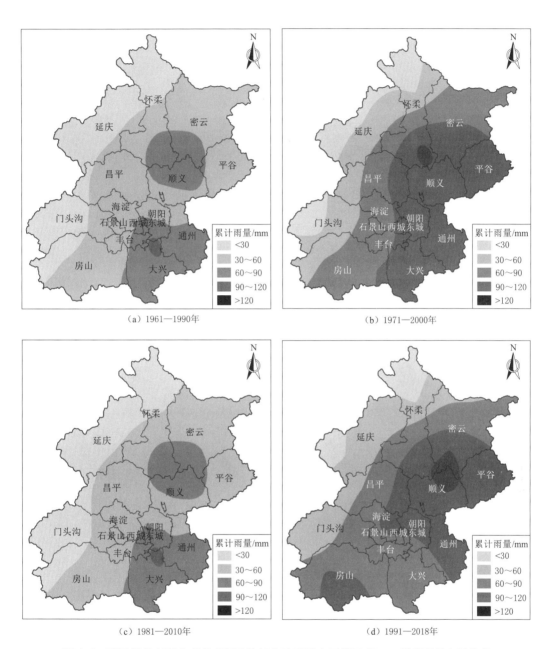

(a) 1961—1990年　　　　　(b) 1971—2000年

(c) 1981—2010年　　　　　(d) 1991—2018年

图 4.6　不同气候态下北京市多年平均年小时雨量大于等于 20mm 累计雨量空间分布

北京市年小时雨量大于等于 20mm 累计雨量占年降水量的比例一般为 15％～20％，中东部占比高，西部占比低。1971—2000 年和 1991—2018 年，顺义、密云和怀柔部分地区小时雨量大于等于 20mm 累计雨量占比达到 20％以上，说明强降水对总降水量的贡献在增大（图 4.7）。

北京市年最大小时雨量大值区主要位于北京市中东部，随着时间的推移，大值区向南

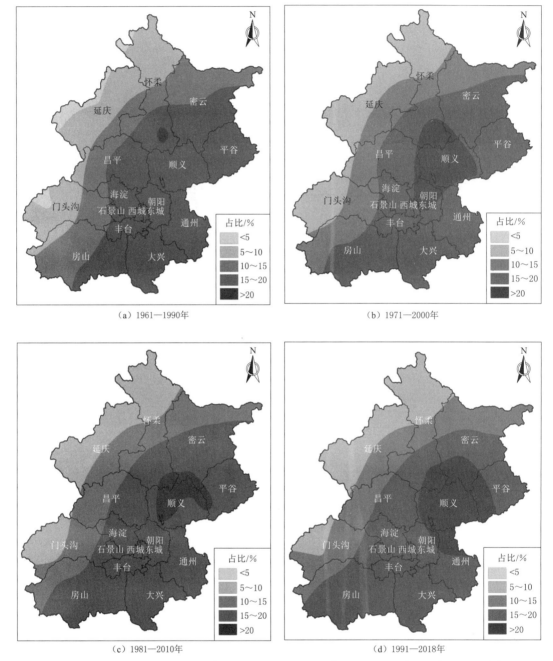

图 4.7 不同气候态下北京市多年平均年小时雨量大于等于 20mm 累计雨量占比空间分布

部移动。从不同气候态下北京市年最大小时雨量的空间分布图（图 4.8）可以看出，北部和西部的年最大小时雨量较小，主要在 50～70mm 之间，1961—1990 年北京市年最大小时雨量主要集中在 50～70mm 之间，1971—2000 年、1981—2010 年和 1991—2018 年北京市大部分地区的年最大小时雨量在 70～90mm 之间。

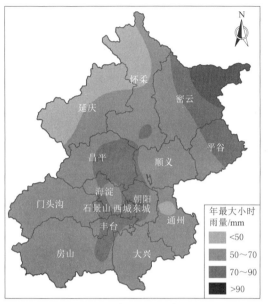

（a）1961—1990年

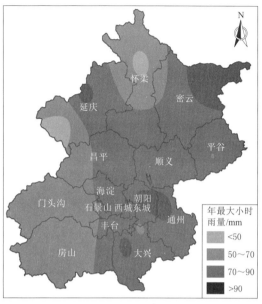

（b）1971—2000年

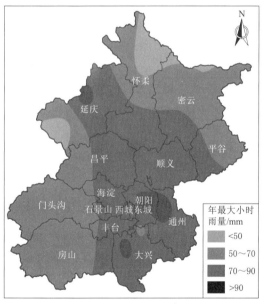

（c）1981—2010年

（d）1991—2018年

图 4.8　不同气候态下北京市多年平均年最大小时雨量空间分布

4.1.2　暴雨年内变化特征

北京市暴雨多出现在 5—9 月，主要集中在 7—8 月，7 月暴雨日数最多（图 4.9）。四个气候态 7 月暴雨日数最多的为 1991—2018 年，平均为 0.8d；最少的为 1961—1990 年，平均为 0.6d。

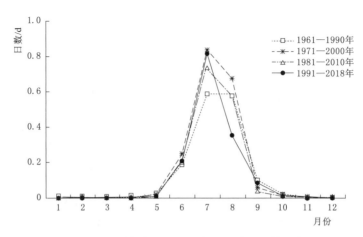

图 4.9 不同气候态下北京市逐月暴雨日数变化

与月际暴雨日数分布特征相似，一年中，5—9 月均会出现小时雨量大于等于 20mm 的降水，但主要集中在 7—8 月。1971 年以来的三个气候态，峰值出现在 7 月，1961—1990 年的峰值出现在 8 月。随着时间的推移，7 月强降水出现更加频繁（图 4.10）。

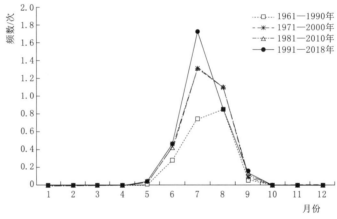

图 4.10 不同气候态下北京市逐月小时雨量大于等于 20mm 频数变化（城区 6 站）

4.1.3 强降水日变化特征

一日中，北京市小时雨量大于等于 20mm 主要出现在 4—5 时和 17—23 时，9—14 时频数少（图 4.11）。不同气候态下，除 1961—1990 年各时小时雨量大于等于 20mm 频数较少外，其余三个气候态各时频数相差不大。1991—2018 年 19—20 时小时雨量大于等于 20mm 频数较多，21—23 时频数减少。

4.1.4 暴雨长期变化特征

北京市年暴雨日数明显减少，阶段性特征明显。1961—2018 年，北京市平均年暴雨日数为 1.9d；20 世纪 70 年代后期和 21 世纪 00 年代中期年暴雨日数相对较多，最大值发生在 1969 年，达到 5.3d；20 世纪 80 年代前期和 21 世纪头 10 年相对较少，最小值发生在 1980 年和 1999 年，没有出现暴雨。总体来看，年暴雨日数呈减少的趋势，减少速率为

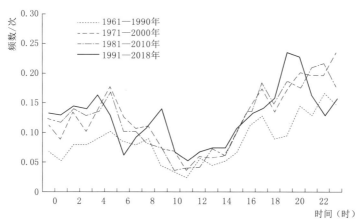

图 4.11 不同气候态下北京市逐时小时雨量大于等于 20mm 频数变化（城区 6 站）

0.2d/10a（图 4.12）。从不同气候态下多年平均年暴雨日数变化也可以看出，北京市年暴雨日数呈减少趋势（图 4.13）。

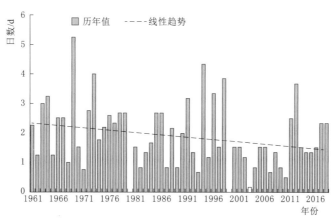

图 4.12 1961—2018 年北京市年暴雨日数历年变化

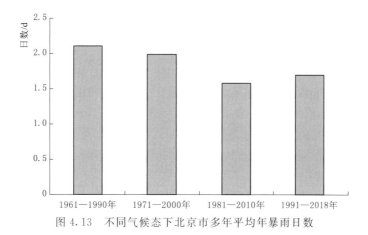

图 4.13 不同气候态下北京市多年平均年暴雨日数

1961—2018 年，北京市年小时雨量大于等于 20mm 频数平均为 3.2 次。58 年中，北京市年小时雨量大于等于 20mm 频数总体无明显变化；阶段性变化特征明显，其中在 20 世纪 70 年代中期、80 年代中期至 90 年代中期以及 2011—2018 年为频数较多的时期（图 4.14）。从不同气候态下北京市多年平均年小时雨量大于等于 20mm 频数也可以看出，北京市小时雨量大于等于 20mm 频数无明显变化趋势（图 4.15）。

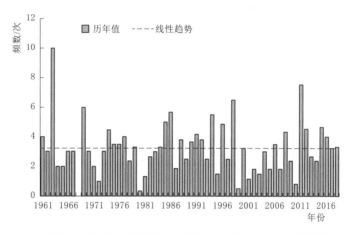

图 4.14   1961—2018 年北京市年小时雨量大于等于 20mm 频数历年变化

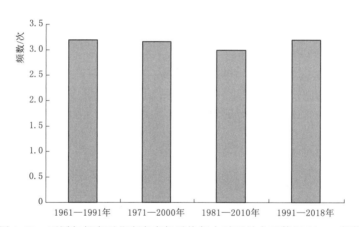

图 4.15   不同气候态下北京市多年平均年小时雨量大于等于 20mm 频数

北京市年最大日降水量略有增多趋势。1961—2018 年，北京市平均年最大日降水量为 114.1mm；年际波动大，2016 年最大，为 253.5mm，1980 年最小，仅有 42.1mm；阶段变化特征明显，20 世纪 60 年代前期、70 年代中期、80 年代中期至 90 年代中期为年最大日降水量较大时段（图 4.16）。从不同气候态下多年平均也可以看出，北京市年最大日降水量有阶段性变化特征（图 4.17）。

北京市年最大小时雨量呈显著增大趋势。1961—2018 年，北京市平均年最大小时雨量为 50.4mm，增大速率为 3.9mm/10a；年际变化大，1984 年最大，最大小时雨量达 96.9mm，1968 年最小，为 17.8mm；阶段性变化特征明显，20 世纪 60 年代至 80 年代前

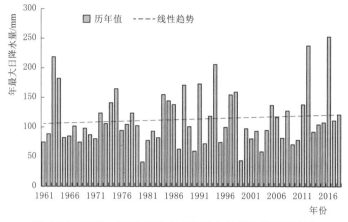

图 4.16　1961—2018 年北京市年最大日降水量历年变化

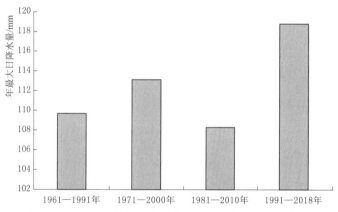

图 4.17　不同气候态下北京市多年平均年最大日降水量

期较小、80 年代中期以来较大（图 4.18）。从不同气候态下多年平均年最大小时雨量变化也可以看出，随着时间的推移，最大小时雨量增大（图 4.19）。

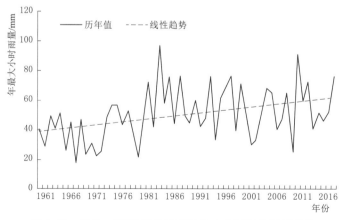

图 4.18　1961—2018 年北京市年最大小时雨量历年变化

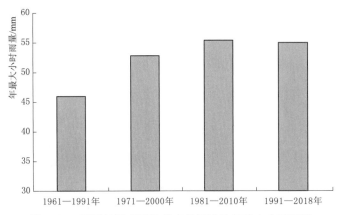

图 4.19 不同气候态下北京市多年平均年最大小时雨量

从雨强来看，北京市 1971—2000 年气候态雨强最强，1991—2018 年相对于 1961—1990 年，不同历时雨强均略减弱，历时越长，雨强减弱幅度越大（表 4.1）。

表 4.1　　　　　　　北京市各气候态下不同历时多年平均年最大雨量

	历　　时	30min	60min	120min	180min
多年平均 年最大雨 量/mm	1961—1990 年	29.2	39.5	50.8	58.0
	1971—2000 年	29.9	39.8	52.2	58.7
	1981—2010 年	29.2	38.9	50.6	56.0
	1991—2018 年	29.1	38.4	49.1	53.8
1991—2018 年相对于 1961—1990 年增幅/%		−0.3	−2.8	−3.3	−7.2

4.2　济　南　市

利用济南市 6 个国家气象站（济南、长清、章丘、平阴、济阳、商河）1961—2018 年逐日降水量、济南站 1961—2018 年小时雨量、济南市 55 个区域自动站 2008—2017 年小时雨量数据分析济南市暴雨空间分布和时间变化特征。

4.2.1　暴雨空间分布特征

济南市年暴雨日数中西部多、东北部少，济南市城区是年暴雨日数最多的区域。随着气候态的推移，年暴雨日数普遍增多。1961—1990 年平均年暴雨日数相对较少，各地在 1.7～2.4d 之间，其中济南市城区和平阴一带最多，达到 2.2d 以上，章丘最少，少于 1.9d；1971—2000 年平均年暴雨日数在 1.8～2.7d 之间，济南城区最多，超过 2.5d，济南东部最少，少于 2.1d；1981—2010 年平均年暴雨日数在 1.9～2.7d 之间，济南城区和长清一带最多，超过 2.7d，商河、章丘最少，少于 2.1d；1991—2018 年是济南市平均年暴雨日数最多的时段，各地平均年暴雨日数在 1.9～3.0d 之间，济南城区最多，超过 2.7d，商河最少，少于 2.1d（图 4.20）。

济南市不同气候态下年最大日降水量空间分布大致相同，济南城区年最大日降水量相

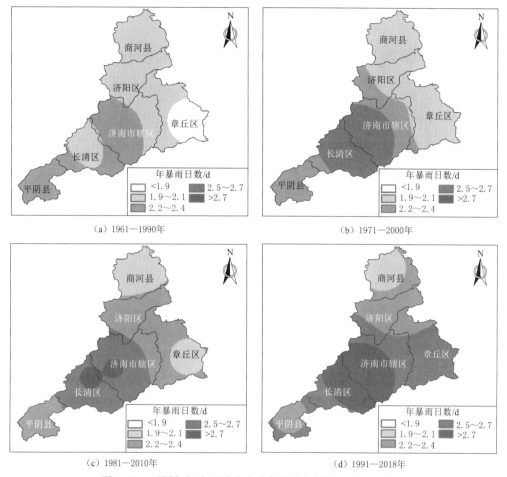

图 4.20　不同气候态下济南市多年平均年暴雨日数空间分布

对最大。1961—1990 年平均年最大日降水量以济南城区、南部山区最大，超过 200.0mm，长清、平阴一带相对较小，小于 150.0mm；1971—2000 年、1981—2010 年平均年最大日降水量均以济南城区最大，大于 175.0mm，商河最小，小于 150.0mm；1991—2018 年平均年最大日降水量以济南城区和商河一带最大，超过 175.0mm，其他地区小于 150.0mm（图 4.21）。

济南城区、南部山区、商河等地小时雨量大于等于 20mm 的频数多、占比大。济南市 2008—2017 年 3—11 月历年小时雨量大于等于 20mm 累计雨量平均为 107.8mm，强降水量占年降水量的比例为 18.5%，以济南城区、南部山区、商河等地强降水量较多，济南城区下风向、章丘、济阳、平阴一带强降水量较少。年小时雨量大于等于 20mm 累计雨量以济南城区、山区迎风向和商河一带的占比最大，大于 20.6%，济南城区下风向、山区背风向占比最小，小于 16.0%。年小时雨量大于等于 20mm 频数多年平均为 3.6 次，占年降水频数的比例为 0.98%，年小时雨量大于等于 20mm 频数以济南城区、山区迎风向和商河一带的占比最大，大于 1.14%，济南城区下风向、山区背风向占比最小，小于 0.83%（图 4.22）。

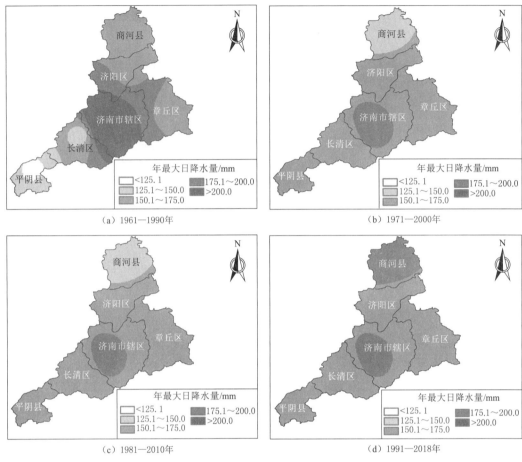

图 4.21　不同气候态下济南市多年平均年最大日降水量空间分布

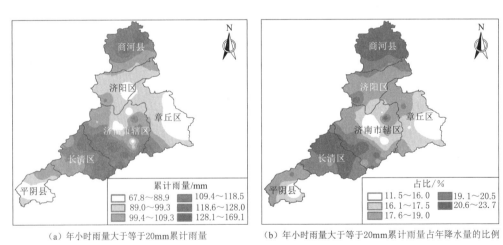

（a）年小时雨量大于等于 20mm 累计雨量　　（b）年小时雨量大于等于 20mm 累计雨量占年降水量的比例

图 4.22（一）　济南市 2008—2017 年平均年小时雨量大于等于 20mm 的空间分布

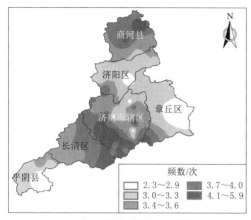

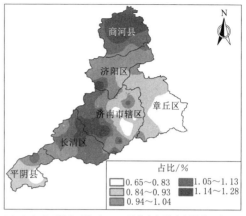

（c）年小时雨量大于等于20mm频数　　　（d）年小时雨量大于等于20mm频数占年降水频数的比例

图 4.22（二）　济南市 2008—2017 年平均年小时雨量大于等于 20mm 的空间分布

4.2.2　暴雨年内变化特征

济南市年内暴雨出现月份集中，7 月和 8 月暴雨日数最多。济南市属于温带大陆性季风气候，强降水年内分布不均。济南市不同时段各月暴雨日数均以 7 月最多，1961—1990 年、1971—2000 年、1981—2010 年、1991—2018 年 分 别 为 8.61d/10a、9.0d/10a、8.44d/10a、9.11d/10a，其次为 8 月，4 月、5 月和 10 月各时段暴雨日数较少，1—3 月和 11—12 月没有出现过暴雨天气（图 4.23）。

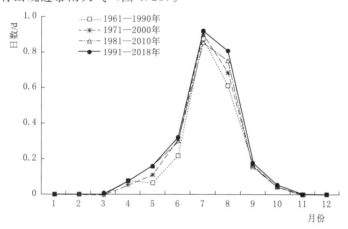

图 4.23　不同气候态下济南市逐月暴雨日数变化

济南市年内小时雨量大于等于 20mm 频数出现月份集中，7 月和 8 月频数最多。济南站年内各月小时雨量大于等于 20mm 频数均以 7 月最多，1961—1990 年、1971—2000 年、1981—2010 年、1991—2018 年分别为 1.9 次/a、1.8 次/a、1.63 次/a、1.88 次/a；其次为 8 月，1—4 月和 11—12 月几乎没有出现过小时雨量大于等于 20mm 的强降水天气（图 4.24）。

济南市小时雨量大于等于 20mm 的日变化呈现双峰双谷的特征，11 时和 23 时前后为强降水量最少的时段，12 时平均强降水量最少，为 1.8mm，强降水量占比为 9.5%，4—

5 时前后和 14—21 时前后是济南市强降水量较大的时段,强降水量平均大于 6.0mm,强降水量占比大于 20.0%,峰值出现在 20 时,为 7.3mm,占比为 28.2%,强降水量为谷值的 4 倍 [图 4.25 (a)]。

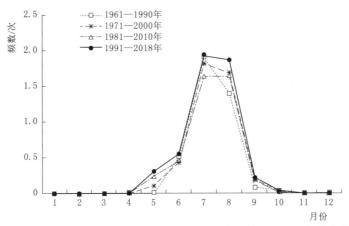

图 4.24 不同气候态下济南站逐月小时雨量大于等于 20mm 频数变化

济南市强降水频数的日变化也呈现双峰型的特征,11 时和 23 时前后为强降水频数最少的时段,11 时强降水频数最少,平均为 0.07 次,占比为 0.4%,4—8 时前后和 14—21 时前后是济南市强降水频数较多的时段,平均为 0.2 次以上,占比大于 1.4%,峰值出现在 20 时,为 0.23 次,占比为 1.6%,强降水频数超过谷值的 3 倍 [图 4.25 (b)]。

4.2.3 暴雨长期变化特征

1961—2018 年,济南市平均年暴雨日数为 2.3d;年际变化大,1994 年暴雨日数最大,为 4.3d,1967 年最小,仅 0.2d;阶段性变化特征明显,20 世纪 60 年代初期、90 年代中期以及 21 世纪初期年暴雨日数较多,20 世纪 60 年代中后期至 70 年代初期、80 年代、90 年代后期至 2002 年前后年暴雨日数较少(图 4.26)。随着时间的推移,不同气候态下济南市多年平均年暴雨日数呈增多趋势(图 4.27)。

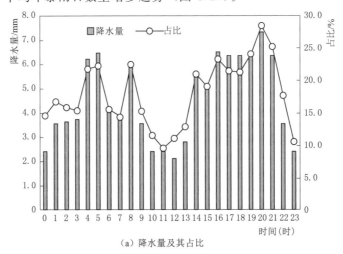

(a) 降水量及其占比

图 4.25(一) 济南市年小时雨量大于等于 20mm 降水量、频数及
其占比逐时变化(2008—2017 年多年平均)

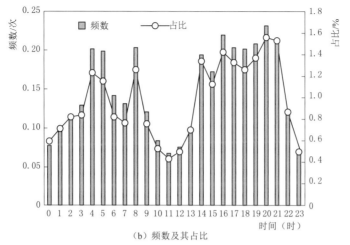

（b）频数及其占比

图 4.25（二） 济南市年小时雨量大于等于 20mm 降水量、频数及
其占比逐时变化（2008—2017 年多年平均）

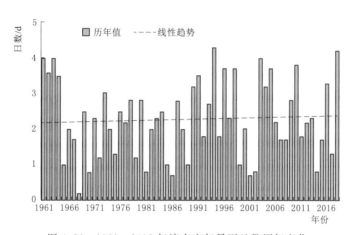

图 4.26 1961—2018 年济南市年暴雨日数历年变化

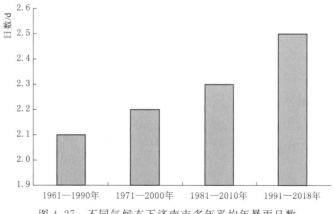

图 4.27 不同气候态下济南市多年平均年暴雨日数

1961—2018 年，济南市小时雨量大于等于 20mm 频数平均每年为 4.3 次；济南市年小时雨量大于等于 20mm 频数年际差异较大，超过 10 次的年份共 5 年，分别是 1963 年、1978 年、1996 年、2005 年、2016 年，其中 1963 年最多，达 13 次，频数较少的年份主要集中在 20 世纪 60 年代中后期、80 年代、21 世纪初期等时段，其中 1968 年没有出现过小时雨量大于等于 20mm 的降雨，1966 年、1974 年、1983 年、1985 年、1986 年、1988 年、2012 年均仅出现 1 次。1961—2018 年，济南站年小时雨量大于等于 20mm 频数无明显变化趋势（图 4.28）。前三个气候态济南站年小时雨量大于等于 20mm 频数无明显差异，1991—2018 年，年小时雨量大于等于 20mm 频数明显增多（图 4.29）。

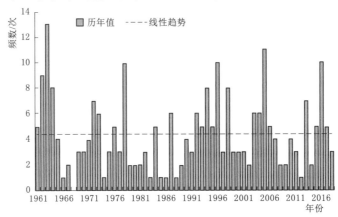

图 4.28　1961—2018 年济南站年小时雨量大于等于 20mm 频数历年变化

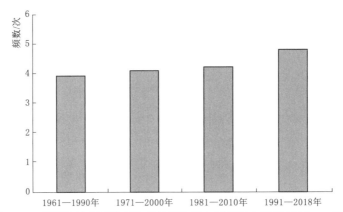

图 4.29　不同气候态下济南站多年平均年小时雨量大于等于 20mm 频数

济南市年最大日降水量无明显变化趋势。1961—2018 年，济南市平均年最大日降水量为 124.6mm；年际变化大，最大日降水量出现在 1962 年，为 298.4mm（济南站），其他各站年均在 200.0mm 以下，2001 年最小，仅 55.1mm；济南市年最大日降水量有微弱减小趋势（图 4.30），减小速率为 1.1mm/10a，没有通过 0.05 信度水平显著性检验。近四个气候态下，1961—1990 年平均年最大日降水量最小，其次为 1981—2010 年，1991—2018 年最大（图 4.31）。

济南站 1961—2018 年平均年最大小时雨量为 48.3mm，接近日暴雨量标准；最大小

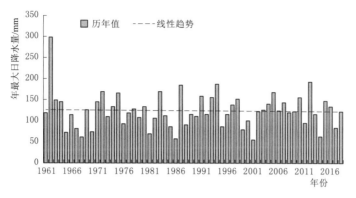

图 4.30 1961—2018 年济南市年最大日降水量历年变化

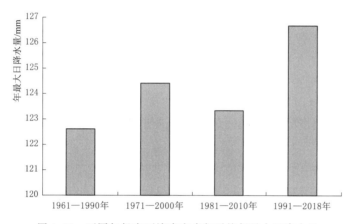

图 4.31 不同气候态下济南市多年平均年最大日降水量

时雨量的年际变化大，其中 1962 年、1987 年、2007 年超过 100.0mm，2017 年最大，达 117.2mm，1968 年最小，为 20.4mm；年最大小时雨量呈增大趋势，平均每 10a 增大 2.1mm（图 4.32）。随着时间的推移，不同气候态下济南站平均年最大小时雨量呈明显增大趋势（图 4.33）。

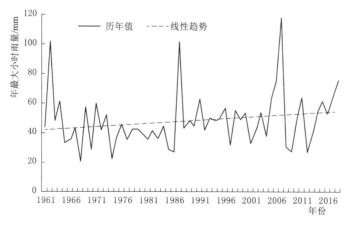

图 4.32 1961—2018 年济南站年最大小时雨量历年变化

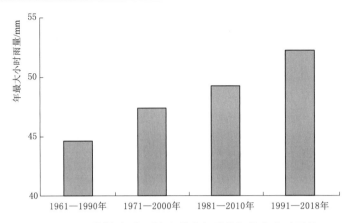

图 4.33　不同气候态下济南站多年平均年最大小时雨量

济南市不同历时雨强均增强，其中短历时雨强增强明显。在气候变暖和城市效应的影响下，济南市降水强度发生了明显变化。不同气候态下，济南市各历时年最大雨量多年平均值有增强趋势（表 4.2），其中 1991—2018 年相对于 1961—1990 年最大 30min、60min、120min、180min、1440min 雨量增加幅度分别达 13.1%、17.3%、14.5%、8.4% 和 4.8%，基本呈现出历时越短雨强增强越明显的特征。

表 4.2　　　　　　　济南市各气候态下不同历时多年平均年最大雨量

	历　时	30min	60min	120min	180min	1440min
多年平均年最大雨量/mm	1961—1990 年	33.7	44.6	56.4	65.5	100.5
	1971—2000 年	33.6	45.5	55.4	63.4	104.9
	1981—2010 年	35.2	49.2	60.5	67.9	105.7
	1991—2018 年	38.1	52.3	64.6	71.0	105.3
1991—2018 年相对于 1961—1990 年增幅/%		13.1	17.3	14.5	8.4	4.8

4.3　深　圳　市

利用深圳市 10 个区域站 2007—2015 年逐日降水资料分析了深圳市日尺度的暴雨空间分布特征（图 4.34）。利用深圳市国家气象站 1961—2015 年逐日及逐分钟降水资料，分析深圳市暴雨时间变化特征。

4.3.1　暴雨空间分布特征

深圳市暴雨日数多，呈东多西少分布。受地形影响，深圳市年暴雨（日降水量大于等于 50mm）日数空间分布呈东多西少状态，中南部的盐田区和罗湖区年暴雨日数最多，达 9.6d；东部的大鹏新区和坪山新区、中部的龙岗新区有 8~9d；中西部的龙华新区、福田区、光明新区有 7d 左右；西南部的南山区有 6.7d，宝安区最少为 5.8d（图 4.34）。

深圳市西北部和东部降雨强度较大，中部和西南部相对较小。深圳市多年平均年最大

图 4.34　深圳市 2007—2015 年平均年暴雨日数空间分布（单位：d）

小时雨量较大的区域主要位于其西部，一般在 65mm 以上，其中光明新区最大，达 80.0mm；中部雨量相对较小，一般有 50～60mm，东南部雨量基本在 60～65mm ［图 4.35（a）］。

深圳市多年平均年最大 3h 雨量较大的区域主要位于西北部和东南部，一般在 95mm 上，其中光明新区最大，达 109.3mm；其余区域基本在 85～95mm，其中龙华新区最小，为 82.0mm ［图 4.35（b）］。

深圳市多年平均年最大 6h 雨量较大的区域主要位于中东部和西北部，年最大 6h 雨量在 120mm 以上，其中盐田区最大，达 129.0mm；西南部较小，在 110mm 以下；福田区最小，为 104.0mm ［图 4.35（c）］。

深圳市多年平均年最大 12h 雨量大部在 140mm 以上，其中盐田区最大，达 159.6mm；西南部较小，在 135mm 以下；福田区最小，为 127.5mm ［图 4.35（d）］。

深圳市多年平均年最大 24h 雨量除西南部较小在 165mm 以下外，其余大部地区普遍在 165mm 以上，其中盐田区最大，达 184.0mm ［图 4.35（e）］。

4.3.2　暴雨年内变化特征

深圳市全年各月均可出现暴雨日，暴雨日主要出现在 4—10 月，大致呈双峰型分布，主峰出现在 8 月，次峰出现在 5 月或 6 月（图 4.36）。1961—1990 年和 1971—2000 年，7—8 月暴雨日数相对较对，8 月最多；1981—2010 年，6—8 月暴雨日数相对较多，其中 8 月最多，6 月、7 月暴雨日数接近；1991—2018 年，6—8 月暴雨日数相对较多，6 月最多。由此可见，随着气候态的推移，年内相对频繁的暴雨月份由 7—8 月扩大至 6—8 月，前汛期（4—5 月）暴雨日数减少，而 9—10 月暴雨日数增多，6 月增多最为明显。

1961—2018 年，不同气候态下深圳市年内各月小时雨量大于等于 20mm 频数分布与各月暴雨日数的分布特征基本相同，也主要集中在 4—9 月，呈双峰型分布。1961—1990 年和 1971—2000 年两个气候态，主峰出现在 8 月，次峰发生在 5 月；而 1981—2010 年和 1991—2018 年两个气候态，主峰则出现在 6 月，次峰发生在 8 月。也就是说，随着气候态的推移，深圳市年内各月小时雨量大于等于 20mm 出现频数发生了明显变化，5 月、6 月、7 月、9 月频数增多，其中 6 月增幅最大，8 月减少（图 4.37）。

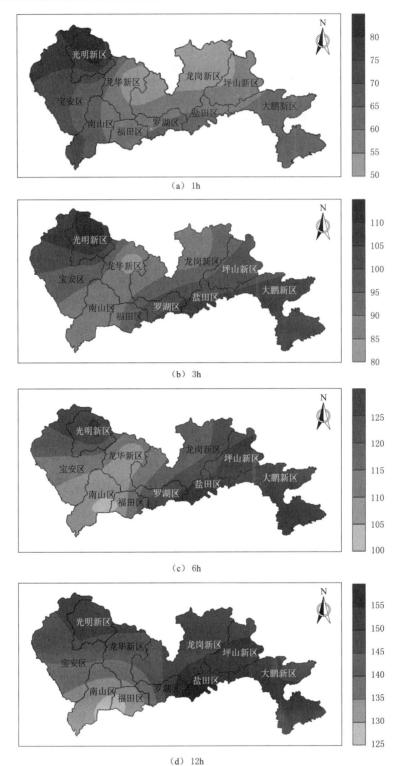

(a) 1h

(b) 3h

(c) 6h

(d) 12h

图 4.35（一） 深圳市 2007—2015 年平均 1h、3h、6h、12h、24h
最大雨量空间分布（单位：mm）

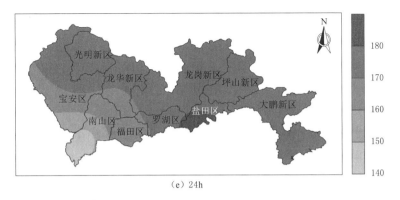

（e）24h

图 4.35（二） 深圳市 2007—2015 年平均 1h、3h、6h、12h、24h
最大雨量空间分布（单位：mm）

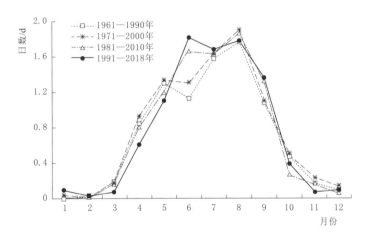

图 4.36 不同气候态下深圳市逐月暴雨日数分布

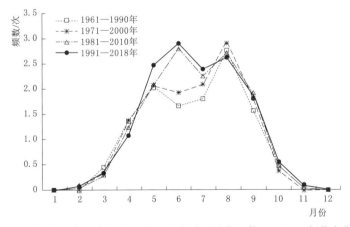

图 4.37 不同气候态下深圳市逐月小时雨量大于等于 20mm 频数变化

4.3.3 强降水日变化特征

深圳市白天降水量多于夜间，6—17 时最为集中，占全天降水总量的 60%。小时雨量大于等于 20mm 的强降水白天发生比例高，6—9 时出现强降水频数最高（图 4.38）。

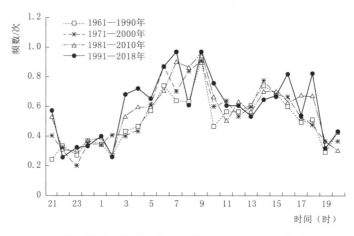

图 4.38 不同气候态下深圳市小时雨量大于等于 20mm 频数日内分布

4.3.4 暴雨长期变化特征

1961—2018 年，深圳市平均年暴雨日数为 8.9d，没有明显的线性变化趋势，但阶段性变化特征明显。20 世纪 70 年代中期、90 年代前期、21 世纪初是较多的时段。2001 年暴雨日数最多，达 18d，1963 年最少，为 1d（图 4.39）；大暴雨日数（日降雨量大于等于 100mm）年均为 2.4d，呈先减后增趋势，1961—1990 年减少速率为 0.3d/10a，而 1991—2018 年增加速率为 0.2d/10a；2008 年大暴雨日数最多，达 7d（图 4.40）。

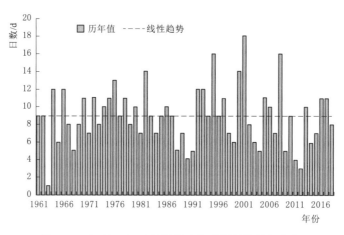

图 4.39 1961—2018 年深圳市年暴雨日数历年变化

1961—2018 年，深圳市平均年小时雨量大于等于 20mm 的频数为 13.1 次，年小时雨量大于等于 20mm 频数占全年降水频数的比例为 1.7%；年小时雨量大于等于 20mm 频数年际变化大，2001 年和 2008 年频数最多，均有 29 次，1963 年最少，仅有 3 次；58 年中，深圳市年小时雨量大于等于 20mm 频数有不显著增多趋势，增多速率为 0.5 次/10a（图 4.41）。随着时间的推移，不同气候态下深圳市年小时雨量大于等于 20mm 频数呈增多趋势（图 4.42）。

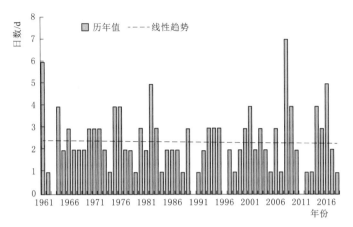

图 4.40　1961—2018 年深圳市大暴雨日数历年变化

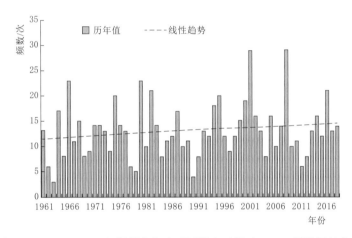

图 4.41　1961—2018 年深圳市年小时雨量大于等于 20mm 频数历年变化

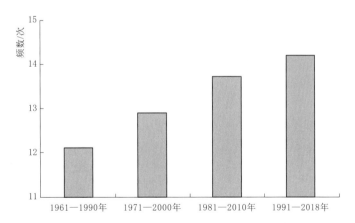

图 4.42　不同气候态下深圳市多年平均年小时雨量大于等于 20mm 频数

深圳市强降水量占比高。1961—2018 年深圳市平均年暴雨累计雨量占年降水量的比例为 41.2%，年际差异大，2008 年最大达到 64.6%，而 1963 年仅占 7.3%。年小时雨量大于等于 20mm 累计雨量占比平均为 20.5%，1966 年最大，为 40.3%，1978 年最小，为 6.9%。年暴雨累计雨量占比呈减少趋势（图 4.43），年小时雨量大于等于 20mm 累计雨量占比呈增多趋势（图 4.44）。

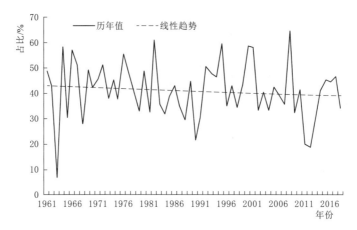

图 4.43　1961—2018 年深圳市年暴雨累计雨量占比历年变化

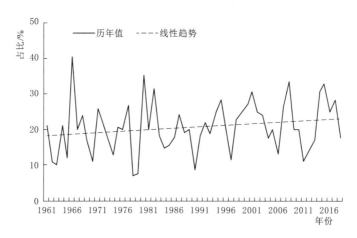

图 4.44　1961—2018 年深圳市年小时雨量大于等于 20mm 累计雨量占比历年变化

1961—2018 年，深圳市多年平均年小时雨量大于等于 20mm 平均雨强为 29.5mm/h；年际变化大，2015 年最大，为 40.6mm/h，2011 年最小，仅有 23.6mm/h；年小时雨量大于等于 20mm 平均雨强有不显著增大趋势（图 4.45）。随着时间的推移，不同气候态下深圳市多年平均年小时雨量大于等于 20mm 平均雨强呈增大趋势（图 4.46）。

深圳市年最大日降水量大，且呈减少趋势。1961—2018 年，深圳市平均年最大日降水量为 169.9mm；总体呈减少趋势，平均每 10a 减少 4.6mm（图 4.47）。2000 年（4 月 14 日）最大日降水量最大，达到 344.0mm；1963 年（7 月 18 日）最大日降水量最小，仅 66.8mm。

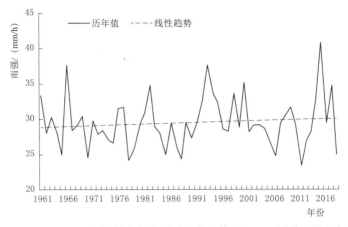

图 4.45　1961—2018 年深圳市年小时雨量大于等于 20mm 平均雨强历年变化

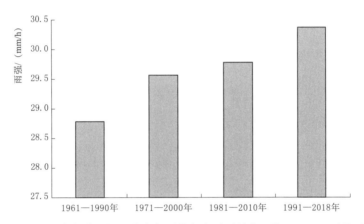

图 4.46　不同气候态下深圳市多年平均年小时雨量大于等于 20mm 平均雨强

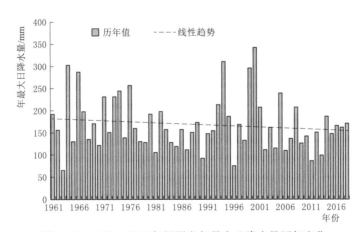

图 4.47　1961—2018 年深圳市年最大日降水量历年变化

深圳市年最大小时雨量大，且呈显著增大趋势。1961—2018 年，深圳市平均年最大小时雨量为 49.6mm，接近我国气象上规定的日暴雨量标准。最大小时雨量的年际变化较

59

大，2000 年最大，达 85.5mm，2011 年最小，仅 27.7mm，最大年是最小年的 3.1 倍。58 年中，深圳市年最大小时雨量呈增大趋势，平均每 10a 增加 1.8mm（图 4.48）。

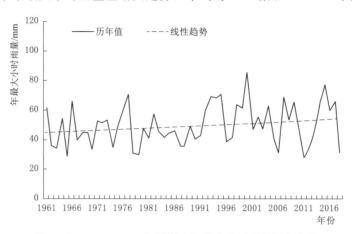

图 4.48　1961—2018 年深圳市年最大小时雨量历年变化

不同历时雨强均增强，其中短历时雨强增强显著。在气候变暖背景下，深圳市由于城市化及经济社会发展，热岛效应、下垫面改变以及凝结核增多等因素致使降水强度发生了明显变化。1991 年以来不同历时多年平均最大雨量均有所增加（表 4.3），其中最大 30min、60min、120min、180min、1440min 雨量增加幅度分别约达 15%、17%、19%、14%、2%，180min 及以下历时雨量增大幅度均在 10% 以上。

表 4.3　　　　　　　　　　深圳市 2 个气候态不同历时多年平均年最大雨量

历　时		30min	60min	120min	180min	1440min
多年平均年最大雨量/mm	1961—1990 年	36.5	52.3	72	86.2	168.7
	1991—2016 年	41.9	61.2	85.8	98.2	171.6
增幅/%		14.8	17.0	19.2	13.9	1.7

4.4　成　都　市

利用成都市 14 个国家气象站 1961—2018 年逐日降水数据、小时降水数据，分析成都市暴雨空间分布特征和时间变化特征。

4.4.1　暴雨空间分布特征

从不同气候态成都市年暴雨日数的空间分布变化看，成都大部分地区年暴雨日数为 2.5～4.0d，整体呈西多东少分布。随着气候态的推移，年暴雨日数有所减少，3d 以上的年暴雨日数范围逐渐向西南方向缩小。1961—1990 年，都江堰、崇州的大部分地区年暴雨日数均为 3.5～4.0d；1991—2018 年，上述地区的年暴雨日数一般为 2.5～4.0d，普遍减少 1d 左右（图 4.49）。

不同气候态下，成都大部分地区年最大日降水量一般为 200～350mm，大体呈中部大、东西部小的特征（图 4.50）。与年暴雨日数减少的特征不同，随着前三个气候态的推移，年最大日降水量表现出明显增加的变化特征。1991—2018 年，平均年最大日降水量大值区分布发生明显变化，出现在西北部。

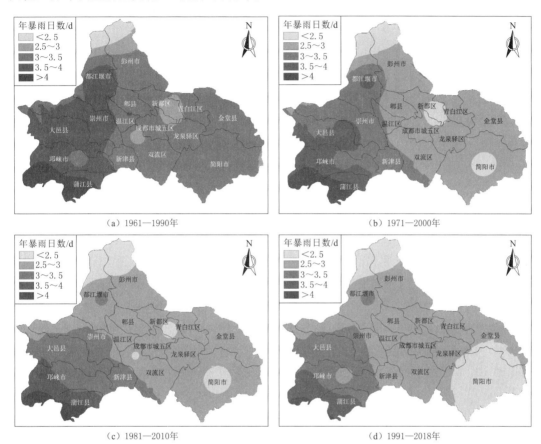

（a）1961—1990年 （b）1971—2000年

（c）1981—2010年 （d）1991—2018年

图 4.49　不同气候态下成都市多年平均年暴雨日数空间分布

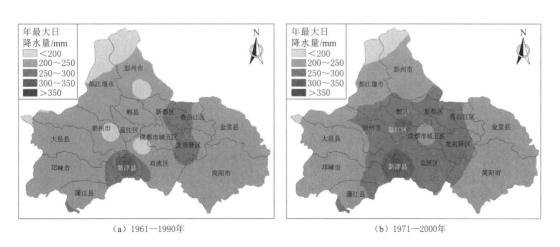

（a）1961—1990年 （b）1971—2000年

图 4.50（一）　不同气候态下成都市多年平均年最大日降水量空间分布

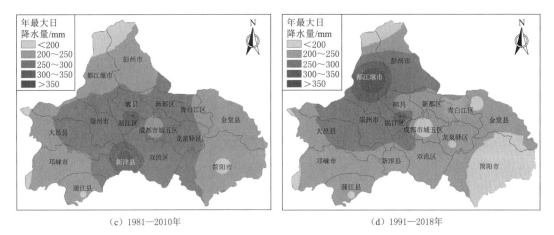

（c）1981—2010年 　　　　　　　　　　　（d）1991—2018年

图 4.50（二）　不同气候态下成都市多年平均年最大日降水量空间分布

　　成都市年小时雨量大于等于 20mm 频数呈东多西少分布，随着气候态的推移，频数有所增加。成都市大部分地区年小时雨量大于等于 20mm 频数有 3～9 次。到 1991—2018年，4 次以上的范围逐渐包括了成都市绝大多数地区（图 4.51）。

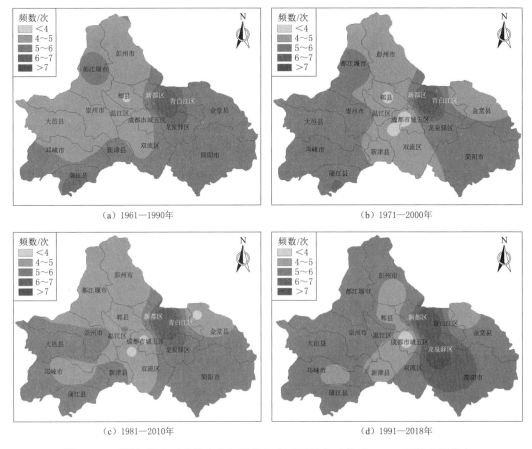

（a）1961—1990年 　　　　　　　　　　　（b）1971—2000年

（c）1981—2010年 　　　　　　　　　　　（d）1991—2018年

图 4.51　不同气候态下成都市多年平均年小时雨量大于等于 20mm 频数空间分布

成都市年小时雨量大于等于 20mm 频数占全年降水频数的比例低。成都市年小时雨量大于等于 20mm 频数占全年降水频数的比例一般为 0.4％～0.8％，但随着气候态的推移，年小时雨量大于等于 20mm 频数占比也出现增多，到 1991—2018 年，成都市绝大多数地区小时雨量大于等于 20mm 频数占比达到 0.6％以上（图 4.52），说明成都市强降水频数有较明显的增多趋势，特别是 20 世纪 90 年代以后，强降水频数明显增多。

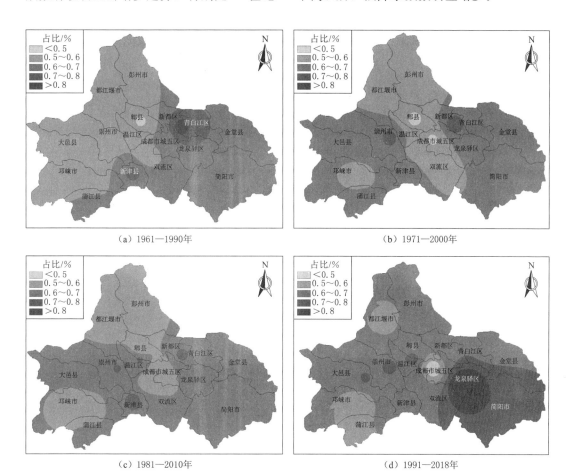

图 4.52　不同气候态下成都市多年平均年小时雨量大于等于 20mm 频数占比空间分布

成都市年小时雨量大于等于 20mm 累计雨量也出现增多的变化。与年小时雨量大于等于 20mm 频数随气候态变化相似，年小时雨量大于等于 20mm 累计雨量也随着气候态的推移出现增多的变化特征。1991—2018 年，年小时雨量大于等于 20mm 累计雨量在 150mm 以上的范围覆盖了成都市绝大多数地区（图 4.53）；年小时雨量大于等于 20mm 累计雨量占年降水量的比例一般为 12％～18％，并且随气候态的推移占比增大，到 1991—2018 年，成都市绝大多数地区年小时雨量大于等于 20mm 累计雨量占年降水量的比例达到 14％以上，即强降水对总降水量的贡献在持续增大（图 4.54）。

4.4.2 暴雨年内变化特征

成都市年内暴雨日数呈现典型的单峰型分布,主要集中在 7—8 月。从各气候态多年平均暴雨日数的年内变化看(图 4.55),成都市年内暴雨日数呈现典型的单峰型分布,

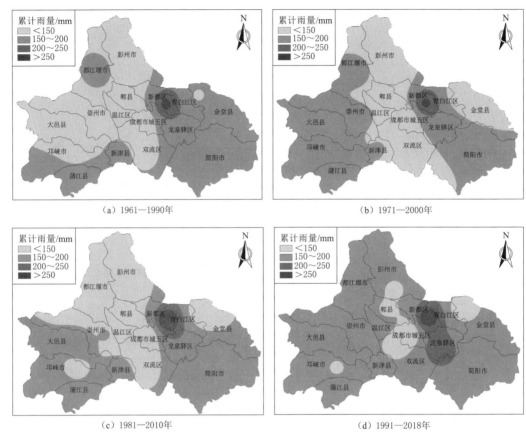

图 4.53 不同气候态下成都市多年平均年小时雨量大于等于 20mm 累计雨量空间分布

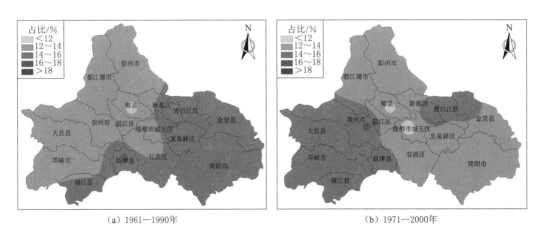

图 4.54(一) 不同气候态下成都市多年平均年小时雨量大于等于 20mm 累计雨量占比空间分布

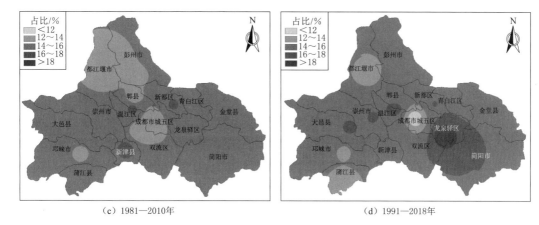

（c）1981—2010年　　　　　　　　　　（d）1991—2018年

图 4.54（二）　不同气候态下成都市多年平均年小时雨量大于等于 20mm 累计雨量占比空间分布

各气候态各时间段的暴雨日数普遍发生在 4—10 月，峰值均出现在 7 月，次大值为 8 月。随着气候态的推移，7—8 月的暴雨日数呈现减少趋势，1991—2018 年的 7 月和 8 月平均暴雨日数较 1961—1990 年平均值均偏少 0.2d 左右，即最易发生暴雨的季节暴雨日数出现了减少。

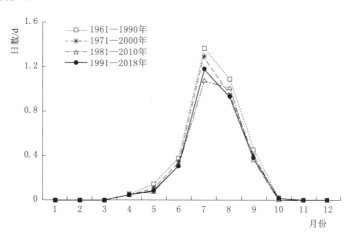

图 4.55　不同气候态下成都市逐月暴雨日数变化

从各气候态小时雨量大于等于 20mm 频数年内各月的分布特征看（图 4.56），成都市小时强降水一般在 7—8 月较频繁，但在 1991—2018 年，7 月小时强降水频数较其他三个气候态明显增多，但 6 月和 9 月小时强降水频数较其他三个气候态略有减少。这表明，近 20 多年，成都市小时强降水频数的年内分布特征发生了一定变化，强降水发生时间更为集中。

4.4.3　强降水日变化特征

一日中，成都市小时雨量大于等于 20mm 频数在 3—7 时较高。近四个气候态中，随着时间推移，小时雨量大于等于 20mm 频数峰值出现时间从 6 时提前至 5 时，且峰值增大（图 4.57）。

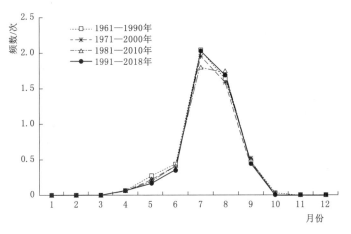

图 4.56 不同气候态下成都市逐月小时雨量大于等于 20mm 频数变化

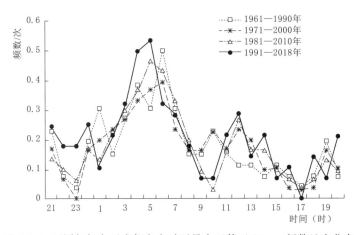

图 4.57 不同气候态下成都市小时雨量大于等于 20mm 频数日内分布

4.4.4 暴雨长期变化特征

1961—2018 年，成都市多年平均年暴雨日数为 3.2d；成都市年暴雨日数呈现出弱减少趋势，减少速率为 0.1d/10a（图 4.58）。暴雨日数年代际波动较大，大致来看，20 世

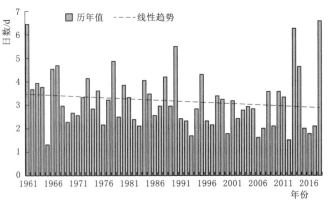

图 4.58 1961—2018 年成都市年暴雨日数历年变化

纪 60 年代中后期、90 年代和 21 世纪头 10 年成都市年暴雨日数属于较少的阶段，而 20 世纪 80 年代中后期及最近几年暴雨日数较多，其中 2018 年（6.6d）、1961 年（6.5d）、2013 年（6.3d）分别为历史前三多。从不同气候态下多年平均年暴雨日数也可以看出，随着气候态的推移，年暴雨日数减少（图 4.59）。

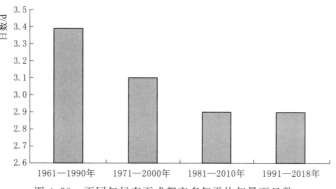

图 4.59 不同气候态下成都市多年平均年暴雨日数

1961—2018 年，成都市多年平均年小时雨量大于等于 20mm 频数为 5.1 次；年小时雨量大于等于 20mm 频数呈现增多趋势，增多速率为 0.2 次/10a（图 4.60），其中 2013 年（12.2 次）、2018 年（10.9 次）和 1995 年（8.2 次）分别为历史前三多；年小时雨量大于等于 20mm 平均雨强呈增强趋势，增强速率为 0.25mm/10a（图 4.61）。不同气候态

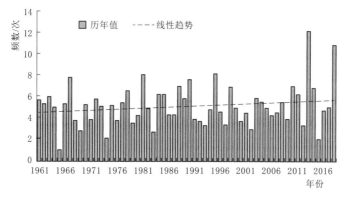

图 4.60 1961—2018 年成都市年小时雨量大于等于 20mm 频数历年变化

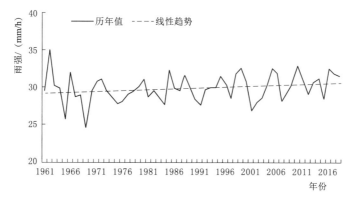

图 4.61 1961—2018 年成都市年小时雨量大于等于 20mm 平均雨强历年变化

下多年平均年小时雨量大于等于 20mm 平均雨强也呈增大趋势（图 4.62）。与 1961—1990 年平均相比，1991—2018 年成都市短历时雨强均减弱，且历时长雨强减弱明显（表 4.4）。

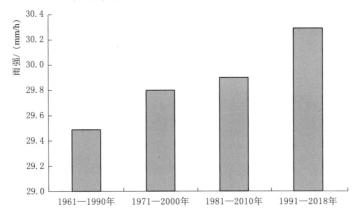

图 4.62 不同气候态下成都市多年平均年小时雨量大于等于 20mm 平均雨强

表 4.4		成都市各气候态下不同历时年最大雨量多年平均值			单位：mm
历 时		30min	60min	120min	180min
多年平均年最大雨量/mm	1961—1990 年	33.56	44.83	56.39	62.96
	1971—2000 年	32.67	41.66	50.4	56.07
	1981—2010 年	34.36	42.26	51.22	57.12
	1991—2018 年	32.34	40.17	49.11	54.52
1991—2018 年相对于 1961—1990 年增幅/%		−3.6	−10.4	−12.9	−13.4

成都市年最大日降水量有微弱增大趋势。将成都市各站年最大日降水量的最大值作为成都市年最大日降水量。1961—2018 年，成都市年最大日降水量有微弱增大趋势，增大速率为 5.7mm/10a（图 4.63）；阶段性变化较明显，在 20 世纪 70 年代末至 80 年代初、90 年代中后期及 21 世纪最近 8 年最大日降水量较大；年际波动大，2013 年最大，为 423.8mm，1976 年最小，为 82.3mm。不同气候态下成都市多年平均年最大日降水量总体呈增大趋势，其中 1961—1990 年与 1971—2000 年之间增大显著（图 4.64）。

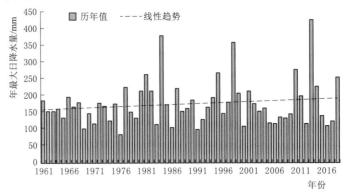

图 4.63 1961—2018 年成都市年最大日降水量历年变化

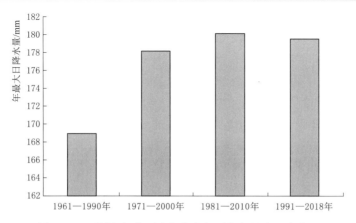

图 4.64　不同气候态下成都市多年平均年最大日降水量

将成都市各站年最大小时雨量的最大值作为成都市年最大小时雨量。1961—2018 年，成都市平均年最大小时雨量为 65.2mm。58 年中，成都市年最大小时雨量呈显著增大趋势，增大速率为 3.7mm/10a（图 4.65）。随着气候态的推移，平均年最大小时雨量也呈增大趋势（图 4.66）。

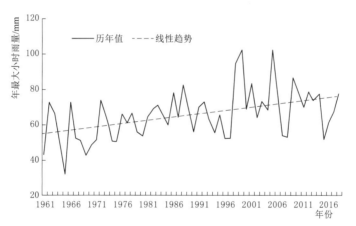

图 4.65　1961—2018 年成都市年最大小时雨量历年变化

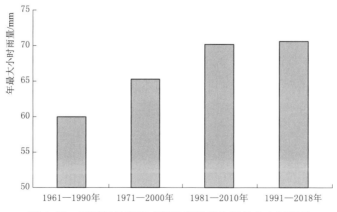

图 4.66　不同气候态下成都市多年平均年最大小时雨量

4.5 本 章 小 结

本章以北京、济南、深圳、成都四个典型城市作为研究区域,分别分析了其暴雨和小时强降水的时空变化特征,得出以下结论:

(1)北京市平均年暴雨日数为 1.9d,中东部暴雨日数多,西北部少。暴雨主要集中在 7—8 月,随着气候态的推移,暴雨更加集中于 7 月。一日中,北京市小时雨量大于等于 20mm 的降水主要出现在 4—5 时和 17—23 时。1961—2018 年,北京市平均年最大日降水量为 114.1mm,为大暴雨量级;平均年最大小时雨量为 50.4mm,达到我国气象上规定的日暴雨量标准。不同尺度的暴雨变化趋势不同。58 年中,北京市年暴雨日数呈明显减少趋势,年最大日降水量极端性增强;年小时雨量大于等于 20mm 频数总体无明显变化趋势,但年最大小时雨量极端性显著增强。

(2)济南市各气候态下强降水以城区、南部山区的暴雨日数较多,日最大降水量较大。年内 7 月和 8 月暴雨日数、小时雨量大于等于 20mm 频数最多,小时雨量大于等于 20mm 频数的日变化呈现双峰型特征,4—5 时前后和 14—21 时前后是济南市强降水量较大的时段。年暴雨日数呈微弱增多趋势且阶段性变化特征明显,年小时雨量大于等于 20mm 频数无明显变化趋势;年最大日降水量无明显变化趋势,年最大小时雨量大且呈增大趋势。

(3)深圳市暴雨日数多,年均为 9.2d,主要集中在 5—9 月。受地形影响,年暴雨日数空间分布呈东多西少形态。强降水比例高,白天降水多于夜间。极端降水量大,1961—2018 年,深圳市平均年最大日降水量为 169.9mm,为大暴雨量级;年最大小时雨量平均为 49.6mm,接近我国气象上规定的日暴雨量标准。不同尺度的暴雨变化趋势不同。58 年中,年暴雨日数没有明显线性变化趋势,年小时雨量大于等于 20mm 频数总体呈增多趋势。

(4)成都市暴雨日数和小时强降水频数空间分布有差别:暴雨日数西多东少,而小时强降水频数则是东多西少,城区尤其多。无论从日尺度还是小时尺度,年内成都市暴雨集中在 7—8 月,随着气候态的推进,小时强降水更为集中于 7 月,但暴雨日数在 7 月有减少趋势。成都市年暴雨日数减少,但暴雨极端性增强;年小时雨量大于等于 20mm 频数增多,累计雨量增多,雨强增大,极端性增强显著。

由上述分析可知,在变化背景下,典型城市极端强降水发生了明显变化,发生这种变化的具体原因还有待于今后做进一步研究。另外,结合 2020 年中国政府向国际社会承诺的 2035 年前碳达峰、2060 年前碳中和目标,对未来气候变化情境下极端强降水的变化特征也需要开展深入研究。

第5章　典型城市短、长历时雨型变化特征

5.1　典型城市暴雨强度公式

《室外排水设计标准》（GB 50014—2021）推荐使用年最大值法进行 11 个历时暴雨选样。即利用 1961—2017 年北京、济南、成都，1961—2016 年深圳逐分钟降水资料，提取出 4 个典型城市逐年的最大 5min、10min、15min、20min、30min、45min、60min、90min、120min、150min、180min 雨量资料。

依据《室外排水设计标准》，我国暴雨强度公式定义为

$$q=\frac{167A_1(1+C\lg P)}{(t+b)^n} \text{ 或 } i=\frac{A_1(1+C\lg P)}{(t+b)^n} \tag{5.1}$$

式中：i、q 均为设计暴雨强度，i 单位为 mm/min，q 单位为 L/（s·hm²），设计暴雨强度单位通常以 mm/min 表示，工程上常用 L/（s·hm²）表示；P 为设计暴雨重现期，年；t 为降雨历时，min；A_1、C、b、n 为与地方暴雨特性有关且需求解的参数。

q 与 i 之间的换算关系是将每分钟的降雨深度换算成每公顷面积上每秒的降雨体积，即

$$q=\frac{10000\times1000i}{1000\times60}=167i \tag{5.2}$$

采用皮尔逊Ⅲ型分布曲线、指数分布曲线以及耿贝尔分布曲线拟合，再分别运用高斯牛顿法与最小二乘法求解参数得到四城市各自 1961—2017 年、1961—1990 年、1971—2000 年、1981—2010 年、1991—2017（2016）年 5 个时段的暴雨强度公式，通过对比分析，四个典型城市均以皮尔逊Ⅲ型分布曲线、最小二乘法求解参数的结果最为理想。

5.1.1　北京市

不同时间段拟合的北京市皮尔逊Ⅲ型分布暴雨强度公式各参数见表 5.1。

表 5.1　　　　　　不同时间段拟合的北京市皮尔逊Ⅲ型分布暴雨强度公式各参数

时间段	$167A_1$	C	b	n	平均绝对标准差 /（mm/min）	平均相对标准差 /%
1961—2017 年	1665.738	0.958	10.995	0.706	0.023	2.50
1961—1990 年	1470.753	0.971	9.680	0.680	0.023	2.32
1971—2000 年	1490.023	0.945	9.076	0.677	0.024	2.51
1981—2010 年	1565.923	0.945	9.829	0.693	0.024	0.53
1991—2017 年	1859.475	0.906	11.665	0.729	0.022	2.63

随着气候态的推移，北京市短历时雨强总体呈减弱趋势，且重现期越大雨强减弱越明显。其中，5min、10min、15min、20min、30min、45min 6 个短历时，除 1981—2010 年雨强略高于 1971—2000 年外，其他三个气候态短历时雨强呈减弱趋势，且重现期越大雨强减小越明显；60min、90min、120min、150min、180min 5 个短历时，随着气候态的推移，雨

强均呈减弱态势，且呈现出重现期越大雨强减弱越明显的特征（图 5.1）。

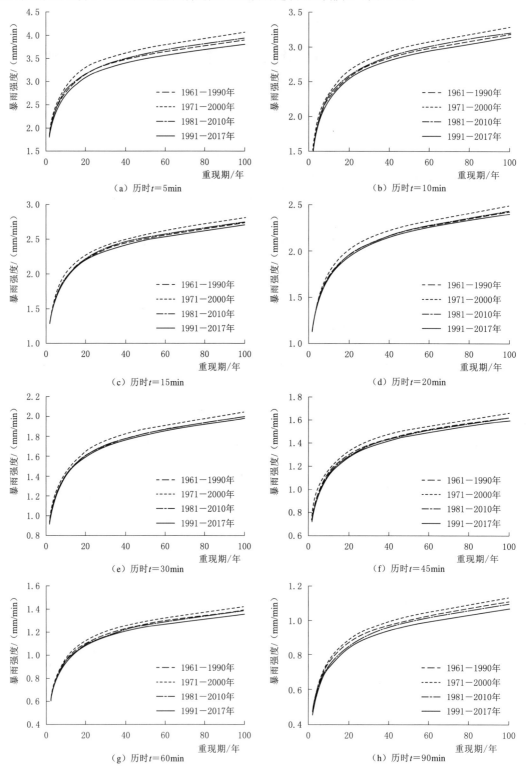

图 5.1 （一）　11 个历时不同气候态下北京市不同重现期暴雨强度分布

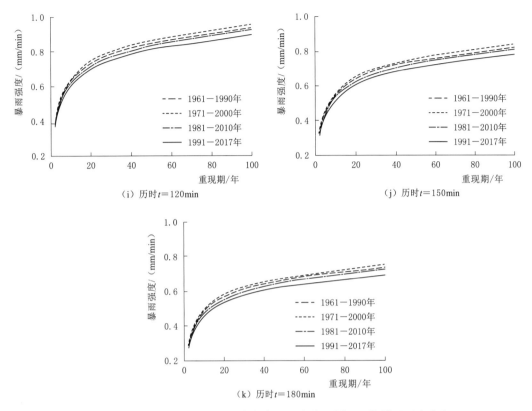

图 5.1（二）　11 个历时不同气候态下北京市不同重现期暴雨强度分布

5.1.2　济南市

不同时间段拟合的济南市皮尔逊Ⅲ型分布暴雨强度公式各参数见表 5.2。

表 5.2　　　不同时间段拟合的济南市皮尔逊Ⅲ型分布暴雨强度公式各参数

时　间　段	$167A_1$	C	b	n	平均绝对标准差 /(mm/min)	平均相对标准差 /%
1961—2017 年	2834.973	0.997	17.780	0.769	0.033	3.38
1961—1990 年	2656.444	0.997	17.240	0.766	0.033	4.00
1971—2000 年	3826.702	0.997	22.113	0.839	0.030	3.61
1981—2010 年	3918.623	0.997	24.205	0.825	0.037	3.40
1991—2017 年	3369.464	0.984	19.899	0.789	0.036	3.23

　　随着气候态的推移，济南市短历时雨强总体呈增强趋势，其中 1961—1990 年和 1971—2000 年两个气候态的雨强基本接近；重现期越大雨强增强越明显。1991—2017 年气候态的 5min、10min、15min、20min 雨强明显高于其他三个气候态（图 5.2）。

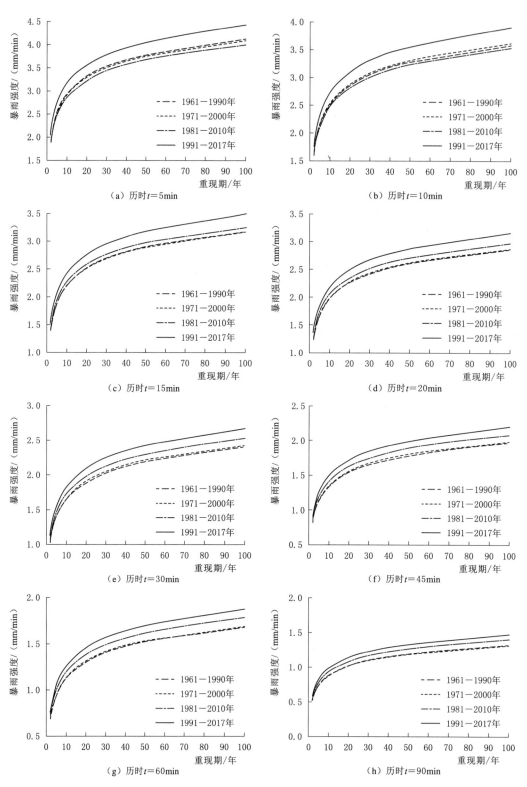

图 5.2（一） 11 个历时不同气候态下济南市不同重现期暴雨强度分布

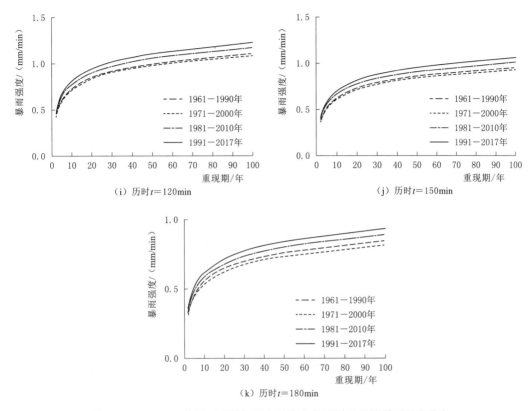

图 5.2（二）　11 个历时不同气候态下济南市不同重现期暴雨强度分布

5.1.3　深圳市

不同时间段拟合的深圳市皮尔逊Ⅲ型分布暴雨强度公式各参数见表 5.3。

表 5.3　　　　不同时间段拟合的深圳市皮尔逊Ⅲ型分布暴雨强度公式各参数

时　间　段	$167A_1$	C	b	n	平均绝对标准差 /（mm/min）	平均相对标准差 /%
1961—2016 年	1659.795	0.568	11.675	0.589	0.027	2.02
1961—1990 年	1569.039	0.568	11.150	0.592	0.028	2.51
1971—2000 年	2202.771	0.568	15.983	0.640	0.026	2.04
1981—2010 年	2224.195	0.568	15.826	0.638	0.028	1.98
1991—2016 年	1721.184	0.581	12.052	0.581	0.032	1.75

随着气候态的推移，深圳市短历时雨强总体呈增强趋势，其中 1961—1990 年和 1971—2000 年两个气候态的雨强变化大；重现期越大雨强增强越明显。1961—1990 年气候态各历时雨强明显低于其他三个气候态（图 5.3）。

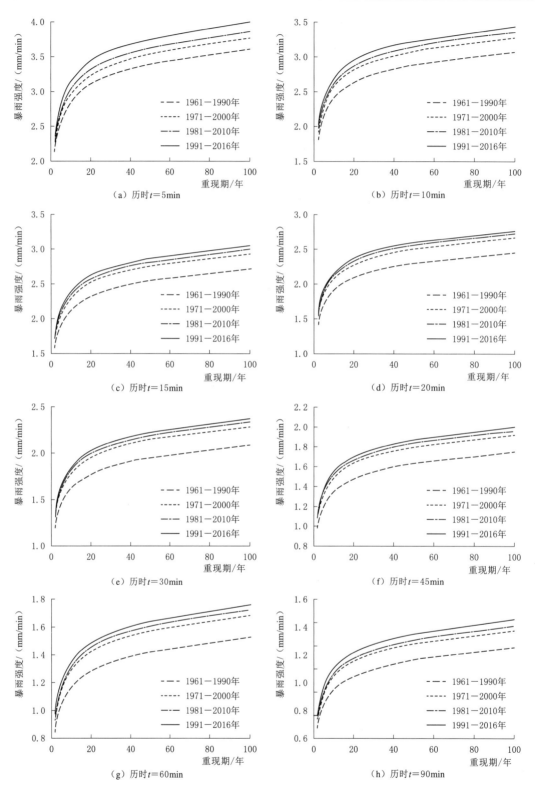

图 5.3（一） 11 个历时不同气候态下深圳市不同重现期暴雨强度分布

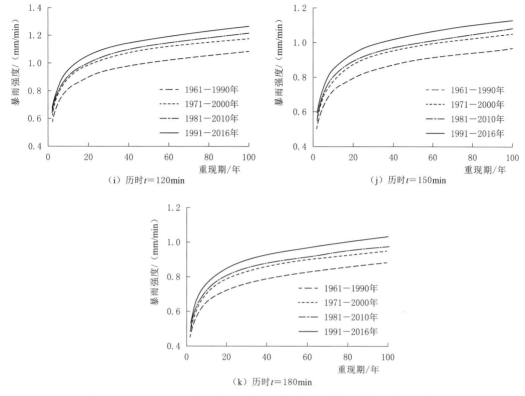

（i）历时t=120min   （j）历时t=150min

（k）历时t=180min

图 5.3（二）   11 个历时不同气候态下深圳市不同重现期暴雨强度分布

5.1.4   成都市

不同时间段拟合的成都市皮尔逊Ⅲ型分布暴雨强度公式各参数见表 5.4。

表 5.4   不同时间段拟合的成都市皮尔逊Ⅲ型分布暴雨强度公式各参数

时 间 段	A_1	C	b	n	平均绝对标准差 /（mm/min）	平均相对标准差 /%
1961—2017 年	35.872	0.906	30.080	0.926	0.027	3.02
1961—1990 年	47.077	0.906	39.190	0.957	0.032	3.02
1971—2000 年	43.323	0.906	31.301	0.972	0.028	2.94
1981—2010 年	51.421	0.854	30.314	0.998	0.033	4.04
1991—2017 年	32.228	0.906	24.031	0.928	0.028	3.35

随着气候态的推移，成都市短历时雨强变化较为复杂，5min 历时，1981—2010 年与
1991—2017 年雨强变化不大，1961—1990 年、1971—2000 年、1981—2010 年三个气候
态，随着气候态的推移，雨强明显增强；10min、15min、20min、30min 4 个历时，
1981—2010 年的雨强最大，1961—1990 年和 1971—2000 年两个气候态的雨强相差不大，
且雨强较小，1991—2017 年雨强居中；45min、60min、90min、120min、150min 和
180min 6 个历时，除 1981—2010 年雨强较 1971—2000 年雨强略大外，1961—1990 年、
1971—2000 年、1991—2017 年三个气候态，随着气候态的推移，雨强呈减弱趋势，且重
现期越大雨强减弱幅度越大（图 5.4）。

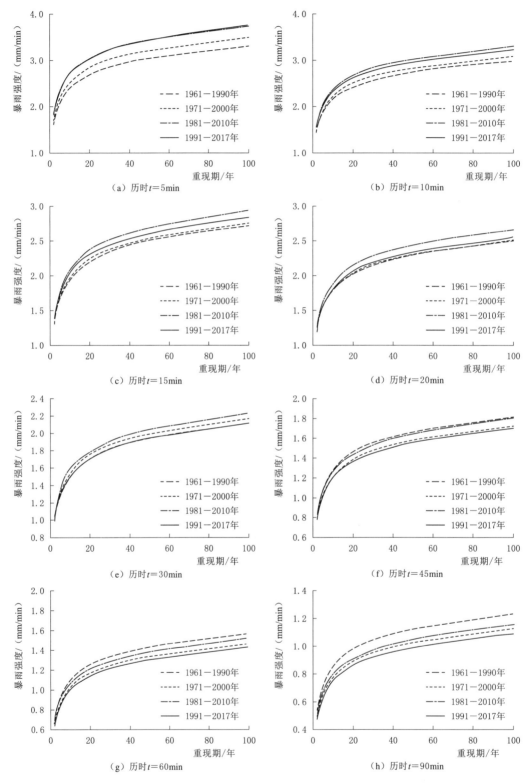

图 5.4（一） 11 个历时不同气候态下成都市不同重现期暴雨强度分布

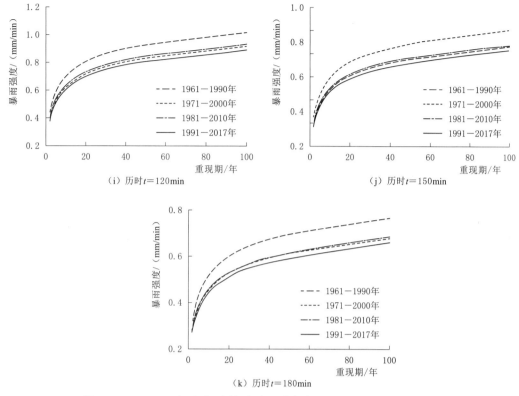

图 5.4（二）　11 个历时不同气候态下成都市不同重现期暴雨强度分布

5.2　典型城市短历时雨型变化特征

根据城市暴雨强度公式编制和设计暴雨雨型确定技术导则推荐，采用芝加哥雨型法对 60min、90min、120min、150min 和 180min 5 个历时的雨型进行推算。

芝加哥雨型的雨峰位置系数通过统计确定。首先，将确定的各历时（60min、90min、120min、150min 和 180min）年最大值样本的分钟雨量挑出，各历时所有样本以 5min 的间隔分段，统计各段的雨量，从而挑出各样本雨量最大的段，记录其段号；接着分别挑取各历时出现次数最多的段号（众数法）作为该历时的雨峰位置。将降雨峰值时刻除以降雨历时所得的商称为雨峰位置系数。

综合雨峰位置系数由不同历时的雨峰位置系数加权平均而得，分别以历时为权重对各历时的雨峰位置系数求平均，可得芝加哥雨型的综合雨峰位置系数 r。

将综合雨峰位置系数 r、设计暴雨重现期 P、设计降雨历时 t，代入根据暴雨强度公式导出的芝加哥法雨型公式，计算出雨峰前后瞬时降雨强度及各个时段内的平均降雨强度，最终确定出对应一定重现期及降雨历时的芝加哥法雨型。

5.2.1　北京市

北京市各短历时降水雨型均为单峰型，峰值均出现在前半程，雨峰位置系数随着历时增大而减小。1961—2017 年，北京市 60min、90min、120min、150min 和 180min 5 个短历时降水的雨型均为单峰型。各短历时降水的峰值位置：60min 历时的峰值出现在第 5 时段，雨峰位置系数为 0.471；90min 历时的峰值出现在第 8 时段，雨峰位置系数为 0.448，120min 历时的峰值出现在第 10 时段，雨峰位置系数为 0.398；150min 历时的峰值出现在第 13 时段，雨峰位置系数为 0.358；180min 历时的峰值出现在第 15 时段，雨峰位置系数为 0.383，各短历时降水的峰值均出现在降水过程的前半程，且呈现出随着历时的增加，峰值出现的相对位置靠前的特征（表 5.5）。北京市芝加哥雨型的综合雨峰位置系数 r 为 0.411，峰值出现在降水过程的前半程。

表 5.5　　　　　　北京市各短历时降水芝加哥雨型的雨峰位置系数

历时/min	60	90	120	150	180
雨峰位置系数	0.471	0.448	0.398	0.358	0.383

北京市各短历时降水的芝加哥雨型中，90min 历时峰值强度最大，除此之外，随着降水历时增大峰值强度增强。1961—2017 年，北京市 60min、90min、120min、150min 及 180min 5 个历时降水的不同重现期中，以 90min 历时的峰值强度最大，150min 历时的峰值强度次之，60min 历时的峰值强度最小（图 5.5）。

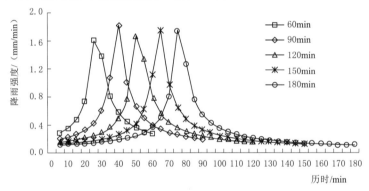

图 5.5　芝加哥雨型法推求北京市 2 年重现期各历时降水设计暴雨雨型分布

随着气候态推移，北京市各短历时降水的芝加哥雨型的峰值略有提前，但峰值强度变化不大。北京市除 60min 峰值多出现在中部位置外，其余 4 个短历时在不同气候态下的峰值均出现在降水过程的前半程。随着气候态的推移，各短历时降水的峰值均略有提前（表 5.6）。

表 5.6　　　　不同气候态下北京市各短历时降水芝加哥雨型雨峰平均位置系数对比

历时/min	雨峰平均位置系数			
	1961—1990 年	1971—2000 年	1981—2010 年	1991—2017 年
60	0.52	0.54	0.50	0.42
90	0.46	0.44	0.41	0.43
120	0.42	0.43	0.37	0.37
150	0.41	0.39	0.32	0.35
180	0.37	0.37	0.33	0.34

不同气候态下的各短历时降水雨型的峰值平均强度变化差异明显，但各历时降水平均强度均以 1971—2000 年的最大。由表 5.7 可以看出，60min、90min、120min、150min、

180min 等历时平均强度均在 1971—2000 年时段最大；峰值平均强度次大值：60min 历时出现在 1961—1990 年时段，90min 历时和 150min、180min 历时均出现在 1981—2010 年时段，120min 历时出现在 1991—2017 年时段；峰值平均强度最小值：60min、120min 历时均出现在 1981—2010 年时段，90min、150min 历时均出现在 1991—2017 年时段，180min 历时出现在 1961—1990 年时段。不同气候态下北京市各短历时降水芝加哥雨型雨峰时间和不同重现期的峰值强度见表 5.8。

表 5.7　　　不同气候态下北京市各短历时降水芝加哥雨型峰值平均强度对比

历时/min	峰值平均强度/(mm/min)			
	1961—1990 年	1971—2000 年	1981—2010 年	1991—2017 年
60	3.73	4.04	3.66	3.68
90	3.64	4.00	3.81	3.32
120	3.56	3.96	3.50	3.62
150	3.47	3.92	3.89	3.40
180	3.48	3.88	3.67	3.57

表 5.8　　　不同气候态下北京市各短历时降水芝加哥雨型雨峰时间和不同重现期的峰值强度

历时/min	时间段	雨峰时间/min	不同重现期峰值强度/(mm/min)							
			2 年	3 年	5 年	10 年	20 年	30 年	50 年	100 年
60	1961—1990 年	30	1.718	1.945	2.232	2.62	3.009	3.236	3.523	3.911
	1971—2000 年	30	1.757	1.985	2.271	2.66	3.049	3.277	3.564	3.953
	1981—2010 年	25	1.83	2.067	2.366	2.771	3.177	3.414	3.713	4.118
	1991—2017 年	25	1.826	2.055	2.343	2.734	3.125	3.354	3.643	4.034
90	1961—1990 年	40	1.715	1.942	2.228	2.228	3.004	3.231	3.516	3.904
	1971—2000 年	40	1.85	2.09	2.392	2.801	3.211	3.45	3.753	4.162
	1981—2010 年	35	1.581	1.786	2.044	2.394	2.744	2.949	3.207	3.557
	1991—2017 年	35	1.634	1.839	2.097	2.447	2.797	3.002	3.26	3.61
120	1961—1990 年	55	1.822	1.822	1.822	2.779	3.191	3.432	3.736	4.148
	1971—2000 年	55	1.886	2.131	2.439	2.856	3.274	3.519	3.826	4.244
	1981—2010 年	50	1.797	2.03	2.323	2.721	3.119	3.352	3.645	4.043
	1991—2017 年	50	1.695	1.907	2.175	2.538	2.902	3.114	3.382	3.745
150	1961—1990 年	70	1.531	1.734	1.99	2.336	2.682	2.885	3.14	3.487
	1971—2000 年	65	1.679	1.896	2.17	2.542	2.914	3.131	3.405	3.777
	1981—2010 年	60	1.86	2.101	2.405	2.817	3.229	3.47	3.774	4.186
	1991—2017 年	60	1.821	2.049	2.336	2.727	3.117	3.345	3.632	4.022
180	1961—1990 年	80	1.793	2.03	2.329	2.735	3.14	3.378	3.676	4.082
	1971—2000 年	80	1.915	2.163	2.475	2.899	3.323	3.571	3.884	4.308
	1981—2010 年	70	1.608	1.817	2.079	2.435	2.791	3.000	3.262	3.618
	1991—2017 年	70	1.738	1.956	2.23	2.603	2.975	3.193	3.468	3.84

5.2.2 济南市

济南市各短历时降水雨型均为单峰型，峰值均出现在降水过程的前半程，雨峰位置系数随着历时增加而提前。1961—2017 年，济南市 60min、90min、120min、150min 和 180min 5 个短历时降水的雨型均为单峰型（图 5.6）；济南市各短历时降水的峰值位置：60min 历时的峰值出现在第 5 时段，雨峰位置系数为 0.495，90min 历时的峰值出现在第 8 时段，雨峰位置系数为 0.459，120min 历时的峰值出现在第 10 时段，雨峰位置系数为 0.386；150min 历时的峰值出现在第 13 时段，雨峰位置系数为 0.352；180min 历时的峰值出现在第 15 时段，雨峰位置系数为 0.342。由此可见，济南市各短历时的峰值均出现在降水过程的前半程，且呈现出随着历时的增加，雨峰出现的相对位置靠前的特征（表 5.9）。济南市芝加哥雨型的综合雨峰位置系数 r 为 0.406，峰值出现在降水过程的前半程。

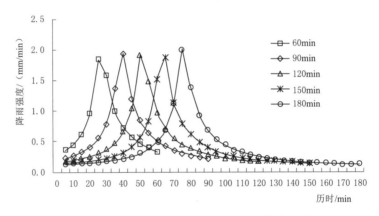

图 5.6　芝加哥雨型法推求济南市 2 年重现期各历时降水
设计暴雨雨型分布

表 5.9　　　　　　　济南市各短历时降水芝加哥雨型的雨峰位置系数

历时/min	60	90	120	150	180
雨峰位置系数	0.495	0.459	0.386	0.352	0.342

济南市 60min、90min、120min、150min 及 180min 5 个历时的 2 年重现期中（图 5.6），以 180min 峰值强度最大，90min 和 120min 峰值强度次之，60min 峰值强度最小。说明除 150min 降水历时外，济南市短历时设计暴雨雨型峰值强度基本呈现出随着历时增加而增加的特征。

济南市短历时降水各气候态下的平均峰值位置、峰值平均强度、峰值最大值变化差异明显。各气候态下，60min 和 90min 平均峰值分别出现在第 29～32min 和第 41～45min，处于降水时间过程的 48%～53% 和 46%～50% 的位置，表明 60min 和 90min 强降水主要集中在降水过程的中期阶段；其中 1991—2017 年时段 60min 和 90min 平均峰值稍有提前，分别出现在 48% 和 47% 的位置。120min、150min、180min 平均峰值分别出现在第 44～50min、第 51～59min、第 60～67min，处于降水时间过程的 37%～42%、34%～39%、33%～37% 的位置，表明 120min、150min、180min 强降水主要集中在降水过程的前半程（表 5.10）。变化背景下，济南市 60min、120min、180min 雨型峰值出现时间推后，90min、150min 雨型峰值出现时间没有变化（表 5.11）。

表 5.10　　不同气候态下济南市各短历时降水芝加哥雨型雨峰平均位置系数对比

历时/min	雨峰平均位置系数			
	1961—1990 年	1971—2000 年	1981—2010 年	1991—2017 年
60	0.50	0.53	0.50	0.48
90	0.46	0.49	0.50	0.47
120	0.37	0.38	0.42	0.42
150	0.34	0.39	0.38	0.39
180	0.33	0.36	0.37	0.36

1991—2017 年济南市各短历时降水雨型峰值平均强度最大。60min、90min、120min、150min、180min 等历时峰值平均强度均在 1991—2017 年时段最大，平均强度（以 5min 计）依次为 3.82mm/min、3.95mm/min、3.76mm/min、3.89mm/min、3.80mm/min，其次为 1961—1990 年时段，1971—2000 年时段最小（表 5.12）。

表 5.11　　不同气候态下济南市各短历时降水芝加哥雨型峰值平均强度对比

历时/min	峰值平均强度/(mm/min)			
	1961—1990 年	1971—2000 年	1981—2010 年	1991—2017 年
60	3.75	3.47	3.56	3.82
90	3.73	3.40	3.55	3.95
120	3.70	3.40	3.54	3.76
150	3.68	3.49	3.53	3.89
180	3.65	3.58	3.52	3.80

表 5.12　　不同气候态下济南市各短历时降水芝加哥雨型雨峰时间和不同重现期的峰值强度

历时/min	时间段	雨峰时间/min	不同重现期峰值强度/(mm/min)							
			2 年	3 年	5 年	10 年	20 年	30 年	50 年	100 年
60	1961—1990 年	25	1.831	2.078	2.39	2.813	3.235	3.483	3.794	4.217
	1971—2000 年	30	1.317	1.494	1.718	2.022	2.326	2.504	2.728	3.032
	1981—2010 年	30	1.796	2.038	2.344	2.758	3.173	3.415	3.721	4.135
	1991—2017 年	30	1.808	2.049	2.354	2.767	3.18	3.421	3.726	4.139
90	1961—1990 年	40	1.839	2.088	2.401	2.825	3.25	3.498	3.811	3.811
	1971—2000 年	40	1.387	1.574	1.81	2.13	2.45	2.638	2.873	3.193
	1981—2010 年	40	1.826	2.072	2.382	2.804	3.225	3.472	3.782	4.204
	1991—2017 年	40	2.075	2.353	2.703	3.177	3.651	3.929	4.278	4.752
120	1961—1990 年	50	1.914	2.172	2.498	2.94	3.381	3.64	3.965	4.407
	1971—2000 年	55	1.367	1.552	1.784	2.1	2.416	2.6	2.833	3.149
	1981—2010 年	55	1.881	2.135	2.455	2.89	3.324	3.578	3.898	4.332
	1991—2017 年	55	1.861	2.11	2.424	2.849	3.274	3.523	3.837	4.262

历时/min	时间段	雨峰时间/min	不同重现期峰值强度/(mm/min)							
			2 年	3 年	5 年	10 年	20 年	30 年	50 年	100 年
150	1961—1990 年	65	1.654	1.878	2.159	2.541	2.923	3.146	3.427	3.809
	1971—2000 年	65	1.353	1.536	1.767	2.079	2.391	2.574	2.804	3.117
	1981—2010 年	65	1.681	1.908	2.194	2.581	2.969	3.196	3.482	3.87
	1991—2017 年	65	2.063	2.339	2.687	3.159	3.63	3.906	4.253	4.725
180	1961—1990 年	75	1.922	1.922	2.509	2.952	3.396	3.656	3.983	4.426
	1971—2000 年	80	1.403	1.592	1.831	2.155	2.478	2.668	2.907	3.23
	1981—2010 年	80	1.885	2.139	2.46	2.895	3.33	3.584	3.905	3.905
	1991—2017 年	80	1.918	2.174	2.497	2.935	3.374	3.63	3.953	4.391

5.2.3　深圳市

深圳市各短历时降水雨型均为单峰型，峰值出现在前半程，在 1/3 处左右。1961—2016 年，深圳市 60min、90min、120min、150min 和 180min 5 个短历时设计暴雨雨型均呈单峰型分布（图 5.7）。深圳市各短历时设计暴雨雨型的峰值位置：60min 历时的峰值出现在第 5 时段，雨峰位置系数为 0.374；90min 历时的峰值出现在第 7 时段，雨峰位置系数为 0.318；120min 历时的峰值出现在第 9 时段，雨峰位置系数为 0.343；150min 历时的峰值出现在第 11 时段，雨峰位置系数为 0.328；180min 历时的峰值出现在第 13 时段，雨峰位置系数为 0.369。由此可见，深圳市各短历时雨型的峰值均出现在降水过程的前半程，基本在降水过程的 1/3 处左右（表 5.13）。

表 5.13　　　　　　　　深圳市各短历时降水芝加哥雨型的雨峰位置系数

历时/min	60	90	120	150	180
雨峰位置系数	0.374	0.318	0.343	0.328	0.369

综合雨峰位置系数由不同历时的雨峰位置系数加权平均而得，分别以历时为权重对各历时的雨峰位置系数求平均，可得芝加哥雨型的综合雨峰位置系数 r 为 0.346。

深圳市各短历时雨型峰值强度随着历时增加略有增大。从图 5.7 可以看出，2 年重现期深圳市各历时暴雨雨型的峰值强度相差不大，随着历时增加略有增大。

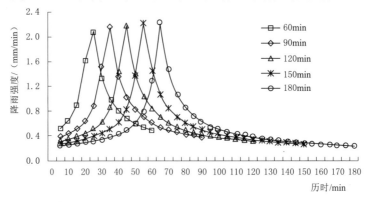

图 5.7　芝加哥雨型法推求深圳市 2 年重现期各历时降水设计暴雨雨型分布

　　深圳市短历时降水不同气候态下的平均峰值位置、峰值平均强度变化差异明显。从不同气候态的变化背景来看，较短历时的降水（60min、90min 和 120min 历时）在 1961—1990 年峰值出现时间较为靠后，之后的时间段中峰值出现时间提前并维持不变；而较长历时的降水（150min 和 180min 历时），随着年代的推进，峰值出现时间总体有所提前，在 1981—2010 年峰值最为靠前，但 1991—2016 年峰值出现时间又明显推后（表 5.14、表 5.15）。

表 5.14　　不同气候态下深圳市各历时降水芝加哥雨型的雨峰平均位置系数对比

历时/min	雨峰平均位置系数			
	1961—1990 年	1971—2000 年	1981—2010 年	1991—2016 年
60	0.35	0.34	0.32	0.53
90	0.31	0.28	0.29	0.40
120	0.34	0.32	0.31	0.39
150	0.35	0.29	0.30	0.37
180	0.34	0.30	0.28	0.44

表 5.15　　不同气候态下深圳市各历时降水芝加哥雨型雨峰时间和不同重现期的峰值强度

历时/min	时间段	雨峰时间/min	不同重现期峰值强度/(mm/min)							
			2 年	3 年	5 年	10 年	20 年	30 年	50 年	100 年
60	1961—1990 年	25	1.879	2.04	2.242	2.516	2.79	2.951	3.153	3.427
	1971—2000 年	20	2.116	2.296	2.524	2.833	3.142	3.322	3.55	3.859
	1981—2010 年	20	2.219	2.409	2.647	2.971	3.295	3.485	3.724	4.048
	1991—2016 年	30	2.048	2.227	2.452	2.756	3.061	3.24	3.464	3.769
90	1961—1990 年	35	1.903	2.065	2.27	2.548	2.826	2.989	3.193	3.471
	1971—2000 年	30	2.185	2.372	2.607	2.926	3.245	3.431	3.667	3.986
	1981—2010 年	30	2.269	2.463	2.707	3.038	3.37	3.564	3.808	4.139
	1991—2016 年	40	2.336	2.539	2.795	3.143	3.49	3.694	3.95	4.298
120	1961—1990 年	45	1.927	2.092	2.3	2.581	2.862	3.027	3.235	3.516
	1971—2000 年	40	2.198	2.386	2.623	2.944	3.265	3.453	3.689	4.01
	1981—2010 年	40	2.213	2.402	2.64	2.963	3.287	3.476	3.714	4.037
	1991—2016 年	55	2.147	2.334	2.569	2.889	3.208	3.395	3.631	3.95
150	1961—1990 年	55	1.953	2.12	2.33	2.615	2.9	3.067	3.277	3.563
	1971—2000 年	50	2.144	2.327	2.558	2.871	3.184	3.367	3.598	3.911
	1981—2010 年	50	2.016	2.188	2.405	2.699	2.994	3.166	3.383	3.677
	1991—2016 年	65	2.291	2.491	2.742	3.083	3.424	3.624	3.875	4.216
180	1961—1990 年	65	1.979	2.148	2.361	2.65	2.939	3.108	3.321	3.61
	1971—2000 年	60	1.986	2.156	2.37	2.659	2.949	3.119	3.333	3.623
	1981—2010 年	55	2.079	2.257	2.481	2.784	3.088	3.266	3.489	3.793
	1991—2016 年	80	2.225	2.419	2.663	2.994	3.325	3.518	3.763	4.094

　　从深圳市雨型峰值强度变化看（表 5.16），随着年代的推移，不同历时峰值强度整体呈现出加强的变化趋势，但不同历时的变化有所差异，60min 和 150min 历时雨型的峰值强度在 1981—2010 年达到最大，而 90min、120min 和 180min 历时雨型的峰值强度在 1991—2016 年达到最大。

表 5.16　　　　　不同气候态下深圳市各历时降水芝加哥雨型峰值平均强度对比

历时/min	峰值平均强度/(mm/min)			
	1961—1990 年	1971—2000 年	1981—2010 年	1991—2016 年
60	3.45	3.41	3.74	3.67
90	3.34	3.48	3.74	3.94
120	3.38	3.55	3.67	3.85
150	3.44	3.62	3.70	3.67
180	3.50	3.59	3.66	3.88

5.2.4　成都市

　　成都市各短历时降水雨型均为单峰型，峰值均出现在降水过程 1/3 处左右，峰值出现的相对位置随着历时增加而提前。1961—2017 年，成都市 60min、90min、120min、150min 和 180min 5 个短历时的雨型均为单峰型（图 5.8）；成都市各短历时的峰值位置：60min 历时峰值出现在第 4 时段，雨峰位置系数为 0.363；90min 历时的峰值出现在第 6 时段，雨峰位置系数为 0.336；120min 历时的峰值出现在第 8 时段，雨峰位置系数为 0.341；150min 历时的峰值出现在第 10 时段，雨峰位置系数为 0.308；180min 历时的峰值出现在第 12 时段，雨峰位置系数为 0.292。由此可见，成都市各短历时降水的峰值均出现在降水过程的前半程，且呈现出随着历时的增加，峰值出现的相对位置靠前的特征（表 5.17）。

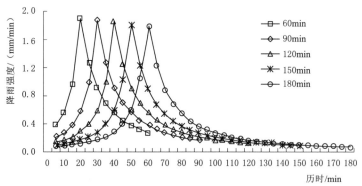

图 5.8　芝加哥雨型法推求成都市 2 年重现期各历时降水设计暴雨雨型分布

表 5.17　　　　　　成都市各历时降水芝加哥雨型的雨峰位置系数

历时/min	60	90	120	150	180
雨峰位置系数	0.363	0.336	0.341	0.308	0.292

　　综合雨峰位置系数由不同历时的雨峰位置系数加权平均而得，分别以历时为权重对各历时的雨峰位置系数求平均，成都市芝加哥雨型的综合雨峰位置系数 r 为 0.328。

　　成都市短历时降水雨型的峰值强度随着历时增加而减小。由图 5.8 可知，2 年重现期成都市短历时降水随着历时的增加，峰值强度减小。

　　成都市短历时降水各气候态下的平均峰值位置、峰值平均强度变化差异明显。从不同气候态的变化背景来看，较短历时的降水（60min、90min 和 120min 历时）在 1961—1990 年峰值出现时间较为靠后，之后的时间段中峰值出现时间提前并维持不变；而较长历时的降水（150min 和 180min 历时），随着时间的推移，峰值出现时间总体有所提前，在 1981—2010 年的时间段里峰值最为靠前，但 1991—2017 年峰值出现时间又有所推后（表 5.18、表 5.19）。

表 5.18　　　　　不同气候态下成都市各历时降水芝加哥雨型雨峰平均位置系数对比

历时/min	雨峰平均位置系数			
	1961—1990 年	1971—2000 年	1981—2010 年	1991—2017 年
60	0.39	0.40	0.35	0.34
90	0.31	0.33	0.30	0.33
120	0.33	0.32	0.27	0.32
150	0.35	0.28	0.28	0.29
180	0.32	0.29	0.25	0.26

表 5.19　　不同气候态下成都市各历时降水芝加哥雨型的雨峰时间和不同重现期的峰值强度

历时/min	时间段	雨峰时间/min	不同重现期峰值强度/(mm/min)							
			2 年	3 年	5 年	10 年	20 年	30 年	50 年	100 年
60	1961—1990 年	25	1.484	1.67	1.905	2.222	2.541	2.726	2.961	3.279
	1971—2000 年	20	1.186	1.699	1.938	2.261	2.584	2.774	3.012	3.336
	1981—2010 年	20	1.828	2.047	2.323	2.696	3.07	3.289	3.564	3.938
	1991—2017 年	20	1.717	1.932	2.203	2.572	2.94	3.155	3.426	3.794
90	1961—1990 年	35	1.495	1.682	1.918	2.239	2.559	2.747	2.983	3.303
	1971—2000 年	30	1.561	1.757	2.003	2.338	2.672	2.868	3.115	3.449
	1981—2010 年	30	1.824	2.042	2.317	2.691	3.064	3.282	3.557	3.93
	1991—2017 年	30	1.784	2.008	2.289	2.671	3.054	3.277	3.559	3.941
120	1961—1990 年	45	1.506	1.695	1.933	2.255	2.578	2.767	3.005	3.328
	1971—2000 年	40	1.591	1.791	2.042	2.383	2.724	2.923	3.174	3.515
	1981—2010 年	40	1.676	1.876	2.129	2.472	2.814	3.015	3.267	3.61
	1991—2017 年	40	1.805	2.032	2.317	2.704	3.091	3.317	3.602	3.989
150	1961—1990 年	55	1.517	1.251	1.947	2.272	2.598	2.788	3.027	3.352
	1971—2000 年	50	3.319	1.82	2.076	2.422	2.769	2.972	3.227	3.574
	1981—2010 年	45	1.713	1.918	2.176	2.526	2.877	3.082	3.34	3.69
	1991—2017 年	50	1.768	1.989	2.269	2.648	3.026	3.248	3.527	3.906

续表

历时/min	时间段	雨峰时间/min	不同重现期峰值强度/(mm/min)							
			2 年	3 年	5 年	10 年	20 年	30 年	50 年	100 年
180	1961—1990 年	65	1.529	1.72	1.962	2.289	2.617	2.808	3.05	3.378
	1971—2000 年	60	3.383	1.856	2.116	2.469	2.823	3.029	3.29	3.643
	1981—2010 年	55	1.827	2.045	2.32	2.694	3.067	3.286	3.561	3.935
	1991—2017 年	60	1.642	1.848	2.107	2.459	2.811	3.017	3.276	3.628

从雨型峰值强度的变化看（表 5.20），随着气候态的推移，成都市不同历时各重现期的峰值强度整体呈现出加强的变化趋势，但不同历时的变化有所差异，60min 和 180min 历时雨型的峰值强度在 1981—2010 年达到最大，而 90min、120min 和 150min 历时雨型的峰值强度在 1991—2017 年达到最大。

表 5.20 　　　　不同气候态下成都市各历时降水芝加哥雨型峰值平均强度对比

历时/min	峰值平均强度/(mm/min)			
	1961—1990 年	1971—2000 年	1981—2010 年	1991—2017 年
60	2.74	2.90	3.20	3.19
90	2.70	3.03	3.14	3.26
120	2.75	3.00	3.31	3.34
150	2.74	2.92	3.28	3.35
180	2.76	2.99	3.21	3.18

5.3　典型城市长历时雨型变化特征

根据国内外城市内涝防治的相关经验，一般认为 1440min，最长至 2d 的设计暴雨雨型可满足城市防涝工程规划设计需求。目前国内大部分省份的水文部门都用 1440min 历时的设计暴雨雨型。为此本书推求典型城市 1440min 长历时雨型。

推求设计暴雨雨型的方法有很多，常用的方法有 Pilgrim 法和 Cordery 法、同频率分析法、芝加哥雨型法等。其中同频率分析法是一种比较成熟的方法，主要用于洪水、暴雨过程的放大等。同频率分析法，又称"长包短"，特点是在同一重现期水平下，按照出现次数最多的情况确定时间序位，以均值确定各时段雨量的比例。本节采用同频率分析法推算 4 座典型城市的长历时雨型。

5.3.1　北京市

北京市 1440min 历时设计暴雨雨型为单峰型，峰值处在降水过程前 1/3 时段内，峰值雨量占比较高。1961—2017 年，北京市 1440min 历时设计暴雨雨型为单峰型，峰值出现在第 87 时段，雨峰位置系数为 0.3021，表明北京市长历时降水主要集中在降水过程前 1/3 时段内（图 5.9、表 5.21）。峰值雨量占整个历时雨量的 7.21%。

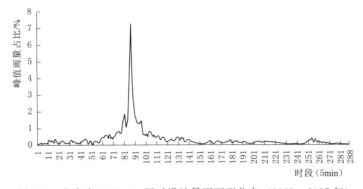

图 5.9　北京市 1440min 历时设计暴雨雨型分布（1961—2017 年）

表 5.21　　北京市同频率分析法 1440min 历时设计暴雨雨型
（288×5min）（1961—2017 年）

时段	峰值雨量占比/%	时段	峰值雨量占比/%	时段	峰值雨量占比/%	时段	峰值雨量占比/%	时段	峰值雨量占比/%	时段	峰值雨量占比/%
1	0.06	25	0.16	49	0.28	73	0.73	97	0.92	121	0.24
2	0.08	26	0.14	50	0.17	74	0.72	98	0.60	122	0.25
3	0.08	27	0.14	51	0.06	75	0.79	99	0.63	123	0.35
4	0.13	28	0.10	52	0.06	76	0.81	100	0.57	124	0.36
5	0.06	29	0.12	53	0.19	77	0.70	101	0.67	125	0.26
6	0.11	30	0.07	54	0.24	78	0.83	102	0.49	126	0.24
7	0.13	31	0.21	55	0.23	79	1.56	103	0.76	127	0.24
8	0.10	32	0.32	56	0.16	80	1.56	104	0.82	128	0.30
9	0.10	33	0.16	57	0.13	81	1.79	105	0.78	129	0.43
10	0.11	34	0.23	58	0.23	82	1.05	106	0.57	130	0.48
11	0.28	35	0.21	59	0.29	83	1.27	107	0.50	131	0.35
12	0.28	36	0.11	60	0.46	84	1.88	108	0.61	132	0.26
13	0.19	37	0.13	61	0.45	85	2.94	109	0.44	133	0.46
14	0.27	38	0.08	62	0.45	86	4.91	110	0.43	134	0.37
15	0.19	39	0.10	63	0.60	87	7.21	111	0.50	135	0.40
16	0.15	40	0.11	64	0.57	88	4.24	112	0.55	136	0.20
17	0.36	41	0.23	65	0.56	89	2.31	113	0.45	137	0.21
18	0.24	42	0.23	66	0.40	90	1.77	114	0.30	138	0.25
19	0.13	43	0.30	67	0.61	91	1.62	115	0.38	139	0.35
20	0.10	44	0.33	68	0.41	92	1.41	116	0.45	140	0.32
21	0.11	45	0.33	69	0.45	93	1.32	117	0.46	141	0.35
22	0.16	46	0.15	70	0.36	94	1.32	118	0.26	142	0.22
23	0.24	47	0.09	71	0.50	95	1.28	119	0.21	143	0.18
24	0.24	48	0.10	72	0.54	96	1.45	120	0.19	144	0.19

续表

时段	峰值雨量占比/%	时段	峰值雨量占比/%	时段	峰值雨量占比/%	时段	峰值雨量占比/%	时段	峰值雨量占比/%	时段	峰值雨量占比/%
145	0.13	169	0.12	193	0.17	217	0.18	241	0.04	265	0.12
146	0.12	170	0.13	194	0.08	218	0.17	242	0.03	266	0.12
147	0.11	171	0.14	195	0.10	219	0.17	243	0.02	267	0.09
148	0.10	172	0.12	196	0.06	220	0.17	244	0.02	268	0.13
149	0.10	173	0.14	197	0.06	221	0.16	245	0.05	269	0.09
150	0.09	174	0.14	198	0.07	222	0.16	246	0.06	270	0.08
151	0.05	175	0.17	199	0.11	223	0.15	247	0.08	271	0.05
152	0.06	176	0.22	200	0.09	224	0.13	248	0.08	272	0.06
153	0.08	177	0.20	201	0.10	225	0.10	249	0.14	273	0.06
154	0.08	178	0.24	202	0.16	226	0.08	250	0.18	274	0.06
155	0.09	179	0.32	203	0.17	227	0.09	251	0.29	275	0.06
156	0.11	180	0.17	204	0.18	228	0.08	252	0.26	276	0.06
157	0.15	181	0.13	205	0.21	229	0.08	253	0.28	277	0.10
158	0.20	182	0.18	206	0.22	230	0.04	254	0.40	278	0.07
159	0.22	183	0.21	207	0.15	231	0.04	255	0.14	279	0.06
160	0.27	184	0.19	208	0.12	232	0.06	256	0.18	280	0.05
161	0.13	185	0.26	209	0.18	233	0.05	257	0.37	281	0.05
162	0.14	186	0.16	210	0.18	234	0.05	258	0.19	282	0.04
163	0.06	187	0.15	211	0.18	235	0.03	259	0.16	283	0.05
164	0.10	188	0.14	212	0.21	236	0.04	260	0.21	284	0.06
165	0.13	189	0.13	213	0.19	237	0.05	261	0.17	285	0.03
166	0.14	190	0.13	214	0.18	238	0.06	262	0.16	286	0.04
167	0.24	191	0.14	215	0.17	239	0.08	263	0.07	287	0.01
168	0.19	192	0.20	216	0.18	240	0.05	264	0.16	288	0.02

不同气候态下，北京市 1440min 历时设计暴雨雨型均为单峰型，峰值均处于降水过程的前半程，20 世纪 80 年代以来峰值位置摆动大，峰值相对强度减弱明显。1961—1990 年北京市 1440min 历时的峰值出现在第 100 时段，雨峰位置系数为 0.3472；峰值雨量占比为 7.249%，为四个气候态中峰值雨量占比最低。1971—2000 年 1440min 历时的峰值出现在第 101 时段，雨峰位置系数为 0.3507；峰值雨量占比为 9.273%，为四个气候态中峰值雨量占比次高。1981—2010 年 1440min 历时的峰值出现在第 114 时段，雨峰位置系数为 0.3958，为四个气候态中峰值位置最后；峰值雨量占比为 9.665%，为四个气候态中峰值雨量占比最高。1991—2017 年 1440min 历时的峰值出现在第 72 时段，雨峰位置系数为 0.25，为四个气候态中峰值位置最前；峰值雨量占比为 8.809%，为四个气候态中峰值雨量占比次低。总体来看，北京市 1440min 历时设计暴雨雨型的峰值均出现在降水过程的前半程，其中前三个气候态随着气候态的推移峰值位置推后，1991—2017 年峰值位置

出现时间较前三个气候态又明显提前，峰值相对强度较前两个气候态减弱（图 5.10 和表 5.22）。

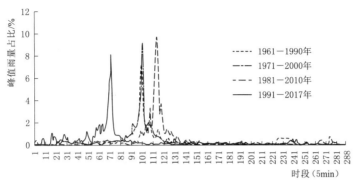

图 5.10　不同气候态下北京市同频率分析法 1440min 历时设计暴雨雨型分布

不同气候态下，不同重现期北京市 1440min 历时设计暴雨峰值强度变化特征不同。从表 5.22 可以看出，100 年、50 年、30 年和 20 年重现期的峰值强度除 1981—2010 年较小外，其余均呈现出增强的变化趋势；10 年和 5 年重现期的峰值强度呈增大—减小—增大的变化特征；3 年和 2 年重现期的峰值强度自 1971 年以来随气候态的推移呈减小趋势。

表 5.22　　　　　　不同气候态下北京市 1440min 历时雨峰参数和不同重现期峰值强度

时间段	雨峰位置系数	峰值雨量占比/%	不同重现期峰值强度/(mm/5min)							
			100 年	50 年	30 年	20 年	10 年	5 年	3 年	2 年
1961—2017 年	0.3021	7.213	18.95	17.36	16.18	15.23	13.59	11.88	10.52	9.3
1961—1990 年	0.3472	7.249	19.12	17.53	16.34	15.4	13.75	12.03	10.67	9.44
1971—2000 年	0.3507	9.273	19.52	17.92	16.74	15.79	14.14	12.42	11.06	9.83
1981—2010 年	0.3958	9.665	18.75	17.23	16.11	15.21	13.65	12.02	10.73	9.57
1991—2017 年	0.25	8.809	19.94	18.16	16.85	15.79	13.96	12.05	10.54	9.17

5.3.2　济南市

济南市 1440min 历时设计暴雨雨型为单峰型，峰值处在降水过程 1/3 略偏后时段内，峰值雨量占比较高。1961—2017 年，济南市 1440min 历时设计暴雨雨型为单峰型，峰值出现在第 110 时段（第 550min），雨峰位置系数为 0.3819，表明济南市 1440min 历时降水主要集中在降水过程的前半程；济南市 1440min 历时设计暴雨雨型的峰值雨量占比为 7.222%（图 5.11、表 5.23）。

表 5.23　　　　　　济南市同频率分析法 1440min 历时设计暴雨雨型

（288×5min）（1961—2017 年）

时段	峰值雨量占比/%	时段	峰值雨量占比/%	时段	峰值雨量占比/%	时段	峰值雨量占比/%	时段	峰值雨量占比/%	时段	峰值雨量占比/%
1	0.49	4	0.32	7	0.11	10	0.18	13	0.12	16	0.07
2	0.48	5	0.32	8	0.14	11	0.19	14	0.10	17	0.08
3	0.30	6	0.13	9	0.14	12	0.12	15	0.07	18	0.08

续表

时段	峰值雨量占比/%	时段	峰值雨量占比/%	时段	峰值雨量占比/%	时段	峰值雨量占比/%	时段	峰值雨量占比/%	时段	峰值雨量占比/%
19	0.09	54	0.29	89	0.42	124	1.19	159	0.09	194	0.06
20	0.10	55	0.30	90	0.31	125	1.38	160	0.15	195	0.07
21	0.09	56	0.28	91	0.34	126	1.13	161	0.04	196	0.01
22	0.08	57	0.32	92	0.41	127	0.88	162	0.02	197	0.01
23	0.09	58	0.30	93	0.44	128	0.93	163	0.02	198	0.01
24	0.09	59	0.37	94	0.43	129	0.81	164	0.03	199	0.04
25	0.07	60	0.41	95	0.56	130	0.72	165	0.04	200	0.07
26	0.07	61	0.46	96	0.66	131	0.62	166	0.07	201	0.07
27	0.05	62	0.39	97	1.71	132	0.88	167	0.03	202	0.05
28	0.05	63	0.39	98	1.31	133	1.15	168	0.03	203	0.04
29	0.02	64	0.46	99	1.10	134	0.71	169	0.03	204	0.04
30	0.03	65	0.39	100	1.34	135	0.86	170	0.05	205	0.04
31	0.03	66	0.45	101	1.26	136	0.85	171	0.07	206	0.05
32	0.07	67	0.27	102	1.09	137	0.61	172	0.07	207	0.07
33	0.09	68	0.19	103	1.67	138	0.37	173	0.08	208	0.07
34	0.10	69	0.25	104	2.00	139	0.29	174	0.05	209	0.06
35	0.07	70	0.34	105	2.50	140	0.10	175	0.05	210	0.08
36	0.08	71	0.29	106	2.76	141	0.13	176	0.07	211	0.06
37	0.04	72	0.44	107	3.75	142	0.18	177	0.07	212	0.06
38	0.05	73	0.29	108	3.75	143	0.11	178	0.08	213	0.08
39	0.10	74	0.19	109	5.46	144	0.16	179	0.07	214	0.07
40	0.09	75	0.11	110	7.22	145	0.01	180	0.08	215	0.04
41	0.12	76	0.11	111	4.42	146	0.01	181	0.07	216	0.04
42	0.17	77	0.18	112	3.04	147	0.01	182	0.06	217	0.04
43	0.07	78	0.19	113	2.28	148	0.01	183	0.03	218	0.03
44	0.10	79	0.18	114	1.75	149	0.02	184	0.04	219	0.03
45	0.10	80	0.16	115	1.90	150	0.01	185	0.05	220	0.04
46	0.17	81	0.17	116	1.24	151	0.01	186	0.04	221	0.04
47	0.19	82	0.14	117	1.14	152	0.01	187	0.04	222	0.04
48	0.20	83	0.13	118	1.29	153	0.01	188	0.06	223	0.04
49	0.16	84	0.14	119	1.44	154	0.01	189	0.04	224	0.04
50	0.18	85	0.26	120	1.22	155	0.01	190	0.04	225	0.05
51	0.19	86	0.28	121	1.52	156	0.01	191	0.05	226	0.04
52	0.16	87	0.35	122	1.35	157	0.01	192	0.05	227	0.04
53	0.13	88	0.44	123	1.41	158	0.01	193	0.11	228	0.05

续表

时段	峰值雨量占比/%	时段	峰值雨量占比/%	时段	峰值雨量占比/%	时段	峰值雨量占比/%	时段	峰值雨量占比/%	时段	峰值雨量占比/%
229	0.06	239	0.01	249	0.05	259	0.01	269	0.00	279	0.01
230	0.03	240	0.01	250	0.01	260	0.00	270	0.00	280	0.00
231	0.04	241	0.01	251	0.01	261	0.00	271	0.00	281	0.00
232	0.03	242	0.01	252	0.02	262	0.00	272	0.00	282	0.00
233	0.01	243	0.02	253	0.01	263	0.00	273	0.00	283	0.00
234	0.04	244	0.02	254	0.00	264	0.00	274	0.00	284	0.00
235	0.07	245	0.03	255	0.00	265	0.00	275	0.00	285	0.00
236	0.03	246	0.03	256	0.00	266	0.00	276	0.00	286	0.00
237	0.01	247	0.09	257	0.00	267	0.00	277	0.01	287	0.00
238	0.01	248	0.10	258	0.00	268	0.00	278	0.01	288	0.00

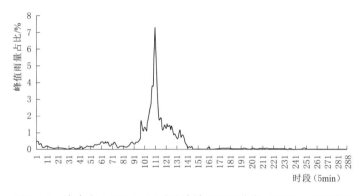

图 5.11　济南市 1440min 历时设计暴雨雨型分布（1961—2017 年）

不同气候态下，济南市 1440min 历时设计暴雨雨型除 1971—2000 年为多峰型外，其余各气候态均为单峰型；峰值均出现在降水过程的前半程，随着气候态的推移，峰值（主峰）位置后移，峰值（主峰）处降雨占比增大。1961—1990 年，济南市 1440min 历时设计暴雨雨型为单峰型，峰值出现在第 100 时段，雨峰位置系数为 0.3472；峰值雨量占比为 6.380%。1971—2000 年 1440min 历时设计暴雨雨型为多峰型，主峰值出现在第 95 时段，雨峰位置系数为 0.3299，均比其他三个时段提前，且峰值雨量占比为 6.644%，均小于其他 3 个时段；次峰值出现在第 121 时段，雨峰位置系数为 0.4201；第三雨峰出现在第 144 时段，雨峰位置系数为 0.5。1981—2010 年峰值出现在第 114 时段，雨峰位置系数为 0.3958；峰值雨量占比为 7.596%。1991—2017 年峰值出现在第 120 时段，雨峰位置系数为 0.4167；峰值雨量占比为 9.448%（图 5.12、表 5.24）。表明不同气候态下，济南市 1440min 历时降水峰值均出现在降水过程的前半程，且 20 世纪 80 年代以来降水集中度有所增强。

不同气候态下，不同重现期济南市 1440min 历时设计暴雨峰值强度均自 1971 年之后呈增大趋势。由于不同气候态下济南市 1440min 历时总降水量不同，结合暴雨雨型的分布，求算了不同气候态下济南市 8 个重现期下 1440min 历时设计暴雨峰值强度（表

5.24）。从中可以看出，8 个重现期峰值强度变化特征相似，除 1961—1990 年峰值强度略高于 1971—2000 年外，1971 年之后峰值强度随气候态的推移均呈增大趋势。

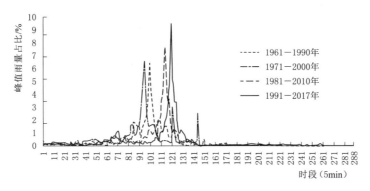

图 5.12　不同气候态下济南市同频率分析法 1440min 历时设计暴雨雨型分布

表 5.24　　　　不同气候态下济南市 1440min 历时雨峰参数和不同重现期峰值强度

时间段	雨峰位置系数	峰值雨量占比/%	不同重现期峰值强度/(mm/5min)							
			100 年	50 年	30 年	20 年	10 年	5 年	3 年	2 年
1961—2017 年	0.382	7.222	19.7	18.16	17.01	16.09	14.5	12.84	11.52	10.33
1961—1990 年	0.3472	6.380	18.3	16.94	15.93	15.12	13.72	12.26	11.09	10.1
1971—2000 年	0.3299	6.644	17.3	16.06	15.13	14.4	13.12	11.78	10.72	9.76
1981—2010 年	0.3958	7.596	20.04	18.38	17.14	16.16	14.44	12.65	11.23	9.95
1991—2017 年	0.4167	9.448	22.01	20.14	18.76	17.65	15.73	13.72	12.13	10.7

5.3.3　深圳市

深圳市 1440min 历时设计暴雨雨型为单峰型，峰值出现在降水过程的前半程。1961—2016 年，深圳市 1440min 历时设计暴雨雨型为单峰型，峰值出现在第 122 时段（第 610min），雨峰位置系数为 0.424，表明深圳市 1440min 历时峰值出现在降水过程的前半程。峰值雨量占整个历时雨量的 4.448%（图 5.13、表 5.25）。

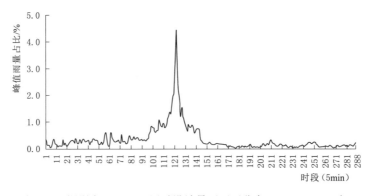

图 5.13　深圳市 1440min 历时设计暴雨雨型分布（1961—2016 年）

表 5.25　　　　深圳市同频率分析法 1440min 历时设计暴雨雨型
（288×5min）（1961—2016 年）

时段	峰值雨量占比/%	时段	峰值雨量占比/%	时段	峰值雨量占比/%	时段	峰值雨量占比/%	时段	峰值雨量占比/%	时段	峰值雨量占比/%
1	0.32	35	0.31	69	0.34	103	0.61	137	0.86	171	0.09
2	0.15	36	0.36	70	0.25	104	0.68	138	0.76	172	0.12
3	0.13	37	0.31	71	0.21	105	0.68	139	0.58	173	0.07
4	0.12	38	0.27	72	0.52	106	1.08	140	0.67	174	0.07
5	0.05	39	0.28	73	0.26	107	0.99	141	0.76	175	0.04
6	0.07	40	0.30	74	0.28	108	0.84	142	0.74	176	0.05
7	0.23	41	0.32	75	0.28	109	0.82	143	0.73	177	0.02
8	0.37	42	0.17	76	0.19	110	0.94	144	0.57	178	0.05
9	0.20	43	0.26	77	0.21	111	0.79	145	0.31	179	0.07
10	0.15	44	0.26	78	0.33	112	0.79	146	0.28	180	0.07
11	0.15	45	0.38	79	0.50	113	0.86	147	0.20	181	0.06
12	0.07	46	0.37	80	0.42	114	1.07	148	0.19	182	0.05
13	0.10	47	0.33	81	0.33	115	1.20	149	0.19	183	0.11
14	0.11	48	0.33	82	0.35	116	1.40	150	0.17	184	0.09
15	0.11	49	0.33	83	0.45	117	1.30	151	0.18	185	0.05
16	0.12	50	0.21	84	0.36	118	1.64	152	0.23	186	0.11
17	0.34	51	0.15	85	0.37	119	1.97	153	0.25	187	0.08
18	0.15	52	0.20	86	0.43	120	2.08	154	0.20	188	0.09
19	0.23	53	0.24	87	0.40	121	3.46	155	0.16	189	0.09
20	0.11	54	0.16	88	0.33	122	4.45	156	0.16	190	0.13
21	0.10	55	0.26	89	0.33	123	2.76	157	0.16	191	0.17
22	0.18	56	0.51	90	0.35	124	2.12	158	0.18	192	0.07
23	0.23	57	0.61	91	0.30	125	1.80	159	0.16	193	0.05
24	0.30	58	0.30	92	0.34	126	1.21	160	0.20	194	0.07
25	0.30	59	0.15	93	0.30	127	1.55	161	0.21	195	0.07
26	0.32	60	0.09	94	0.30	128	1.23	162	0.18	196	0.05
27	0.29	61	0.28	95	0.36	129	1.11	163	0.17	197	0.07
28	0.24	62	0.61	96	0.36	130	0.92	164	0.17	198	0.07
29	0.37	63	0.42	97	0.56	131	0.81	165	0.16	199	0.05
30	0.27	64	0.36	98	0.66	132	0.67	166	0.17	200	0.08
31	0.20	65	0.30	99	0.85	133	0.91	167	0.16	201	0.08
32	0.25	66	0.25	100	0.79	134	0.86	168	0.16	202	0.12
33	0.34	67	0.30	101	0.78	135	0.80	169	0.11	203	0.20
34	0.20	68	0.27	102	0.65	136	0.85	170	0.06	204	0.14

续表

时段	峰值雨量占比/%	时段	峰值雨量占比/%	时段	峰值雨量占比/%	时段	峰值雨量占比/%	时段	峰值雨量占比/%	时段	峰值雨量占比/%
205	0.11	219	0.18	233	0.05	247	0.21	261	0.10	275	0.10
206	0.17	220	0.16	234	0.07	248	0.18	262	0.10	276	0.12
207	0.19	221	0.10	235	0.05	249	0.20	263	0.07	277	0.13
208	0.15	222	0.12	236	0.07	250	0.23	264	0.12	278	0.14
209	0.29	223	0.12	237	0.12	251	0.25	265	0.14	279	0.09
210	0.33	224	0.14	238	0.11	252	0.17	266	0.09	280	0.13
211	0.26	225	0.11	239	0.15	253	0.14	267	0.04	281	0.07
212	0.19	226	0.05	240	0.13	254	0.08	268	0.03	282	0.11
213	0.19	227	0.04	241	0.08	255	0.06	269	0.05	283	0.14
214	0.12	228	0.08	242	0.13	256	0.08	270	0.06	284	0.14
215	0.09	229	0.11	243	0.16	257	0.08	271	0.10	285	0.14
216	0.10	230	0.05	244	0.18	258	0.08	272	0.13	286	0.10
217	0.12	231	0.05	245	0.23	259	0.09	273	0.08	287	0.14
218	0.18	232	0.07	246	0.26	260	0.09	274	0.07	288	0.22

不同气候态下,深圳市1440min历时设计暴雨呈多峰型分布,除1961—1990年峰值位于后半程外,其余气候态下主峰和次峰均位于前半程;主峰值位置呈提前变化趋势,峰值相对强度变化不大。由图5.14和表5.26可知,1961—1990年和1991—2016年次峰位于主峰之后,1971—2000年和1981—2010年次峰位于主峰之前。1961—1990年,主峰值出现在第148时段,雨峰位置系数为0.5139,次峰值出现在第192时段,雨峰位置系数为0.667;主峰值相对强度为4.607%,次峰值相对强度为1.565%。1971—2000年,主峰值出现在第129时段,雨峰位置系数为0.4479,次峰值出现在第108时段,雨峰位置系数为0.375;主峰值相对强度为4.625%,次峰值相对强度为1.774%;1981—2010年,主峰值出现在第99时段,雨峰位置系数为0.3438,次峰值出现在第83时段,雨峰位置系数为0.2882;主峰值相对强度为4.549%,次峰值相对强度为1.568%。1991—2016年,主峰值出现在第91时段,雨峰位置系数为0.316,次峰值出现在第114时段,雨峰位置系数为0.3958;主峰值相对强度为4.560%,次峰值相对强度为1.811%。

不同气候态下,10年以上重现期深圳市1440min历时设计暴雨峰值强度呈增大—减小—增大的变化特征,5年、3年和2年重现期随气候态推移峰值强度呈增大趋势。由于不同气候态下深圳市1440min历时总降水量不同,结合暴雨雨型的分布,求算了不同气候态下深圳市8个重现期下1440min历时设计暴雨峰值强度(表5.26)。从中可以看出,100年、50年、30年、20年和10年重现期的峰值强度呈现出增大—减小—增大的变化趋势;5年、3年和2年重现期的峰值强度随气候态的推移呈增大趋势。

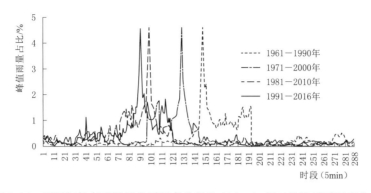

图 5.14　不同气候态下深圳市同频率分析法 1440min 历时设计暴雨雨型分布

表 5.26　　不同气候态下深圳市 1440min 历时雨峰参数和不同重现期峰值强度

时间段	雨峰位置系数	峰值雨量占比/%	不同重现期峰值强度/(mm/5min)							
			100 年	50 年	30 年	20 年	10 年	5 年	3 年	2 年
1961—2016 年	0.424	4.448	19.26	17.94	16.95	16.16	14.79	13.37	12.23	11.21
1961—1990 年	0.5139	4.607	18.45	17.17	16.22	14.13	14.13	12.76	11.66	10.67
1971—2000 年	0.4479	4.625	20.52	18.97	17.81	15.29	15.29	13.63	12.3	11.11
1981—2010 年	0.3438	4.549	19.76	18.39	17.38	15.15	15.15	13.68	12.51	11.46
1991—2016 年	0.316	4.560	20.56	19.13	18.08	15.76	15.76	14.23	13.01	11.92

5.3.4　成都市

成都市 1440min 历时设计暴雨雨型为单峰型,峰值处于降水过程中部略偏后,峰值雨量占比较高。1961—2017 年,成都 1440min 历时设计暴雨雨型为单峰型,峰值均出现在第 153 时段(第 765min),雨峰位置系数为 0.5315,表明成都市长历时降雨主要集中在降雨过程的中部;成都市 1440min 历时设计暴雨雨型的峰值雨量占比为 6.119%(图5.15、表 5.27)。

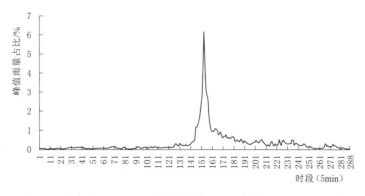

图 5.15　成都市 1440min 历时设计暴雨雨型分布(1961—2017 年)

表 5.27 　　　　　**成都市同频率分析法 1440min 历时设计暴雨雨型**

(288×5min)（1961—2017 年）

时段	峰值雨量占比/%	时段	峰值雨量占比/%	时段	峰值雨量占比/%	时段	峰值雨量占比/%	时段	峰值雨量占比/%	时段	峰值雨量占比/%
1	0.09	35	0.12	69	0.16	103	0.14	137	0.22	171	0.70
2	0.08	36	0.14	70	0.18	104	0.15	138	0.24	172	0.69
3	0.08	37	0.14	71	0.16	105	0.10	139	0.24	173	0.79
4	0.08	38	0.13	72	0.13	106	0.11	140	0.25	174	0.64
5	0.07	39	0.14	73	0.08	107	0.15	141	0.30	175	0.61
6	0.07	40	0.12	74	0.09	108	0.15	142	0.41	176	0.64
7	0.05	41	0.10	75	0.07	109	0.15	143	0.44	177	0.58
8	0.05	42	0.13	76	0.05	110	0.11	144	0.50	178	0.66
9	0.04	43	0.07	77	0.05	111	0.10	145	1.18	179	0.66
10	0.06	44	0.07	78	0.08	112	0.10	146	1.16	180	0.67
11	0.06	45	0.05	79	0.13	113	0.10	147	1.29	181	0.66
12	0.07	46	0.07	80	0.13	114	0.09	148	1.41	182	0.43
13	0.06	47	0.06	81	0.08	115	0.12	149	1.78	183	0.49
14	0.05	48	0.06	82	0.05	116	0.11	150	2.37	184	0.52
15	0.05	49	0.05	83	0.06	117	0.12	151	2.87	185	0.45
16	0.05	50	0.07	84	0.05	118	0.12	152	4.75	186	0.43
17	0.08	51	0.05	85	0.11	119	0.11	153	6.12	187	0.54
18	0.10	52	0.07	86	0.05	120	0.12	154	3.58	188	0.45
19	0.08	53	0.08	87	0.06	121	0.13	155	2.99	189	0.35
20	0.07	54	0.08	88	0.07	122	0.14	156	2.73	190	0.42
21	0.06	55	0.07	89	0.08	123	0.15	157	2.03	191	0.47
22	0.06	56	0.08	90	0.10	124	0.15	158	1.49	192	0.37
23	0.05	57	0.12	91	0.12	125	0.15	159	1.08	193	0.35
24	0.06	58	0.10	92	0.15	126	0.24	160	0.97	194	0.29
25	0.07	59	0.07	93	0.16	127	0.32	161	0.99	195	0.29
26	0.07	60	0.07	94	0.10	128	0.27	162	0.99	196	0.29
27	0.08	61	0.08	95	0.09	129	0.22	163	1.08	197	0.36
28	0.09	62	0.08	96	0.08	130	0.22	164	1.10	198	0.35
29	0.14	63	0.08	97	0.09	131	0.33	165	1.04	199	0.39
30	0.13	64	0.09	98	0.11	132	0.24	166	0.79	200	0.38
31	0.12	65	0.09	99	0.14	133	0.24	167	0.81	201	0.49
32	0.11	66	0.11	100	0.09	134	0.24	168	0.93	202	0.39
33	0.08	67	0.13	101	0.09	135	0.22	169	0.80	203	0.42
34	0.12	68	0.13	102	0.09	136	0.27	170	0.61	204	0.33

时段	峰值雨量占比/%	时段	峰值雨量占比/%	时段	峰值雨量占比/%	时段	峰值雨量占比/%	时段	峰值雨量占比/%	时段	峰值雨量占比/%
205	0.48	219	0.33	233	0.31	247	0.27	261	0.05	275	0.24
206	0.52	220	0.25	234	0.34	248	0.16	262	0.09	276	0.15
207	0.50	221	0.25	235	0.51	249	0.15	263	0.10	277	0.11
208	0.38	222	0.31	236	0.48	250	0.15	264	0.12	278	0.12
209	0.34	223	0.49	237	0.25	251	0.18	265	0.15	279	0.15
210	0.24	224	0.35	238	0.33	252	0.18	266	0.31	280	0.03
211	0.21	225	0.25	239	0.33	253	0.10	267	0.16	281	0.08
212	0.25	226	0.43	240	0.28	254	0.10	268	0.24	282	0.11
213	0.21	227	0.50	241	0.25	255	0.07	269	0.15	283	0.05
214	0.20	228	0.38	242	0.21	256	0.05	270	0.16	284	0.07
215	0.36	229	0.36	243	0.23	257	0.08	271	0.15	285	0.07
216	0.43	230	0.33	244	0.25	258	0.09	272	0.15	286	0.05
217	0.25	231	0.31	245	0.25	259	0.07	273	0.31	287	0.05
218	0.20	232	0.33	246	0.32	260	0.05	274	0.22	288	0.05

随着气候态的推移，成都市 1440min 历时设计暴雨雨型峰值（主峰）位置提前，但均出现在降水过程的中部，且为后半程，峰值（主峰）处降水占比增大。1961—1990 年，成都市 1440min 历时设计暴雨雨型为单峰型，峰值出现在第 158 时段，雨峰位置系数为 0.5486；峰值雨量占比为 3.584%。1971—2000 年，成都市 1440min 历时设计暴雨雨型基本为单峰型，峰值出现在第 163 时段，雨峰位置系数为 0.5660，均比其他三个时段提前，且峰值雨量占比为 3.117%。1981—2010 年，成都市 1440min 历时设计暴雨雨型为单峰型，峰值出现在第 150 时段，雨峰位置系数为 0.5208；峰值雨量占比为 5.346%。1991—2017 年，峰值出现在第 144 时段，雨峰位置系数为 0.5；峰值雨量占比为 7.981%（图 5.16 和表 5.28）。表明各气候态下，成都市 1440min 历时降雨峰值均出现在降水过程的中部，位置系数均大于等于 0.5，降水集中度呈明显增加趋势。

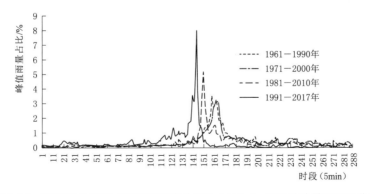

图 5.16　不同气候态下成都市同频率分析法 1440min 历时设计暴雨雨型分布

不同气候态下，不同重现期成都市 1440min 历时设计暴雨峰值强度变化特征不同。由于不同气候态下成都市 1440min 历时总降水量不同，结合暴雨雨型的分布，求算了不同气候态下成都市 8 个重现期下 1440min 历时设计暴雨峰值强度。从表 5.28 可以看出，100 年、50 年、30 年、20 年、10 年和 5 年重现期的峰值强度除 1971—2000 年较小外，其余三个气候态随着时间推移峰值强度均呈现出增强的变化趋势；3 年和 2 年重现期的峰值强度随着气候态的推移呈增强趋势。

表 5.28　不同气候态下成都市 1440min 历时雨峰参数和不同重现期峰值强度

时间段	雨峰位置系数	峰值雨量占比/%	不同重现期峰值强度/(mm/5min)							
			100 年	50 年	30 年	20 年	10 年	5 年	3 年	2 年
1961—2017 年	0.5313	6.119	13.44	12.13	11.16	10.38	9.03	7.62	6.5	5.49
1961—1990 年	0.5486	3.584	8.06	7.39	6.88	6.49	5.79	5.06	4.49	3.97
1971—2000 年	0.5660	3.117	6.76	6.35	6.03	5.79	5.36	4.9	4.54	4.22
1981—2010 年	0.5208	5.346	12.99	11.75	10.84	10.1	8.83	7.5	6.44	5.49
1991—2017 年	0.5	7.981	17.58	15.74	14.38	13.3	11.41	9.43	7.86	6.46

5.4　本　章　小　结

本章以北京、济南、深圳、成都四个典型城市作为研究区域，分析了暴雨强度公式、短历时雨型变化特征和长历时雨型变化特征，得出以下结论。

(1) 北京市各短历时雨型均为单峰型，峰值均出现在前半程，雨峰位置系数随着历时增大而减小，综合雨峰位置系数为 0.411。各短历时雨型中，90min 历时峰值强度最大，除此之外，峰值强度随着历时增大而增强。不同气候态下，北京市各短历时雨型的峰值位置略有提前。由此可见，随着气候态的推移，北京市短历时雨涝出现时间提前，城市防涝形势更为严峻。

北京市 1440min 历时设计暴雨雨型为单峰型，峰值处于降水过程的前 1/3 时段内，峰值雨量占比较高，达 7.213%。不同气候态下，北京市 1440min 历时设计暴雨雨型均为单峰型，峰值均处于降水过程的前半程，20 世纪 80 年代以来峰值位置摆动大，峰值相对强度减弱明显。不同气候态下，不同重现期北京市 1440min 历时设计暴雨峰值强度变化特征不同。

(2) 气候变化背景下，济南市短历时降水各气候态下的平均峰值位置、峰值平均强度变化差异明显，短历时降水增强明显，各短历时雨型峰值强度基本随着历时增加而增大。济南市各短历时雨型均为单峰型，峰值均出现在降水过程的前半程，峰值位置随着历时增加而提前，综合雨峰位置系数为 0.406。1991—2017 年各历时峰值平均强度最大。

济南市 1440min 历时设计暴雨雨型为单峰型，峰值处在降水过程的 1/3 略偏后时段内，峰值雨量占比较高，达 7.222%。不同气候态下，济南市 1440min 历时设计暴雨雨型除 1971—2000 年为多峰型外，其余各气候态均为单峰型；峰值均出现在降水过程的前半程，随着气候态的推移，峰值(主峰)位置后移，峰值(主峰)处降水占比增大。随着气候态的推移，不同重现期济南市 1440min 历时设计暴雨峰值强度均自 1971 年之后呈增大趋势。长历时峰值后移有利于增加城市防涝工作准备时间，但强度增强，使得雨涝程度有加重趋势。

（3）深圳市各短历时雨型均为单峰型，峰值出现在前半程，在 1/3 处左右，综合雨峰位置系数为 0.346。近 50 多年来，不同历时峰值强度均增强，且短历时降水增强显著。

深圳市 1440min 历时设计暴雨雨型为单峰型，峰值出现在降水过程的前半程，峰值雨量占整个历时雨量的 4.448%。不同气候态下，深圳市 1440min 设计暴雨呈多峰型分布，除 1961—1990 年峰值位于后半程外，其余气候态下主峰值和次峰值均位于前半程。随着气候态的推移，主峰值位置呈提前趋势，峰值相对强度变化不大；10 年以上重现期深圳市 1440min 历时设计暴雨峰值强度呈增大—减小—增大变化特征，5 年、3 年和 2 年重现期的峰值强度随气候态的推移呈增大趋势。

（4）成都市各短历时雨型均为单峰型，峰值均出现在降水过程的 1/3 处左右，峰值出现的相对位置随着历时增加而提前，综合雨峰位置系数为 0.328。成都市短历时峰值强度随着历时增加而减小。成都市短历时降水各气候态下的平均峰值位置变化差异明显，随着气候态的推移，峰值强度呈现增强的趋势。

成都市 1440min 历时设计暴雨雨型为单峰型，峰值处于中部略偏后，峰值雨量占比较高，达 6.119%。随着气候态的推移，峰值（主峰）位置提前，但峰值均出现在降水过程的中部，且为后半程，峰值（主峰）处降水占比增大。不同气候态下，不同重现期成都市 1440min 历时设计暴雨峰值强度变化特征不同，但以 1991—2017 年峰值位置最前，强度最大。说明气候变化背景下，成都市城市防洪形势更为严峻。

随着气候变暖，极端强降水变化特征发生变化，暴雨强度公式和雨型也会随之发生改变，其技术方法也可能有新的进展和改进。本书仅分析了四个典型城市，代表性有限。我国地域广阔、气候复杂，不同的天气系统造成的降水类型差异大，后期可以将全国进行分区，进一步开展细化的暴雨强度公式研制和雨型分析。

第6章 城市化对产流影响的机理特性

6.1 城市化对径流影响的室外观测实验

随着全球城市化的快速发展、城市流域不透水面积的迅速扩张，加之由全球气候变化带来的极端天气，城市流域径流过程发生了较大的变化。目前国内外很多研究表明城市化是城市流域中小洪水的主要驱动因素，但大多数研究只是从宏观尺度识别出城市流域不同等级径流变化的主要驱动因素，没有定量评估变化环境对城市流域径流过程的影响。因此，本章选择具有代表性的室外观测场地，布置场地观测实验，通过变换不同的驱动因素，初步探索不同的气象强迫因子和城市区域下垫面表征因子与产流系数之间的关系，揭示城市流域产流特征与控制机理。

6.1.1 实验目的

在城市雨洪模拟模型中，常将计算区域划分为若干个汇水单元，全部为不透水面的汇水单元被假定为完全产流，全部为透水面的汇水单元多采用 Horton、Green-Ampt、SCS 等模型的经验或半经验产流计算公式进行产流计算；而对既有不透水面又有透水面的汇水单元，不透水面区域的产流往往要比透水面区域快，并且该种汇水单元的产流过程与不透水面和透水面的空间分布有着密切的关系。

为了反映汇水单元中不透水面与透水面的空间分布对汇流的影响，在城市雨洪模拟模型中，汇水单元的地表径流进入排水口的汇流方式被分为并联型、有效不透水型和无效不透水型三种类型，三类典型汇水单元的拓扑示意如图 6.1 所示；而这三种典型汇水单元的拓扑类型在产流过程中同样存在显著的区别，对于并联型排水模式和有效不透水型排水模式，可认为不透水面完全产流，对透水面产流量和不透水面产流量进行错峰叠加处理后汇集到排水口；而无效不透水型排水模式中，不透水面的产流量首先汇集到透水面区域，通过透水面之

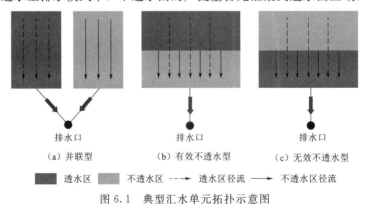

（a）并联型　　　　　（b）有效不透水型　　　　　（c）无效不透水型

透水区　　不透水区　-->　透水区径流　──>　不透水区径流

图 6.1　典型汇水单元拓扑示意图

后再汇集到雨水口，不透水面所产生的径流在经过透水面时伴随着填洼、下渗等过程，其产流过程与不透水面的产流量、它所连接的透水面的面积及与雨水口的距离等因素都有关系。

现有的城市雨洪模型中，对汇水单元不同拓扑关系对产流过程的影响还未有体现，因此，为了探索不同汇水单元拓扑关系对产流过程的影响，本次开展室外水文观测实验；而并联型和有效不透水型排水模型可认为不透水面完全产流，故本次室外水文观测实验主要针对于无效不透水型排水模式的产流特性，将降雨径流观测实验场地设计为典型的无效不透水型汇水单元，为了对比分析，本次将完全透水型模式作为对照实验。因此，本次实验分为两部分，分别为：①透水型模式，通过变化降雨强度、雨峰位置系数和土壤前期含水量，观测不同驱动因素对径流过程的影响；②无效不透水型排水模式，以完全透水面模式为参考，通过变化实验场区不透水面的面积比、土壤前期含水量等，在不同降雨条件情景下，观测不同工况下径流过程的变化。

6.1.2 实验场地

本次有效不透水面空间分布对径流过程影响的观测实验在北京市昌平区北京泰宁科创雨水利用技术股份有限公司园区内进行，实验场地呈矩形，场地下垫面主要组成部分为不透水屋面和透水地面（草地），屋面部分长 18.6m、宽 7.1m，草地部分长 21m、宽 9.5m，场地总面积约 332m²，其中草地 200m²，不透水屋面 132m²，实验场地管道及降雨模拟喷头如图 6.2 所示。

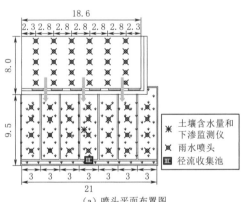

（a）喷头平面布置图

（b）实验场区

（c）实验场区透水面管道及喷头布置图

（d）实验场区不透水屋顶管道及喷头布置图

图 6.2　实验场地概况

6.1.2.1 实验场区基本情况

实验场地内主要由供水系统、降雨模拟喷水系统、土壤入渗及含水量监测系统、径流监测系统及排水系统组成。

实验场内不透水面的雨水收集过程为：屋面雨水通过屋顶坡面汇集到屋檐雨水收集天沟中，雨水天沟中的雨水通过位于房屋墙壁上的雨水立管从雨水天沟排向草地。本次在实验场地均匀布设 3 根立管，立管下面布设横沟，将屋面的雨水相对均匀地排入透水面区域。

为了能够使透水地表径流汇集到雨水径流收集池中，在实验场地透水面区域每隔 3m 设置一道宽为 5cm 的排水沟，场区内共设排水纵沟 6 条，将排水沟的纵坡设计为 1%；6 条排水沟的雨水通过连接到雨水径流池的横沟汇集到径流收集池中，排水沟及径流收集池位置示意如图 6.2（a）所示，排水沟如图 6.3 所示。为了防止径流在排水沟内蓄滞或下渗过快，本次对场区内排水沟和横沟进行浆砌石衬砌，在每次实验开始之前，清除排水沟及横沟内杂物及淤积物，以便使每场实验前期条件保持基本一致。

图 6.3 排水沟实物

6.1.2.2 地表径流监测及排水系统

地表径流收集池的位置如图 6.2（a）所示，本次实验将径流收集池设计为内外两层，外腔径流收集池两侧有径流入流槽，外腔内部装有紊流板和水位探测器；将径流收集池内腔设计为三角堰，径流收集池设计图与实物如图 6.4 所示；观测实验开始之前，将外腔径流收集池的初始水位设置为与内腔收集池三角堰底端齐平，当降雨径流实验过程中的地表径流进入雨水收集池外腔中时，雨水会通过三角堰进入径流收集池的内腔，监测径流收集池外腔水位的变化，根据三角堰堰流公式，计算得出场次径流过程线；本次实验在径流收集池内腔中安装排水泵，排水泵的排水流量为 15000L/h，以便及时将收集到的径流排入距离实验场约 10m 处的河道中，从而保证实验的正常进行。

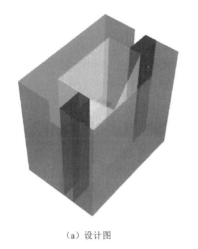 

（a）设计图　　　　　　　　　　　　　　（b）实物

图 6.4　径流收集池设计图与实物

6.1.2.3　实验区域降雨模拟喷水系统介绍

降雨模拟喷水系统由水源、抽水泵、流量计、水管、喷头和降雨强度控制阀组成，具体实物如图 6.5 和图 6.6 所示。其中，每条管道进水口处安装流量计，以便单独控制每条过水管道的流量。

本次模拟实验主要针对场次降雨，为了能够达到本次实验设计最大降雨强度 100mm/h，透水面场地共安装雨水喷头 49 个，不透水屋面共安装雨水喷头 35 个，雨水喷头的空间分布如图 6.2（a）所示；通过控制各个喷头的喷水强度来开展不同的实验方案；场区喷头根据不同喷头的喷水半径属性进行布置，整个场地内降雨强度较均匀。为了模拟降雨强度为 10mm/h、25mm/h、50mm/h 和 100mm/h 的降雨，经过计算，将雨水喷头的喷水强度设置为四个可调挡，分别为 40L/h、100L/h、200L/h 和 400L/h。

图 6.5　降雨模拟喷水系统流量计　　　　　图 6.6　降雨强度控制阀

6.1.3　实验观测项目

6.1.3.1　土壤前期含水量观测

在观测实验进行之前对土壤前期体积含水量进行测量记录，在实验场地透水面区域内安装 ECH$_2$O 土壤含水量监测系统,监测距离地表不同深度处的土壤体积含水量。在纵剖面上共布设 4 个监测点,4 个监测点分别位于距离地表 10cm、30cm、50cm 和 100cm 处。土壤体积含水量监测仪探头布设空间位置如图 6.7 所示。

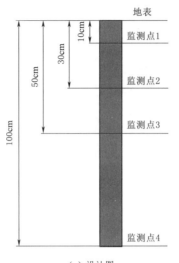

(a) 设计图

(b) 实际布置

图 6.7　土壤体积含水量监测仪探头空间位置设计及实际布置

6.1.3.2　径流观测

在实验场地透水面内径流观测点处［具体位置如图 6.2（a）所示］安装径流收集池,径流收集池内腔设计三角堰,在径流收集池外腔内安装液位计,根据实验过程中液位计记录的水位变化序列值,可得到不同方案情景下地表径流过程线。

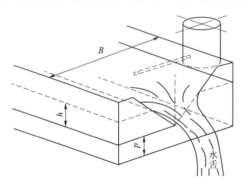

图 6.8　三角形薄壁堰示意图

三角形薄壁堰示意如图 6.8 所示,直角三角形堰流公式为

$$Q = C \frac{8}{15} \tan \frac{\theta}{2} \sqrt{2g} \, h_e^{5/2} \qquad (6.1)$$

其中

$$h_e = h + K_h \qquad (6.2)$$

式中:Q 为三角堰过水流量,L/s;C 为流量系数;θ 为三角堰缺口角度,(°);h_e 为有效测量水头,m;h 为三角堰堰上实测水头,m;K_h 为水头修正系数,m,当 $\theta = 90°$ 时,$K_h = 0.00085m$(邓洪福 等,2011;张明义 等,2010)。

6.1.3.3　土壤下渗过程观测

在实验场地不透水区域中心位置处安装 Drain Gauge G3 土壤入渗监测仪［具体位置如图 6.2（a）所示］,在开展观测实验时,对土壤水分下渗过程进行监测,监测时间分辨率为 1min。本次实验所采用的 Drain Gauge G3 土壤入渗监测仪底部完全密封,可排除地下水位对土壤入渗数据的影响,土壤入渗监测仪实物如图 6.9 所示。

图 6.9　Drain Gauge G3 土壤入渗监测仪

6.1.4　数据采集方式

　　本次实验所需监测的土壤体积含水量数据、径流收集池内水位探测器水位变化数据以及土壤水分下渗数据均采用 EM-60 数据采集器统一收集，数据的时间间隔为 1min，EM-60 数据采集器实物如图 6.10 所示。

6.1.5　实验研究方案

　　本次实验分为两种模式，即无效不透水型模式和完全透水型模式（对比实验）。为了探讨不同气象强迫因素和下垫面表征因素对径流过程的影响，本次实验采用在每一组实验中改变一种因素，其余因素保持不变的方法，形成不同的实验工况，具体的实验设计情景如下。

图 6.10　EM-60 数据采集器

6.1.5.1　完全透水型模式

　　完全透水型降雨径流观测实验中，研究不同的降雨强度和不同的雨峰位置系数以及不同的土壤前期含水量对透水面地表径流过程的影响，具体研究方案如下。

　　1. 不同降雨强度对径流的影响

　　本研究主要针对场次降雨，根据北京市不同站点小时降雨量观测数据，本次降雨强度对地表径流过程的影响实验中，将降雨强度设置在 $10\sim100\text{mm/h}$ 之间，降雨历时控制在 1h，土壤前期含水量控制在 $0.35\sim0.37\text{m}^3/\text{m}^3$（表 6.1），观测不同的组合情况下径流过程线的变化。

表 6.1 不同实验工况下降雨强度及历时的取值范围

实验工况序号	降雨强度/(mm/h)	降雨历时/h	土壤前期含水量/(m³/m³)
1	10	1	0.36
2	25	1	0.36
3	50	1	0.36
4	100	1	0.36

2. 不同土壤前期含水量对径流过程的影响

根据不同土层厚度的土壤体积含水量长时间监测结果，即观测实验过后 3d 内不同深度土层体积含水量变化，如图 6.11 所示，场次降雨对距离地表 10cm 土壤的体积含水量影响较大，其次为距离地表 30cm 的土层；而场次降雨对距离地表 50cm 和 100cm 的土层体积含水量影响不是很明显。据此，本次土壤前期含水量对径流过程影响的实验只对距离地表 10cm 和 30cm 土层的前期含水量进行控制和变化。

为了反映土壤前期含水量对径流的影响，本次观测实验将降雨强度固定为 50mm/h，降雨历时固定在 1h。将距离地表 10cm 处土壤的前期含水量固定为 0.36m³/m³ 左右，距离地表 30cm 处土壤的前期含水量固定为 0.39m³/m³ 左右；再将距离地表 10cm 处土壤的前期含水量固定为 0.45m³/m³ 左右，将距离地表 30cm 处土壤的前期含水量固定为 0.42m³/m³ 左右进行观测实验（表 6.2）。通过对比，分析不同土壤含水量条件对径流过程的影响。

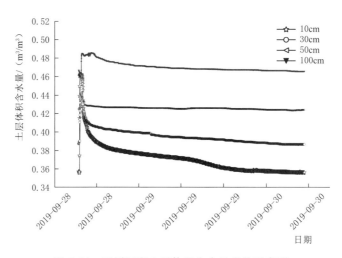

图 6.11 不同深度土层体积含水量变化示意图

表 6.2 不同实验工况下土壤前期含水量的取值范围

实验工况序号	降雨强度/(mm/h)	降雨历时/h	10cm 处土壤前期含水量/(m³/m³)	30cm 处土壤前期含水量/(m³/m³)
1	50	1	0.36	0.39
2	50	1	0.45	0.42

3. 不同雨峰位置系数对径流的影响

为了探讨不同雨峰位置系数对径流过程线的影响，本次实验方案采用芝加哥雨型，将降雨取为 5 年一遇设计降雨过程，通过变化雨峰位置系数来反映雨峰系数对径流系数和峰现时间的影响。根据北京市 1961—2017 年降水数据统计分析，北京市 60min、90min 和 120min 短历时降水的雨型均为单峰型，峰值均出现在前半程，雨峰位置系数随着历时增大而减小；根据统计分析得出 60min 历时雨峰位置系数为 0.471，90min 历时的雨峰位置系数为 0.448，120min 历时的雨峰位置系数为 0.398。研究表明，气候变化条件下，北京市各短历时降水雨型的峰值位置略有提前的趋势，据此，本次实验将雨峰位置系数设置为 0.3、0.4 和 0.5（表 6.3）。为了实验过程中操作方便，对设计降雨过程进行一定的概化处理，具体如图 6.12 所示。

表 6.3　不同实验工况下雨峰位置系数的取值范围

实验编号	重现期	雨峰位置系数 r
1		0.3
2	5 年	0.4
3		0.5

依据《室外排水设计标准》（GB 50014—2021），我国暴雨强度公式定义为

$$i = \frac{A_1(1+ClgP)}{(t+b)^n} \tag{6.3}$$

式中：i 为设计暴雨强度，mm/min；P 为设计暴雨重现期，年；t 为降雨历时，min；A_1、C、b、n 为与地方暴雨特性有关的参数。

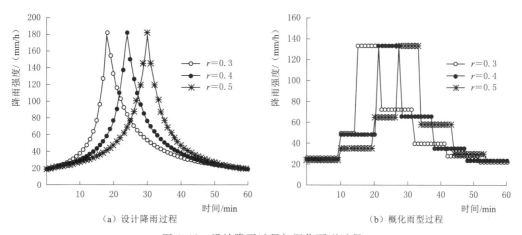

图 6.12　设计降雨过程与概化雨型过程

6.1.5.2　无效不透水型模式

本次实验采用固定降雨强度，固定前期土壤含水量，通过变化场地不透水面积比，探索不透水面积比对地表径流过程的影响。本次共设计 7 场对比实验，根据场区实际情况，将实验方案设置为不透水面积比为 15.9%、27.5%、36.6%、42.9%、85% 和 100%（全不透水）地表，具体见表 6.4。

实验过程中，不同不透水面积比 15.9%、27.5%、36.6% 和 42.9% 通过调节屋顶不透水面的降雨面积来实现，不同不透水面积比 85% 和 100% 则通过采用不透水

材料覆盖透水面来实现，通过逐渐延伸覆盖面积来变化不透水面积比，具体如图6.13所示。

表 6.4 不同实验工况下降雨强度及不透水面积比的取值范围

实验编号	降雨强度/(mm/h)	不透水面积比/%	实验编号	降雨强度/(mm/h)	不透水面积比/%
1	50	0	5	50	42.9
2	50	15.9	6	50	85
3	50	27.5	7	50	100
4	50	36.6			

（a）85%不透水地表实验布置　　　　　（b）100%不透水地表实验布置

图 6.13 变化不透水面积实验场地

6.1.6 实验结果

6.1.6.1 透水面地表降雨径流观测实验结果

1. 不同雨强对径流过程的影响

不同降雨强度条件下实验参数设置及径流参数结果见表6.5，图6.14所示为不同降雨强度条件下不同场次实验径流过程线对比。根据实验结果，降雨强度的增大会导致产流时间加快，径流过程线变陡，径流过程线斜率明显增大，从而导致径流系数增大。

表 6.5 不同降雨强度条件下实验参数设置与径流参数结果

场次编号	降雨强度/(mm/h)	降雨历时/h	土壤前期含水量/(m³/m³)	产流时间/min	洪峰流量/(L/s)	径流系数	驱动因素
1	10	1	0.36	—	—	—	
2	25	1	0.36	—	—	—	降雨强度
3	50	1	0.36	21	1.10	0.21	
4	100	1	0.33	7	4.60	0.57	

2. 不同土壤前期含水量对径流过程的影响

土壤前期含水量是影响径流过程的关键因素，不同土壤前期含水量条件下实验设置参数及径流过程结果见表6.6，图6.15所示为不同土壤前期含水量条件下不同场次实验径

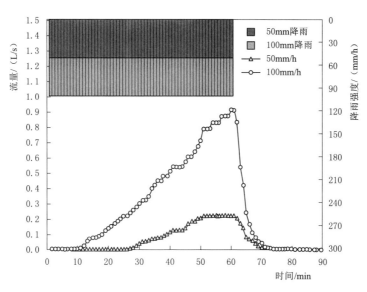

图 6.14　不同降雨强度条件下不同场次实验径流过程对比

流过程线对比。根据实验结果，土壤前期含水量的增大会导致产流时间提前，洪峰流量和径流系数增大。

表 6.6　　　　　　　　　　　不同土壤前期含水量对径流过程的影响

场次编号	降雨强度/(mm/h)	降雨历时/h	10cm 处土壤前期含水量/(m³/m³)	30cm 处土壤前期含水量/(m³/m³)	产流时间/min	洪峰流量/(L/s)	径流系数	驱动因素
1	50	1	0.36	0.39	21	1.10	0.21	土壤前期含水量
2	50	1	0.45	0.42	9	2.25	0.54	

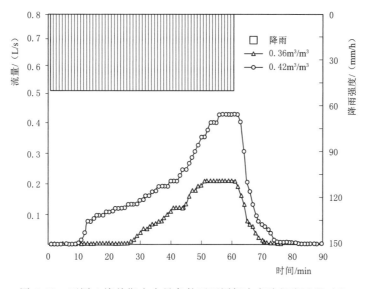

图 6.15　不同土壤前期含水量条件下不同场次实验径流过程对比

111

3. 不同雨峰位置系数对径流过程的影响

不同的雨峰位置系数也会对径流过程产生一定的影响，不同的雨峰位置系数条件下实验设置参数及径流过程的相关参数见表 6.7，图 6.16 所示为不同雨峰位置系数条件下径流过程的对比。根据实验结果可以看出，不同的雨峰位置系数对产流时间、径流系数都有不同程度的影响。值得一提的是，经研究发现，雨峰位置系数越大，径流过程线峰值越高；而本次雨峰位置系数为 0.4 的过程线的产流时间要滞后于雨峰位置系数为 0.5 的过程线，其主要原因可能是在进行雨峰位置系数为 0.4 的实验时，土壤前期含水量相对偏低。

表 6.7　　　　　　　　　　　　不同雨峰位置系数对径流过程的影响

场次编号	雨峰位置系数 r	降雨历时 /h	土壤前期含水量 /(m^3/m^3)	产流时间/min	洪峰流量 /(L/s)	径流系数	驱动因素
1	0.3	1	0.37	18	1.10	0.20	雨峰位置系数
2	0.4	1	0.35	22	2.00	0.22	
3	0.5	1	0.36	19	2.90	0.30	

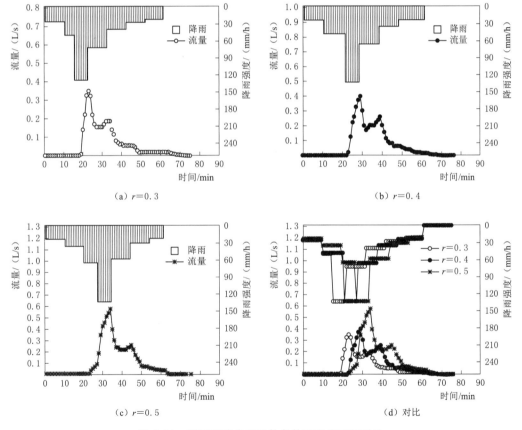

图 6.16　不同雨峰位置系数条件下径流过程对比

6.1.6.2　无效不透水面地表降雨径流观测实验结果

对于无效不透水型模式的实验方案主要是针对不透水面积比对径流过程的影响，不同不透水面积比条件下实验设置参数与径流结果见表 6.8，在每场实验开展之前对透水面土壤前期含水量进行测量，此处只列出距离地表 10cm 处的土壤含水量。根据计算结果可知，在同等降雨条件下，随着不透水面积比的增大，产流时间明显加快，洪峰流量逐渐增大。

表 6.8   不透水面积比对径流过程的影响

场次编号	降雨强度 /(mm/h)	降雨历时 /h	不透水面积比 /%	10cm 处土壤前期含水量 /(m³/m³)	产流时间 /min	洪峰流量 /(L/s)	径流系数
1	50	1	0	0.36	21	1.10	0.21
2	50	1	15.9	0.36	17	1.65	0.30
3	50	1	27.5	0.38	17	2.45	0.45
4	50	1	36.6	0.35	10	2.55	0.47
5	50	1	42.9	0.36	7	4.60	0.74
6	50	1	85	0.38	6	6.55	0.98

6.2 基于一维垂向土壤水分运动方程的雨洪模型

6.2.1 基于 Richards 方程的非饱和土一维下渗模型

6.2.1.1 非饱和土壤水运动控制方程

非饱和土壤水分运动达西定律公式为

$$q = -K(\theta)\nabla\Psi \tag{6.4}$$

土壤水分运动连续方程为

$$\frac{\partial\theta}{\partial t} = -\left(\frac{\partial q_x}{\partial x} + \frac{\partial q_y}{\partial y} + \frac{\partial q_z}{\partial z}\right) \tag{6.5}$$

将式（6.4）代入式（6.5）中可得非饱和土壤水分运动的基本方程：

$$\frac{\partial\theta}{\partial t} = \frac{\partial}{\partial x}\left[K_x(\theta)\frac{\partial\psi}{\partial x}\right] + \frac{\partial}{\partial y}\left[K_y(\theta)\frac{\partial\psi}{\partial y}\right] + \frac{\partial}{\partial z}\left[K_z(\theta)\frac{\partial\psi}{\partial z}\right] \tag{6.6}$$

假设土壤为各向同性，则 $K_x(\theta) = K_y(\theta) = K_z(\theta) = K(\theta)$，对于非饱和土壤水流，总水势 ψ 由基质势和重力势组成，因此非饱和土壤水流运动方程为

$$\frac{\partial\theta}{\partial t} = \frac{\partial}{\partial x}\left[K(\theta)\frac{\partial\psi}{\partial x}\right] + \frac{\partial}{\partial y}\left[K(\theta)\frac{\partial\psi}{\partial y}\right] + \frac{\partial}{\partial z}\left[K(\theta)\frac{\partial\psi}{\partial z}\right] \pm \frac{\partial K(\theta)}{\partial z} \tag{6.7}$$

式（6.7）即为非饱和土壤水运动的基本微分方程式，一维垂向土壤水流运动方程可表示为

$$\frac{\partial\theta}{\partial t} = \frac{\partial}{\partial z}\left[K(\theta)\frac{\partial\theta}{\partial z}\right] - \frac{\partial K(\theta)}{\partial z} \tag{6.8}$$

$$\theta = \theta_a, \quad t=0, \quad Z \geqslant 0 \tag{6.9}$$

$$\theta = \theta_b, \quad t>0, \quad Z=0 \tag{6.10}$$

$$\theta = \theta_a, \quad t>0, \quad Z\to\infty(\text{或} Z=L) \tag{6.11}$$

式中：t 为时间，s；θ_a 为均匀分布的初始含水率，cm^3/cm^3；θ_b 为地表因湿润条件而维持不变的含水率，cm^3/cm^3；$K(\theta)$ 为非饱和土壤的导水率，cm/h；Z 为土层厚度，m，向下为正。

由于一维垂向土壤水分运动方程为二阶非线性偏微分方程，求解该方程需要不同土壤类型的土壤水分特征曲线，通常情况下，采用直接测定法和经验公式法来得到土壤水分特征曲线。其中，经验公式法是通过测定土壤体积含水率与基质吸力的关系来得到土壤水分特征曲线，并采用某些数学函数拟合这一关系（Gottardi G. et al.，1993），经验公式有 Gardner 指数模型（Gardner，1958），Brooks - Corey 模型（Brooks et al.，1964），van Genuchten 模型（van Genuchten，1980），Kosugi 模型（Kosugi，1996）等。大量前人研究表明 van Genuchten 模型的拟合效果较好，因此，本书采用 van Genuchten 模型对 Richard 模型进行求解计算。van Genuchten 模型可以表示为

$$\theta(h) = \begin{cases} \theta_r + \dfrac{\theta_s - \theta_r}{[1 + (\alpha h)^n]^m}, & h < 0 \\ \theta_s, & h \geqslant 0 \end{cases} \tag{6.12}$$

$$K(h) = K_s S_e^l \left[1 - (1 - S_e^{1/m})^m\right]^2 \tag{6.13}$$

其中

$$S_e = \frac{\theta - \theta_r}{\theta_s - \theta_r} \tag{6.14}$$

$$m = 1 - 1/n, \quad n > 1 \tag{6.15}$$

式中：θ 为土壤体积含水率，cm^3/cm^3；θ_s 为饱和土壤含水率，cm^3/cm^3；θ_r 为残余含水率，cm^3/cm^3；$K(h)$ 为非饱和土壤导水率，cm/h；K_s 为饱和土壤导水率，cm/h；h 为土壤吸力，cm；α、m、n 为拟合参数；S_e 为土壤有效饱和度，%。

6.2.1.2 下渗土壤强度计算

土壤累计入渗量的表达式为

$$I(t) = \int_0^L \left[\theta(z,t) - \theta(z,0)\right]dz \tag{6.16}$$

式中：$I(t)$ 为累计入渗量，cm；L 为土层厚度（大于湿润锋所湿润的范围），cm；$\theta(z,0)$ 为初始含水率分布，cm^3/cm^3；$\theta(z,t)$ 为 t 时刻的土壤含水率，cm^3/cm^3。

t 时刻的表层土壤入渗强度为（不考虑地下水交换）

$$i(t) = \frac{dI(t)}{dt} \tag{6.17}$$

式中：$i(t)$ 为表层土壤入渗强度，cm/s。

根据诺依曼边界条件，可得

$$q = -k\frac{\partial h}{\partial z} + k \tag{6.18}$$

式中：q 为边界通量，cm/s。

对于向下为正的垂向坐标，可得表层土壤入渗强度为

$$i_0(t) = -k_1 \frac{h_2 - h_1}{\Delta z} + k_1 = k_1\left(\frac{h_1 - h_2}{\Delta z} + 1\right) \tag{6.19}$$

式中：i_0 为表层土壤入渗强度，cm/s；下标 1、2 分别代表第 1 层、第 2 层土壤的值。

同理，底层土壤下渗强度为

$$i_N(t) = -k_N \frac{h_N - h_{N-1}}{\Delta z} + k_N = k_N \left(\frac{h_{N-1} - h_N}{\Delta z} + 1 \right) \tag{6.20}$$

式中：i_N 为底层土壤下渗强度，cm/s；下标 $N-1$、N 分别代表第 $N-1$ 层、第 N 层土壤的值；N 为土壤的分层总数。

6.2.1.3 数值求解

1. 差分方式

一般地，差分方式分为向前差分、向后差分和中心差分三种，三种差分方式的差分格式如下：

$$-aD_{i-\frac{1}{2}}^{K+a}\theta_{i-1}^{K+1} + \left[1 + ar(D_{i-\frac{1}{2}}^{K+a} + D_{i+\frac{1}{2}}^{K+a})\right]\theta_i^{K+1} - arD_{i+\frac{1}{2}}^{K+a}\theta_{i+1}^{K+1}$$

$$= (1-a)D_{i-\frac{1}{2}}^{K+a}\theta_i^{K+1} + \left[1 + (1-a)r(D_{i-\frac{1}{2}}^{K+a} + D_{i+\frac{1}{2}}^{K+a})\right]\theta_i^K + (1-a)rD_{i+\frac{1}{2}}^{K+a}\theta_{i+1}^K \tag{6.21}$$

式中：当 $a=0$ 时为显示差分格式，$a=1$ 时为隐式差分格式，$a=1/2$ 时为中心差分格式；$r = \Delta t / \Delta x^2$；结合初始条件即可求得 $K = 1, 2, 3, \cdots, n-1$ 时节点 $i = 1, 2, 3, \cdots,$ $n-1$ 上的含水率 θ 值。

2. 线性化方式

有限差分格式可写为线性矩阵格式：

$$A_i^K\theta_{i-1}^{K+1} + B_i^K\theta_i^{K+1} + C_i^K\theta_{i+1}^{K+1} = R_i^K \tag{6.22}$$

式中：A_i^K、B_i^K、C_i^K 为非线性系数矩阵；θ 为未知向量；R_i^K 为常数项。本次模型中采用迭代法求解上式非线性代数方程，$K+1$ 时刻初始含水率用 K 时刻和 $K-1$ 时刻含水率值采用线性外推法进行计算。

3. 参数取值法

在计算两节点之间参数时采用以下三种方法进行计算：

1）取两节点参数的算数平均值： $\qquad f_{i\pm1/2} = 0.5(f_i + f_{i+1})$ $\qquad$ (6.23)

2）取两节点参数的调和平均值： $\qquad f_{i\pm1/2} = 2\dfrac{f_i f_{i\pm1}}{f_i \pm f_{i\pm1}}$ $\qquad$ (6.24)

3）取两节点参数的几何平均值： $\qquad f_{i\pm1/2} = (f_i f_{i\pm1})^{1/2}$ $\qquad$ (6.25)

6.2.2 二维坡面汇流模型原理

6.2.2.1 控制方程

采用守恒形式、考虑降雨和下渗项的二维浅水方程作为薄层水流运动控制方程：

$$\frac{\partial \boldsymbol{U}}{\partial t} + \frac{\partial \boldsymbol{E}}{\partial x} + \frac{\partial \boldsymbol{G}}{\partial y} = \boldsymbol{S} \tag{6.26}$$

其中

$$\boldsymbol{U} = \begin{bmatrix} h \\ hu \\ hv \end{bmatrix} \tag{6.27}$$

$$\boldsymbol{E} = \begin{bmatrix} hu \\ hu^2 + g(h^2 - b^2)/2 \\ huv \end{bmatrix} \tag{6.28}$$

$$G = \begin{bmatrix} hv \\ huv \\ hv^2 + g(h^2 - b^2)/2 \end{bmatrix} \tag{6.29}$$

$$S = \begin{bmatrix} R - I \\ g(h+b)S_{0x} - ghS_{fx} \\ g(h+b)S_{0y} - ghS_{fy} \end{bmatrix} \tag{6.30}$$

$$S_{fx} = n^2 u (u^2 + v^2)^{1/2} h^{-4/3} \tag{6.31}$$

$$S_{fy} = n^2 v (u^2 + v^2)^{1/2} h^{-4/3} \tag{6.32}$$

式中：U 为守恒向量；E 和 G 分别为 x 和 y 方向的通量向量；S 为源项，S_{0x} 和 S_{0y} 分别为 x 和 y 方向的底坡，其表达式分别为 $S_{0x} = -\partial b/\partial x$、$S_{0y} = -\partial b/\partial y$；$S_{fx}$ 和 S_{fy} 分别为 x 和 y 方向的摩阻坡降；h 为水深；u 和 v 分别为 x 和 y 方向的垂线平均流速；b 为河底高程；n 为糙率；t 为时间；g 为重力加速度；R 为降雨强度；I 为下渗强度。

6.2.2.2 数值计算方法

采用边界拟合能力强和易于局部网格加密的三角形和四边形网格剖分计算域，利用基于水位-体积关系的斜底单元模型，有效解决了小尺度线状地形模拟难题；以能够有效捕获激波的 Godunov 型有限体积法为框架，采用 HLLC 近似 Riemann 算子计算对流数值通量，采用直接近似方法计算扩散数值通量，并结合斜率限制器以保证模型的高分辨率特性，避免在间断或大梯度解附近产生非物理虚假振荡；基于单元中心型底坡项近似方法，在不使用任何额外动量通量校正项的前提下模型能保持通量梯度与底坡项之间的平衡，即模型具有和谐性质；采用半隐式格式处理摩阻项，该半隐式格式既能保证不改变流速分量的方向，也能避免小水深引起的非物理大流速问题，有利于计算稳定性；实现了固壁、水位、流量、自由出流等边界条件；基于 CFL 稳定条件实现了数值模型的自适应时间步长技术。

1. 计算网格

鉴于非结构三角形、四边形混合单元具有复杂边界拟合能力强、便于网格生成和局部加密等特点，采用非结构三角形、四边形单元作为计算网格。以三角形单元为例（四边形单元类似），网格拓扑结构如图 6.17 所示。其中，C_i 为待计算单元，其顶点 1 -顶点 2 -顶点 3 排序服从逆时针方向；与顶点 k 相对的边为 $\Gamma_{i,k}$，其外法向单位向量为 $n_{i,k}$；单元 C_i 的邻接单元中，与顶点 k 相对的单元为 $C_{i,k}$。

对于每一个节点而言，其网格拓扑信息包括节点序号、节点坐标、节点周围的单元；对于每一条边而言，其网格拓扑信息包括边序号，边的左、右单元，边的始、末节点；对于每一个单元而言，其网格拓扑信息包括单元序号、单元的三个顶点、单元的三条边、单元的三个邻接单元。在模型开始计算之前，需要根据网格文件构造包含上述拓扑信息的计算网格系统。

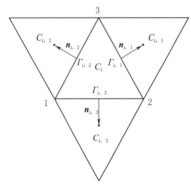

图 6.17 非结构三角形单元拓扑结构示意图

2. 基于三角形-四边形混合网格的斜底单元

在计算网格结构中，有两种底高程的定义方式：①将底高程定义于单元形心处，单元内的底高程为均一值；②将底高程定义于单元顶点处，单元内的底高程服从线性分布。在地形表达精度方面，第一种方式仅为一阶精度，而第二种方式具有二阶精度。此外，在水动力数值模拟的实际工程中，往往包含由生产堤和公路等线状建筑物组成的奇异地形。该类奇异地形具有低水位干出、高水位淹没的性质，必须在模型中予以准确表达。然而，如果采取第一种底高程定义方式，由于此类奇异地形的空间尺度要远小于满足计算效率要求的网格尺度，因此需要采用局部网格加密方法以表达此类奇异地形，此时不仅网格数量剧增，而且由于稳定条件的限制，小尺度网格将导致模型的计算时间步长大幅度减小，严重影响模拟效率。如果采取第二种底高程定义方式，在网格划分之前，将一系列节点预先布置在生产堤和公路等线状建筑物上，进而使该类奇异地形在网格系统中以"边"的形式得以表达。高水位时，奇异地形所在网格边被淹没过水；低水位时，奇异地形所在网格边的物质通量为 0，起到阻水作用，故第二种底高程定义方式可以实现该类奇异地形的准确模拟。综合上述两方面的原因，采用第二种底高程定义方式，即斜底单元模型。

以三角形单元为例（四边形单元类似），在斜底单元模型中，守恒变量 h 代表单元平均水深，单元的水量为 hQ，其中 Q 为单元面积；水位 η 代表单元内含水部分的水面高程，且假设单元内含水部分的水面为一平面，如图 6.18 所示。其中，斜线阴影面为水面，△123 为单元底面，图（a）中三个顶点的水深均大于 0，图（b）和图（c）存在水深为 0 的顶点。

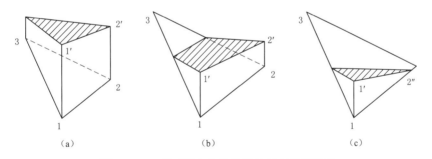

图 6.18 三种不同水位条件下的斜底单元示意

不失一般性，假设单元 C_i 三个顶点的底高程 $b_{i,1}$、$b_{i,2}$ 和 $b_{i,3}$ 满足关系：$b_{i,1} \leqslant b_{i,2} \leqslant b_{i,3}$。由水量守恒原理，可得单元水深与单元水位之间的转换计算式。

（1）已知水深，计算水位。

$$\eta_i = \begin{cases} \eta_i^1 = b_{i,1} + \sqrt[3]{3h_i(b_{i,2}-b_{i,1})(b_{i,3}-b_{i,1})}, & b_{i,1} < \eta_i^1 \leqslant b_{i,2} \\ \eta_i^2 = \dfrac{1}{2}(-\gamma_1 + \sqrt{\gamma_1^2 - 4\gamma_2}), & b_{i,2} < \eta_i^2 \leqslant b_{i,3} \\ \eta_i^3 = h_i + (b_{i,1} + b_{i,2} + b_{i,3}/3), & \eta_i^3 > b_{i,3} \end{cases} \tag{6.33}$$

其中 $\qquad \gamma_1 = b_{i,3} - 3b_{i,1}, \gamma_2 = 3h_ib_{i,1} - 3h_ib_{i,3} - b_{i,2}b_{i,3} + b_{i,1}b_{i,2} + b_{i,1}^2$

（2）已知水位，计算水深。

$$h_i = \begin{cases} \dfrac{(\eta_i - b_{i,1})^3}{3(b_{i,2} - b_{i,1})(b_{i,3} - b_{i,1})}, & b_{i,1} < \eta_i \leqslant b_{i,2} \\[3mm] \dfrac{\eta_i^2 + \eta_i b_{i,3} - 3\eta_i b_{i,1} - b_{i,3} b_{i,2} + b_{i,1} b_{i,2} + b_{i,1}^2}{3(b_{i,3} - b_{i,1})}, & b_{i,2} < \eta_i \leqslant b_{i,3} \\[3mm] \eta_i - \dfrac{b_{i,1} + b_{i,2} + b_{i,3}}{3}, & \eta_i > b_{i,3} \end{cases} \quad (6.34)$$

采用线性化假设，可得单元水位与水深关系为

$$h(\eta) = \begin{cases} \dfrac{\eta - z_1}{z_2 - z_1} \hat{h}_2, & z_1 \leqslant \eta < z_2 \\[3mm] \hat{h}_2 + \dfrac{\eta - z_2}{z_3 - z_2}(\hat{h}_3 - \hat{h}_2), & z_2 \leqslant \eta < z_3 \\[3mm] \eta - \dfrac{z_1 + z_2 + z_3}{3}, & z_3 \leqslant \eta \end{cases} \quad (6.35)$$

式中：η 为单元水位；z_1、z_2、z_3 分别为单元 3 个节点底高程，且满足关系 $z_1 \leqslant z_2 \leqslant z_3$；$\hat{h}_2$ 和 $\hat{h}_3$ 代表水位分别为 z_2 和 z_3 且根据线性化前的单元水位与水深关系计算得到的常数值。

若将底高程定义于单元形心处，且假设单元内的底高程为均一值，则单元水位的最小值为单元形心处的底高程值，在干湿界面计算时需要重构干单元底高程。然而，由上式可知，斜底单元模型的引入，使单元水位的最小值降低为单元三个顶点底高程的最小值，避免了干湿界面计算时重构干单元底高程，提高了模型干湿界面处理能力，且有利于设计具有和谐性的计算格式。

在斜底单元模型中，单元具有全淹没、局部淹没和全干三种状态。以三角形单元为例（四边形单元类似），采用如下状态判别方法：

$$\begin{cases} \eta_i \leqslant b_{i,1}, & \text{全干} \\ b_{i,1} < \eta_i \leqslant b_{i,3}, & \text{局部淹没} \\ \eta_i > b_{i,3}, & \text{全淹没} \end{cases} \quad (6.36)$$

对于三角形单元，由于底高程定义于单元顶点处，根据不共线三点决定一个平面的原理可计算出单元底高程的平面方程，继而可得到该平面在 x 和 y 方向的斜率，即单元的底坡斜率：

$$\frac{\partial b_i(x,y)}{\partial x} = \frac{1}{2\Omega_i}[(y_{i,2} - y_{i,3})b_{i,1} + (y_{i,3} - y_{i,1})b_{i,2} + (y_{i,1} - y_{i,2})b_{i,3}] \quad (6.37)$$

$$\frac{\partial b_i(x,y)}{\partial y} = \frac{1}{2\Omega_i}[(x_{i,3} - x_{i,2})b_{i,1} + (x_{i,1} - x_{i,3})b_{i,2} + (x_{i,2} + x_{i,1})b_{i,3}] \quad (6.38)$$

式中：$x_{i,k}$、$y_{i,k}$、$b_{i,k}$ 分别为单元 C_i 第 k 个顶点的 x 方向坐标、y 方向坐标和底高程（$k=1,2,3$）；Ω_i 为单元 C_i 的面积。

$$\Omega_i = \frac{1}{2}[(x_{i,1} - x_{i,2})(y_{i,1} + y_{i,2}) + (x_{i,2} + x_{i,3})(y_{i,2} + y_{i,3}) + (x_{i,3} - x_{i,1})(y_{i,3} + y_{i,1})] \quad (6.39)$$

对于四边形单元，单元的底坡斜率可根据单元内两个三角形底坡斜率的面积加权平均得到。

3. 基于 Godunov 型有限体积法的一阶精度快速求解格式

一阶、二阶精度格式的区别在于时间步离散及界面物理量重构。在时间步离散方面，二阶精度格式包括预测步及校正步计算。而一阶精度格式只需要进行校正步计算。在界面物理量重构方面，二阶精度格式需要计算水位、流速的梯度，而一阶精度格式基于单元中心值进行重构。

根据有限体积离散，可得

$$\Omega_i = \frac{\mathrm{d}\boldsymbol{U}_i}{\mathrm{d}t} = -\sum_{k=1}^{N} \boldsymbol{F}_{i,k}^{\mathrm{adv}} \cdot \boldsymbol{n}_{i,k} L_{i,k} + \sum_{k=1}^{N} \boldsymbol{F}_{i,k}^{\mathrm{diff}} \cdot \boldsymbol{n}_{i,k} L_{i,k} + \sum_{k=1}^{N} \boldsymbol{F}_{i,k}^{\mathrm{dis}} \cdot \boldsymbol{n}_{i,k} L_{i,k} + \boldsymbol{S}_i \tag{6.40}$$

式中：Ω_i 为单元 C_i 的面积；$\boldsymbol{F}_{i,k}^{\mathrm{adv}}$、$\boldsymbol{F}_{i,k}^{\mathrm{diff}}$、$\boldsymbol{F}_{i,k}^{\mathrm{dis}}$、$\boldsymbol{n}_{i,k}$、$L_{i,k}$ 分别代表单元 C_i 第 k 条边的对流数值通量、雷诺应力引起的扩散数值通量、二次流引起的扩散数值通量、外法向单位向量和长度；$\boldsymbol{S}_i$ 为源项近似。

采用 Riemann 求解器计算数值通量。目前较常用的近似 Riemann 求解器主要有：FVS 格式、FDS 格式、Osher 格式、Roe 格式、HLL 格式、HLLC 格式等。由于 HLLC 格式满足熵条件，且在合理计算波速的情况下适应干湿界面计算，因此采用该格式计算二维浅水方程的对流数值通量，即

$$\boldsymbol{F}^{\mathrm{adv}}(\boldsymbol{U}_{\mathrm{L}}, \boldsymbol{U}_{\mathrm{R}}) \cdot \boldsymbol{n} = \begin{cases} \boldsymbol{F}_{\mathrm{L}}^{\mathrm{adv}}, & s_1 \geqslant 0 \\ \boldsymbol{F}_{*,\mathrm{L}}^{\mathrm{adv}}, & s_1 < 0 \leqslant s_2 \\ \boldsymbol{F}_{*,\mathrm{R}}^{\mathrm{adv}}, & s_2 < 0 < s_3 \\ \boldsymbol{F}_{\mathrm{R}}^{\mathrm{adv}}, & s_3 \leqslant 0 \end{cases} \tag{6.41}$$

其中 $$\boldsymbol{F}_{\mathrm{L}}^{\mathrm{adv}} = \boldsymbol{F}^{\mathrm{adv}}(\boldsymbol{U}_{\mathrm{L}}) \cdot \boldsymbol{n}, \quad \boldsymbol{F}_{\mathrm{R}}^{\mathrm{adv}} = \boldsymbol{F}^{\mathrm{adv}}(\boldsymbol{U}_{\mathrm{R}}) \cdot \boldsymbol{n}$$

式中：$\boldsymbol{U}_{\mathrm{L}}$、$\boldsymbol{U}_{\mathrm{R}}$ 分别为局部 Riemann 问题所在界面左侧和右侧的守恒向量；$\boldsymbol{F}_{*,\mathrm{L}}^{\mathrm{adv}}$、$\boldsymbol{F}_{*,\mathrm{R}}^{\mathrm{adv}}$ 分别为 Riemann 解中间区域接触波左、右侧的数值通量；s_1、s_2、s_3 分别为左波、接触波和右波的波速。

接触波左、右侧的数值通量 $\boldsymbol{F}_{*,\mathrm{L}}^{\mathrm{adv}}$、$\boldsymbol{F}_{*,\mathrm{R}}^{\mathrm{adv}}$ 分别由下式计算：

$$\boldsymbol{F}_{*,\mathrm{L}}^{\mathrm{adv}} = \begin{bmatrix} (\boldsymbol{E}_{\mathrm{HLL}}^{\mathrm{adv}})^1 \\ (\boldsymbol{E}_{\mathrm{HLL}}^{\mathrm{adv}})^2 n_x - u_{//,\mathrm{L}} (\boldsymbol{E}_{\mathrm{HLL}}^{\mathrm{adv}})^1 n_y \\ (\boldsymbol{E}_{\mathrm{HLL}}^{\mathrm{adv}})^2 n_y + u_{//,\mathrm{L}} (\boldsymbol{E}_{\mathrm{HLL}}^{\mathrm{adv}})^1 n_x \end{bmatrix} \tag{6.42}$$

$$\boldsymbol{F}_{*,\mathrm{R}}^{\mathrm{adv}} = \begin{bmatrix} (\boldsymbol{E}_{\mathrm{HLL}}^{\mathrm{adv}})^1 \\ (\boldsymbol{E}_{\mathrm{HLL}}^{\mathrm{adv}})^2 n_x - u_{//,\mathrm{R}} (\boldsymbol{E}_{\mathrm{HLL}}^{\mathrm{adv}})^1 n_y \\ (\boldsymbol{E}_{\mathrm{HLL}}^{\mathrm{adv}})^2 n_y + u_{//,\mathrm{R}} (\boldsymbol{E}_{\mathrm{HLL}}^{\mathrm{adv}})^1 n_x \end{bmatrix} \tag{6.43}$$

其中 $$\boldsymbol{E}_{\mathrm{HLL}}^{\mathrm{adv}} = \frac{s_3 \boldsymbol{E}^{\mathrm{adv}}(\hat{\boldsymbol{U}}_{\mathrm{L}}) - s_1 \hat{\boldsymbol{E}}^{\mathrm{adv}}(\hat{\boldsymbol{U}}_{\mathrm{R}}) + s_1 s_3 (\hat{\boldsymbol{U}}_{\mathrm{R}} - \hat{\boldsymbol{U}}_{\mathrm{L}})}{s_3 - s_1} \tag{6.44}$$

式中：$(\boldsymbol{E}_{\mathrm{HLL}}^{\mathrm{adv}})^1$、$(\boldsymbol{E}_{\mathrm{HLL}}^{\mathrm{adv}})^2$ 分别为运用 HLL 格式计算得到的法向数值通量的第一、二个分量。

运用 HLLC 格式计算数值通量的关键在于波速近似。采用 Einfeldt 波速计算式：

$$s_1 = \begin{cases} \min(u_{\perp,\mathrm{L}} - \sqrt{gh_{\mathrm{L}}}, u_{\perp,*} - \sqrt{gh_*}), & h_{\mathrm{L}} > 0 \\ u_{\perp,\mathrm{R}} - 2\sqrt{gh_{\mathrm{R}}}, & h_{\mathrm{L}} = 0 \end{cases} \tag{6.45}$$

$$s_3 = \begin{cases} \max(u_{\perp,R} + \sqrt{gh_R}, u_{\perp,*} + \sqrt{gh_*}), & h_R > 0 \\ u_{\perp,L} - 2\sqrt{gh_L}, & h_R = 0 \end{cases} \tag{6.46}$$

其中

$$h_* = \frac{1}{2}(h_L + h_R) \tag{6.47}$$

$$u_{\perp,*} = \frac{\sqrt{h_L}\, u_{\perp,L} + \sqrt{h_R}\, u_{\perp,R}}{\sqrt{h_L} + \sqrt{h_R}} \tag{6.48}$$

式中：h_* 和 $u_{\perp,*}$ 为 Roe 平均。

由于激波的波速小于激波后面区域的特征速度，此时 Einfeldt 波速即为激波波速的 Roe 近似，因此使用 Einfeldt 波速可获得在激波附近更加准确的数值解。

由下式计算接触波的波速：

$$s_2 = \frac{s_1 h_R(u_{\perp,R} - s_3) - s_3 h_L(u_{\perp,L} - s_1)}{h_R(u_{\perp,R} - s_3) - h_L(u_{\perp,L} - s_1)} \tag{6.49}$$

为提高计算效率，本书将界面流速重构值取单元中心流速，界面水深重构按下式计算：

$$h_e^{Rec} = \begin{cases} 0, & \eta \leqslant b_1 \\ \dfrac{(\eta - b_1)^2}{2(b_2 - b_1)}, & b_1 < \eta \leqslant b_2 \\ \eta - \dfrac{b_1 + b_2}{2}, & b_2 < \eta \end{cases} \tag{6.50}$$

6.2.3 模型耦合计算

本书采用松散耦合方法，实现地表-土壤水动力过程耦合计算。采用松散耦合方法，即先通过求解 Richards 方程得到各单元的下渗强度，判断下渗强度与降雨强度之间的关系，再根据具体情况进行二维水动力计算。耦合计算流程如图 6.19 所示。

6.2.4 模型参数率定和验证

为了率定和验证本次数值模拟的计算精度，本章采用纳什（Nash）效率系数，计算观测值与模拟值之间的纳什效率系数，纳什效率系数越接近 1，表明模拟效果越好。纳什效率系数计算公式为

$$Nash = 1 - \frac{\sum(obs - sim)^2}{\sum(obs - \overline{obs})^2} \tag{6.51}$$

式中：$Nash$ 为纳什效率系数；obs 为实验观测径流值；sim 为数值试验模拟径流值。

表 6.9 给出了 6 场验证降雨径流过程的参数，1 号降雨径流过程降雨强度为 50mm/h，降雨历时为 1h，场地内不透水面地表占比为 42.9%；2 号降雨径流过程降雨强度为 50mm/h，降雨历时为 1h，场地为全透水面地表；3 号降雨径流过程降雨强度为 100mm/h，降雨历时为 1h，场地为全透水面地表；4 号降雨径流过程为 5 年一遇设计降雨，降雨历时为 1h，雨峰位置系数为 0.3，场地为全透水面地表；5 号降雨径流过程为 5 年一遇设计降雨，降雨历时为 1h，雨峰位置系数为 0.4，场地为全透水面地表；6 号降雨径流过程为 5 年一遇设计降雨，降雨历时为 1h，雨峰位置系数为 0.5，场地为全透水面地表。

实验场地透水面土质为砂壤土，根据实测值对模型参数进行率定，模型中透水面导水

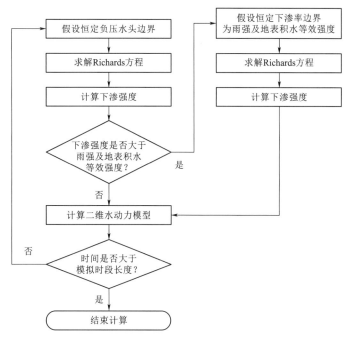

图 6.19   地表-土壤水动力过程耦合计算流程图

率取值范围为 1.04~7.20cm/h，根据不同土质导水率经验值，本次率定结果透水面土质导水率介于壤土和砂壤土之间，因此，可认为导水率取值基本合理。表 6.10 给出了用于率定和验证场次降雨径流观测过程和模拟过程的洪峰值及降雨径流过程的纳什效率系数，经计算，本次不同降雨径流过程的纳什效率系数在 0.71~0.97。图 6.20 所示为 6 场降雨径流观测过程和模拟过程对比，可以看出，模型对峰值的计算能力较好，但对达到峰值之前径流过程的捕捉能力稍差。本次数值模拟对峰值之前的径流过程拟合偏差的主要原因可能有以下两个方面：①在场地观测试验过程中，降雨模拟系统从开启到稳定需要一段时间，这一段时间内降雨设备并没有达到预设的稳定降雨值，因此导致数值模拟结果与观测之间存在一点偏差；②场地降雨径流过程地表水层较薄，与明渠均匀流水力学计算存在一定的差异，这也是导致观测过程与模拟过程存在一定差异的原因。

表 6.9									模 拟 试 验 参 数 表		
方案编号	降雨强度 /(mm/h)	降雨历时 /h	不透水面比例/%	土壤导水率 K_s /(cm/h)	饱和含水率 θ_s /(m³/m³)	残余含水率 θ_r /(m³/m³)	α /(1/cm)	n	表层土壤含水率 /(m³/m³)	底层（1m处）土壤含水率 /(m³/m³)	雨峰位置系数 r
1	50	1	42.9	1.04	0.43	0.078	0.036	1.56	0.36	0.42	
2	50	1	0	7.20	0.43	0.065	0.075	1.89	0.36	0.40	
3	100	1	0	1.29	0.43	0.077	0.070	1.56	0.36	0.42	
4		1	0	7.20	0.43	0.065	0.075	1.89	0.40	0.40	0.3
5		1	0	7.20	0.43	0.065	0.075	1.89	0.36	0.40	0.4
6		1	0	7.20	0.43	0.065	0.075	1.89	0.36	0.40	0.5

121

表 6.10　　　　　　　　　　　　　　模 拟 结 果 值

方案编号	观测径流峰值/(L/s)	模拟径流峰值/(L/s)	纳什效率系数
1	4.59	4.52	0.74
2	1.10	1.11	0.90
3	4.60	4.20	0.97
4	1.11	1.19	0.72
5	2.00	2.03	0.88
6	2.90	2.92	0.71

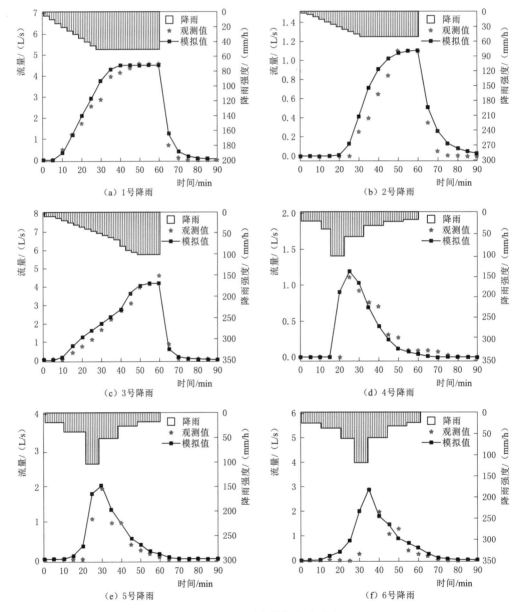

图 6.20　观测与模拟径流对比

6.3 汇水单元尺度城市降雨径流响应关系

6.3.1 不透水面空间位置对径流的影响

本次数值模拟试验按照不透水面的空间位置分为无效不透水型、有效不透水型和并联型三种典型汇水单元试验类型，不同汇水单元类型如图 6.1 所示。以边长为 100m、纵坡为 1‰ 的正方形汇水单元作为假想汇水单元，汇水单元中将不透水面和透水面的面积占比均设置为 50%，分别以 1 年一遇、5 年一遇、10 年一遇和 20 年一遇设计降雨（芝加哥雨型，降雨历时为 1h，雨峰位置系数为 0.4）作为降雨条件，将透水面的导水率固定为 3.6cm/h（率定值），通过变化不同汇水单元的设计降雨条件，共组成 12 组试验方案，探讨不透水面的空间位置对径流过程的影响。图 6.21 给出了在 1 年一遇、5 年一遇、10 年一遇和 20 年一遇降雨条件下三种不同汇水单元类型的径流过程线，表 6.11 给出了 12 组数值试验的径流系数。根据试验结果可知，5 年一遇、10 年一遇和 20 年一遇降雨条件下，无效不透水型汇水单元的径流峰值要高于有效不透水型汇水单元的径流峰值；但有效不透水型汇水单元的场次径流系数最大，其次为无效不透水型汇水单元，并联型汇水单元的场次径流系数最小；随着降雨强度的增大，无效不透水型和有效不透水型汇水单元场次径流系数的差距逐渐缩小，而并联型汇水单元的场次径流系数偏小可能是透水面的特征宽度较长所致。

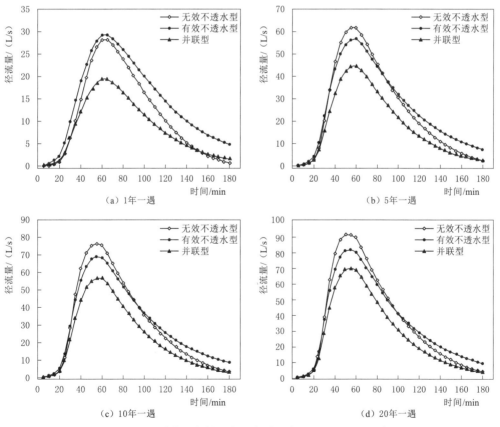

图 6.21 不同降雨条件下各汇水单元类型的径流过程示意图

根据以上分析结果可知，不透水面的空间位置对径流过程线及场次径流量有较明显的影响，因此，本节不同驱动因素对径流系数的影响研究中，按照不透水面的空间分布进行分类计算，考虑到并联型汇水单元可视为无效不透水型或有效不透水型特例的组合，本节计算中，按有效不透水型和无效不透水型汇水单元进行分类分析计算探讨。

表 6.11　　　　　　　　　　　　　　不同试验方案径流系数

降雨条件		1 年一遇	5 年一遇	10 年一遇	20 年一遇
径流系数	无效不透水型	0.41	0.54	0.57	0.59
	有效不透水型	0.52	0.56	0.58	0.59
	并联型	0.31	0.39	0.42	0.44

6.3.2　不透水面积比与径流系数响应函数

1. 无效不透水型

本次数值模拟试验以纵坡为 1‰、边长为 100m 的正方形地形作为假想汇水单元，分别以 1 年一遇、5 年一遇、10 年一遇和 20 年一遇设计降雨（芝加哥雨型，降雨历时为 1h，雨峰位置系数为 0.4）作为降雨条件，将透水面导水率固定为 3.6 cm/h，只变化汇水单元内不透水面积的比例，可得到不透水面积比与径流系数的响应关系。具体而言，将不透水面积比从 10% 变化到 90%（间隔为 10%），共组成 36 组试验方案，探讨不同设计降雨条件下，不透水面积比与径流系数的响应关系。

图 6.22 给出了在 100m×100m 的汇水单元上，不同设计降雨、不同不透水面积比条件下的场次降雨径流过程线。从图中可以看出，在同等降雨条件下，不透水面积比的改变对径流峰值有显著的影响；不透水面积比对径流过程的影响在 1 年一遇降雨条件下最显著，随着设计降雨强度的增加，在 5 年一遇、10 年一遇和 20 年一遇设计降雨条件下，不透水面积比的变化对径流达到峰值之前过程的影响越来越小。图 6.23（a）给出了不同不透水面积比条件下，场次降雨与径流的关系曲线；图 6.23（b）给出了不同不透水面积比条件下径流系数的分布情况，可以看出随着不透水面积比的增大，不同降雨条件下，场次暴雨径流系数变化范围越来越小。这说明随着不透水面积的扩张，降雨强度对径流系数的影响越来越小；取径流系数分布的中位数，拟合不透水面积比与径流系数的关系曲线，经拟合计算，不透水面积比与径流系数呈指数函数关系。

为了验证以上计算结果，以纵坡为 1‰、边长为 30m 的正方形地形作为假想汇水单元，分别以同样的降雨条件及不透水面积比变化方案（同 100m×100m 试验方案），共组成 36 组试验方案，验证不透水面积比与径流系数的响应关系。

图 6.24（a）给出了在 30m×30m 汇水单元上，不同不透水面积比条件下，场次降雨与径流的关系曲线。经对比发现，本次试验不同不透水面积比条件下，场次降雨与径流关系曲线的斜率均大于 100m×100m 汇水单元条件下的试验结果，这意味着汇水单元面积越小，不透水面积比对径流系数的影响越明显。图 6.24（b）给出了在 30m×30m 汇水单元上，不透水面积比与径流系数的关系曲线，经拟合计算，不透水面积比与径流系数呈指数函数关系，与在 100m×100m 汇水单元上得出的结果基本一致。

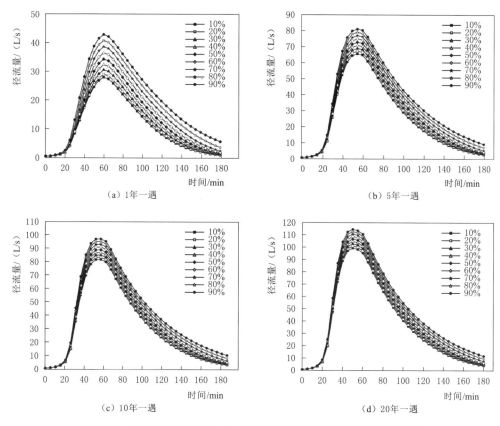

图 6.22 不同设计降雨、不同不透水面积比条件下降雨径流过程线

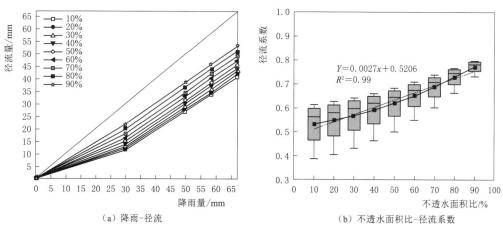

图 6.23 不同不透水面积比条件下降雨-径流关系及不透水面积比-径流系数关系曲线

（无效不透水型，100m×100m 汇水单元）

90%：$Y=0.85x-3.6$，$R^2=1$；80%：$Y=0.85x-5.6$，$R^2=0.99$；70%：$Y=0.84x-7.3$，$R^2=1$；

60%：$Y=0.84x-8.7$，$R^2=0.99$；50%：$Y=0.83x-9.8$，$R^2=1$；40%：$Y=0.82x-10.8$，

$R^2=1$；30%：$Y=0.81x-11.5$，$R^2=0.99$；20%：$Y=0.81x-12.1$，$R^2=0.99$；

10%：$Y=0.79x-12.3$，$R^2=0.99$

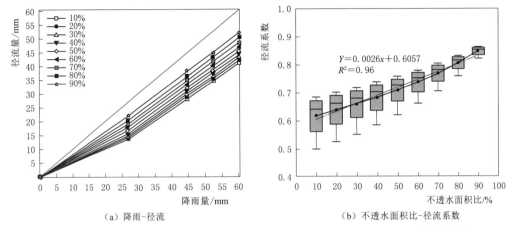

图 6.24　不同不透水面积比条件下降雨-径流关系及不透水面积比-径流系数关系曲线
（无效不透水型，30m×30m 汇水单元）

90%：$Y=0.90x-2.09$，$R^2=1$；80%：$Y=0.89x-3.59$，$R^2=0.99$；70%：$Y=0.88x-4.80$，$R^2=1$；

60%：$Y=0.87x-5.81$，$R^2=0.99$；50%：$Y=0.87x-6.71$，$R^2=1$；40%：$Y=0.86x-7.47$，$R^2=1$；

30%：$Y=0.85x-8.12$，$R^2=0.99$；20%：$Y=0.84x-8.66$，$R^2=0.99$；

10%：$Y=0.83x-9.11$，$R^2=0.99$

2. 有效不透水型

本次数值模拟试验同样以纵坡为 1‰、边长为 100m 的正方形地形作为假想汇水单元，分别以 1 年一遇、5 年一遇、10 年一遇和 20 年一遇设计降雨（芝加哥雨型，降雨历时为 1h，雨峰位置系数为 0.4）作为降雨条件，将透水面导水率固定为 3.6cm/h，只变化汇水单元内不透水面积的比例，可得到不透水面积比与径流系数的响应关系，具体而言，将不透水面积比从 10% 变化到 90%（间隔为 10%），共组成 36 组试验方案，探讨不同设计降雨条件下，有效不透水型汇水单元上，不透水面积比与径流系数的响应关系。与上述无效不透水型试验方案的区别主要体现在不透水面积的空间位置的不同（距离出水口的位置不同）。

图 6.25（a）给出了有效不透水型汇水单元上，不同不透水面积比条件下，场次降雨与径流的关系曲线，该曲线与无效不透水型汇水单元上的关系曲线基本相同；图 6.25（b）给出了有效不透水型汇水单元上，不透水面积比与径流系数的关系曲线。与无效不透水型汇水单元计算结果相比，在同等边界条件下，有效不透水型汇水单元的场次径流系数要略高于无效不透水型汇水单元的场次径流系数，对不同不透水面积比条件下试验径流系数组的中位数进行拟合计算发现，有效不透水型汇水单元上不透水面积比与径流系数呈线性函数关系。

6.3.3　汇水单元面积对径流系数的影响

1. 无效不透水型

为了探讨汇水单元面积对径流系数的影响，结合城市流域实际情况，本次数值模拟试验将 30m、70m、100m、500m 和 1000m 五种不同边长的正方形地形作为假想汇水单元，汇水单元坡度取为 1‰，汇水单元中不透水面积比固定为 50%，将导水率固定为 3.6cm/h，

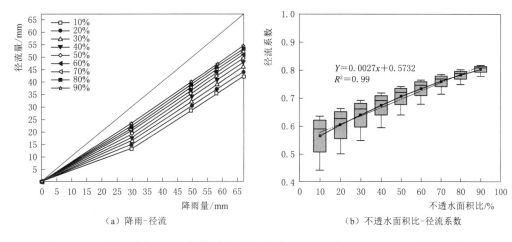

（a）降雨-径流　　　　　　　　　（b）不透水面积比-径流系数

图 6.25　不同不透水面积比条件下降雨-径流关系及不透水面积比-径流系数关系曲线
（有效不透水型，100m×100m 汇水单元）

90%：$Y=0.85x-2.07$，$R^2=1$；80%：$Y=0.84x-2.82$，$R^2=1$；70%：$Y=0.84x-3.70$，$R^2=1$；

60%：$Y=0.83x-4.61$，$R^2=0.99$；50%：$Y=0.82x-5.57$，$R^2=1$；

40%：$Y=0.81x-6.66$，$R^2=1$；30%：$Y=0.80x-7.77$，$R^2=1$；

20%：$Y=0.79x-8.94$，$R^2=0.99$；10%：$Y=0.79x-10.63$，$R^2=0.99$

　　分别以 1 年一遇、5 年一遇、10 年一遇和 20 年一遇（降雨历时为 1h，雨峰位置系数为 0.4）作为降雨条件，共组成 20 组试验方案，探讨汇水单元面积对径流系数的影响。

　　图 6.26 给出了不同汇水单元面积上场次降雨与径流的关系曲线；图 6.27 所示为不同汇水单元面积条件下，不同场次降雨情况下径流系数的分布情况。经分析计算发现，汇水单元面积越大，场次径流系数越小，当汇水单元面积小于 1hm^2 时，不同汇水单元面积上，降雨与径流的关系曲线斜率几乎一致，不同场次降雨情况下径流系数相差不大，而当汇水单元面积达到 25hm^2 时，降雨与径流的关系曲线斜率显著降低，径流系数分布显著

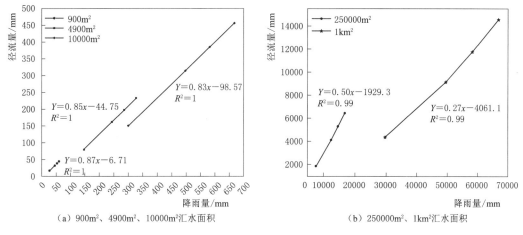

（a）900m^2、4900m^2、10000m^{2}汇水面积　　　（b）250000m^2、1km^{2}汇水面积

图 6.26　不同汇水单元面积上场次降雨-径流关系曲线（无效不透水面）

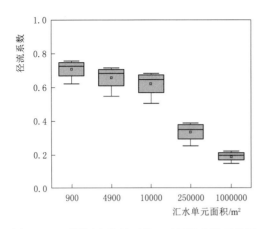

图 6.27 不同汇水单元面积、不同场次降雨情况
下径流系数分布

减小，而当汇水单元面积达到 $1km^2$ 时，径流系数降低更加显著。前人研究表明，流域尺度变大会导致单位面积的径流量减小，这与本书研究结果一致。考虑到城市区域的实际情况，汇水单元面积一般小于 $1hm^2$，据此，本次只探讨 $1hm^2$ 以内汇水单元上面积与径流系数的响应关系。经分析发现，当汇水单元面积从 $900m^2$ 增大到 $1hm^2$ 时，在改变降雨条件的情况下，径流系数分布的差异不是很大（图 6.27），因此认为汇水单元面积不是对径流系数产生影响的敏感参数，对于大于 $1hm^2$ 的汇水单元面积对径流系数的影响还需进一步

的实验观测研究。

2. 有效不透水型

为了与无效不透水型汇水单元的计算结果进行对比分析，在有效不透水型汇水单元上开展同样的数值模拟研究。根据前述无效不透水型条件下，不同汇水单元面积上降雨-径流关系的影响研究结果，本次试验只探讨 $1hm^2$ 以内的汇水单元上面积与径流系数的响应关系，即汇水单元边长分别为 30m、70m、100m，汇水单元坡度取为 $1‰$，汇水单元中不透水面积比固定为 50%，将导水率固定为 $3.6cm/h$，分别以 1 年一遇、5 年一遇、10 年一遇和 20 年一遇（降雨历时为 1h，雨峰位置系数为 0.4）作为降雨条件，共组成 12 组试验方案，探讨有效不透水型汇水单元上面积对径流系数的影响。

图 6.28 给出了有效不透水型汇水单元上，不同汇水单元面积上降雨与径流的关系曲线。经拟合计算可知，当汇水单元面积为 $10000m^2$ 时，降雨与径流的关系曲线斜率较其他两种情况小，但相差不大，在三种不同面积的汇水单元上，不同降雨条件下场次降雨的径流系数分布在 $0.66 \sim 0.75$ 之间，相差较小。因此，本次有效不透水型汇水单元条件下，不认为汇水单元面积为影响径流系数的敏感参数。

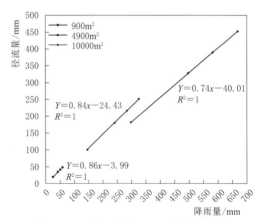

图 6.28 不同汇水单元面积条件下降雨-
径流关系曲线（有效不透水面）

6.3.4 坡度与径流系数响应函数

1. 无效不透水型

汇水单元的坡度同样是影响径流系数的关键因子，本次数值模拟试验以边长为 100m 的正方形地形作为假想汇水单元，设计降雨取为 1 年一遇、5 年一遇、10 年一遇和 20 年一遇降雨过程（降雨历时为 1h，雨峰位置系数为 0.4），将不透水面积比固定为 50%，透水面导水率取为 $3.6cm/h$。考虑到城市区

域一般比较平缓，将汇水单元纵坡取为1‰、3‰、5‰、8‰和1%五种类型，在不同坡度的汇水单元上开展数值模拟计算，通过对比分析纵坡对城市汇水单元径流系数的影响。

图6.29（a）为不同坡度条件下，不同场次降雨与径流的关系曲线，从图中可以看出，当汇水单元纵坡为1‰时，降雨与径流的关系曲线斜率相对较小（0.83），当汇水单元纵坡在3‰～1%之间变化时，降雨与径流的关系曲线斜率逐渐变大；图6.29（b）给出了不同坡度与径流系数的关系曲线，经拟合计算，汇水单元坡度与径流系数呈对数函数关系。

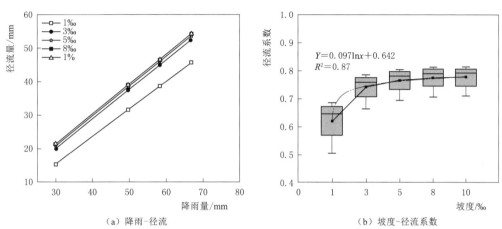

（a）降雨-径流   （b）坡度-径流系数

图6.29 不同坡度条件下降雨-径流关系及坡度-径流系数关系曲线

（无效不透水型，100m×100m汇水单元）

1%：$Y=0.90x-5.72$，$R^2=1$；8‰：$Y=0.89x-5.78$，$R^2=1$

5‰：$Y=0.89x-6.04$，$R^2=1$；3‰：$Y=0.88x-6.64$，$R^2=1$

1‰：$Y=0.83x-9.86$，$R^2=1$

2. 有效不透水型

为了与无效不透水型汇水单元计算结果进行对比分析，在有效不透水型汇水单元上开展同样的数值模拟试验。同样的，以边长为100m的正方形地形作为假想汇水单元，设计降雨取为1年一遇、5年一遇、10年一遇和20年一遇降雨过程（降雨历时为1h，雨峰位置系数为0.4），将不透水面积比固定为50%，透水面导水率取为3.6cm/h，汇水单元纵坡取为1‰、3‰、5‰、8‰和1%五种类型。

图6.30给出了有效不透水型汇水单元上，不同坡度与径流系数的关系曲线，经拟合计算，与无效不透水型汇水单元计算结果一致，汇水单元坡度与径流系数呈对数函数关系。

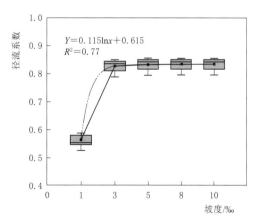

图6.30 坡度-径流系数关系曲线

6.3.5　入渗率与径流系数响应关系

1. 无效不透水型

汇水区透水面的土壤特性也对径流系数有一定的影响。同样的，本次数值模拟试验以边长为100m的正方形地形作为假想汇水单元，降雨条件取为1年一遇、5年一遇、10年一遇和20年一遇降雨过程（降雨历时为1h，雨峰位置系数为0.4），将不透水面积比固定为50%，将透水面土壤类型取为粉质土、壤土、砂壤土、壤性砂土和砂土五种类型，五种土壤的导水率分别为0.25cm/h、1.04cm/h、3.60cm/h、4.42cm/h和14.59cm/h，将汇水单元纵坡取为1‰，在不同特性土壤的汇水单元上开展数值模拟计算，通过对比分析，探讨土壤导水率与径流系数的响应关系。

经模拟计算，当透水面导水率达到14.59cm/h（砂土）时，汇水单元内基本无产流（下渗强度大于降雨强度），因此，本次对导水率与径流系数响应关系的分析，只对粉质土（0.25cm/h）、壤土（1.04cm/h）、砂壤土（3.60cm/h，率定土壤导水率）和壤性砂土（4.42cm/h）四种土壤进行分析对比。图6.31（a）给出了透水面不同导水率条件下，场次降雨与径流的关系曲线，从图中可以看出，随着导水率的增加，场次径流量在减少；图6.31（b）给出了无效不透水型汇水单元上，导水率与径流系数的关系曲线，经拟合计算，导水率与径流系数基本呈指数函数关系。

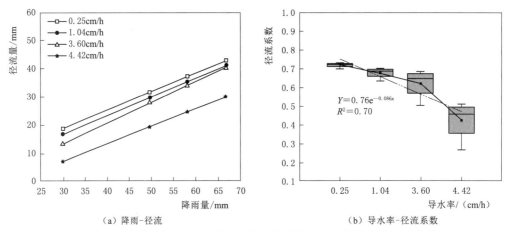

（a）降雨-径流　　　　　　　　　（b）导水率-径流系数

图6.31　不同入渗率条件下降雨-径流关系及导水率-径流系数关系曲线

（无效不透水型，100m×100m汇水单元）

0.25cm/h：$Y=0.75x-1.67$，$R^2=1.0$；1.04cm/h：$Y=0.75x-3.57$，$R^2=1.0$；

3.60cm/h：$Y=0.83x-9.86$，$R^2=1.0$；4.42cm/h：$Y=0.71x-13.32$，$R^2=0.99$

2. 有效不透水型

为了与无效不透水型汇水单元计算结果进行对比，以边长为100m的正方形有效不透水型汇水单元作为假想汇水单元，降雨条件取为1年一遇、5年一遇、10年一遇和20年一遇降雨过程（降雨历时为1h，雨峰位置系数为0.4），将不透水面积比固定为50%，与无效不透水型汇水单元一致，将透水面土壤导水率分别取为粉质土（0.25cm/h）、壤土（1.04cm/h）、砂壤土（3.60cm/h，率定土壤导水率）和壤性砂土（4.42cm/h）四种类型，将汇水单元纵坡取为1‰，在不同特性土壤的汇水单元上开展数值模拟计算，通过对比分析，探讨有效不透水型汇水单元上，土壤导水率与径流系数的响应关系。

图 6.32（a）给出了不同导水率条件下，场次降雨与径流的关系曲线，与无效不透水型汇水单元上的计算结果基本一致，随着透水面土壤导水率的增加，场次径流量逐渐减少，相应地，径流系数也在减小；图 6.32（b）给出了有效不透水型汇水单元上，导水率与径流系数的关系曲线，经拟合计算，导水率与径流系数基本呈指数函数关系。

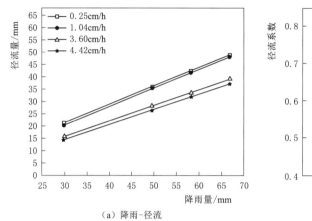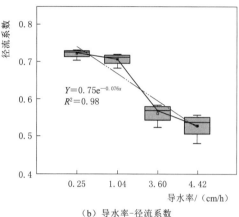

（a）降雨-径流　　　　　　　　　（b）导水率-径流系数

图 6.32　不同入渗率条件下降雨-径流关系及导水率-径流系数关系曲线

（有效不透水型，100m×100m 汇水单元）

0.25cm/h：$Y=0.75x-1.43$，$R^2=1.0$；1.04cm/h：$Y=0.75x-2.01$，$R^2=1.0$；

3.60cm/h：$Y=0.63x-3.37$，$R^2=0.99$；4.42cm/h：$Y=0.62x-4.26$，$R^2=0.99$

6.3.6　土壤前期含水率与径流系数的响应关系

对于土壤前期含水率在城市汇水单元上对径流系数的影响试验，本次数值模拟试验以边长为 100m 的正方形地形作为假想汇水单元，设计降雨取为 1 年一遇、5 年一遇、10 年一遇和 20 年一遇降雨过程（降雨历时为 1h，雨峰位置系数为 0.4），透水面导水率取为 3.6cm/h。考虑到在不同不透水面积比条件下，土壤前期含水率对汇水单元出口的径流系数的影响不同，因此，本次土壤前期含水率对径流系数的影响分析计算分三种情况，分别是汇水单元不透水面积比 10%、50% 和 90%，具体试验方案见表 6.12。三种情况下降雨与径流的关系曲线如图 6.33 所示。

表 6.12　　　　　　　不同不透水面积比与不同土壤前期含水率试验方案参数

试验编号	不透水面积比/%	土壤前期含水率/(cm³/cm³)	试验编号	不透水面积比/%	土壤前期含水率/(cm³/cm³)
1	10	0.36	7	50	0.40
2	10	0.38	8	50	0.42
3	10	0.40	9	90	0.36
4	10	0.42	10	90	0.38
5	50	0.36	11	90	0.40
6	50	0.38	12	90	0.42

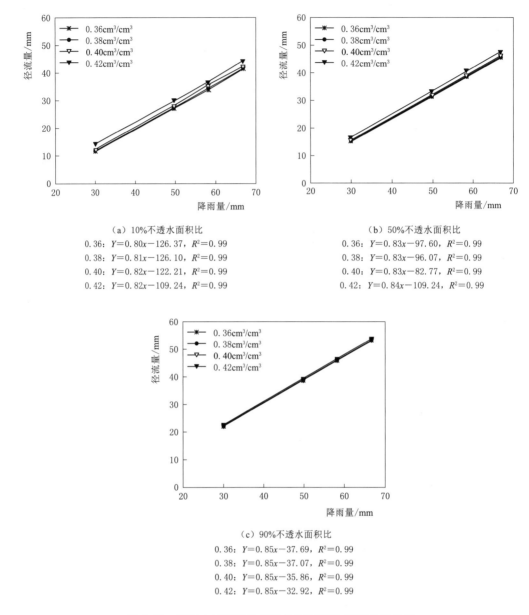

（a）10%不透水面积比
0.36：$Y=0.80x-126.37$，$R^2=0.99$
0.38：$Y=0.81x-126.10$，$R^2=0.99$
0.40：$Y=0.82x-122.21$，$R^2=0.99$
0.42：$Y=0.82x-109.24$，$R^2=0.99$

（b）50%不透水面积比
0.36：$Y=0.83x-97.60$，$R^2=0.99$
0.38：$Y=0.83x-96.07$，$R^2=0.99$
0.40：$Y=0.83x-82.77$，$R^2=0.99$
0.42：$Y=0.84x-109.24$，$R^2=0.99$

（c）90%不透水面积比
0.36：$Y=0.85x-37.69$，$R^2=0.99$
0.38：$Y=0.85x-37.07$，$R^2=0.99$
0.40：$Y=0.85x-35.86$，$R^2=0.99$
0.42：$Y=0.85x-32.92$，$R^2=0.99$

图 6.33 不同土壤前期含水率条件下降雨-径流关系曲线

6.4 本 章 小 结

本章首先详细介绍了室外场地观测试验的场地布置情况、试验方案及试验结果，本次在北京市昌平区开展室外观测实验，目的是为了对比城市化进程对流域径流变化的影响。本章共设置两种实验模式，分别是完全透水型模式和无效不透水型模式，在透水型模式条件下，主要通过变化降雨强度、雨峰位置系数和土壤前期含水率来开展不同的实验，从而探讨不同影响因素对产流过程的影响；在无效不透水型模式条件下，主要探讨不透水面积变化对产流造成的影响。

采用一维非饱和土壤水分运动基本方程作为产流模型，耦合二维地表浅水方程，形成以小区汇水单元为计算尺度，地表-土壤水动力过程耦合的城市地表产汇流计算模型，采用室外场地观测径流过程结果对本章所建模型参数进行率定和验证，在所选的 6 场降雨径流过程中，模型的纳什效率系数分布在 0.71～0.97 之间，可以说明所建模型可以较好地模拟汇水单元尺度城市降水径流过程。经分析发现，模型对峰值的计算能力较好，但对达到峰值之前过程的捕捉能力稍差。

基于物理机制的产汇流模型能够更加科学有效地描述区域产汇流过程。然而一维垂向土壤下渗方程表述复杂，模型参数较多，且在计算过程中往往会因为非线性求解不收敛等问题受到一些限制。因此，本章以小区为研究尺度，基于室外观测实验和数值模拟试验，提出以不透水面积比、汇水单元坡度、透水面土壤导水率等产流特征因子与径流系数的响应关系。

第 7 章 城市化流域产汇流模型研究

7.1 基于有效不透水面积识别的凉水河流域雨洪模拟研究

7.1.1 研究区概况

研究区大红门排水片区主要位于北京市主城区丰台区境内，部分位于石景山区、海淀区、西城区、东城区境内，属于凉水河流域，地理位置为东经 116°10′0″～116°25′0″、北纬 39°49′0″～39°56′0″，控制面积为 131.47km²，大红门排水片区位置如图 7.1 所示。大红门排水片区降水资料来自大红门站、右安门站、石景山站三个雨量站，多年平均年降水量为 522.4mm，实测流量数据包括右安门分洪闸入流数据和大红门闸出流数据，区内水系丰富，主要有东西走向的水衙沟、新丰草河、造玉沟、马草河、旱河，水系及水文站点如图 7.1 所示。

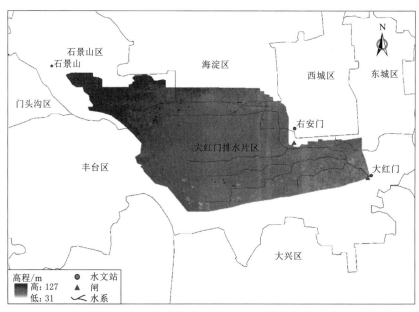

图 7.1 大红门排水片区位置、水系及水文站点图

开展不透水面有效性研究的地区需具备透水面和不透水面两种典型条件。大红门排水片区属于北京市城市核心地带，城市化下垫面特征明显，用地类型复杂。根据卫星图像解译和辅助实地调查发现，研究区中的不透水土地覆盖类型主要包括沥青混凝土路面、混凝土屋顶、砖砌小巷、水面等，透水类型包括草坪、耕地、带裸土坑的独立树木和林地、绿化等，分布错综复杂。因此，该地区具备开展研究的典型性条件。

7.1.2 数据资料

研究采用的基础数据包括不透水面识别数据和构建暴雨洪水管理模型（storm water management model，SWMM）所需的输入数据。用于不透水面识别的数据来源于地理空间数据云，数据类型为中等分辨率影像 Landsat ETM＋。由于应用广泛的归一化植被指数（normalized difference vegetation index，NDVI）是植被覆盖度的最佳指示因子，采用 ND-VI 对研究区的植被覆盖度进行遥感近似估算。植被覆盖度遥感估算结果如图 7.2（见文后彩插）所示，可以看出，大红门排水片区植被覆盖度整体较小，存在零散分布的绿地。

构建 SWMM 模型需要的资料包括研究区水文数据、下垫面数据、河道及管网资料等。水文数据包括降水数据和流量数据，其中降水数据来自大红门站、右安门站、石景山站降水量摘录表，流量数据来自大红门闸水文站和右安门分闸；下垫面数据采用美国航空航天局（NASA）的 ASTER GDEM 产品，该数据分辨率为 30m。

7.1.3 设计降水情景

本节采用《北京市水文手册》第一分册暴雨图集中的设计雨量公式，参照北京市平原区 24h 雨型分配表采用"长包短"的方法，计算不同重现期（1 年、5 年、10 年、20 年、50 年、100 年）的设计降水过程。设计降水过程为双峰雨型，如图 7.3 所示。

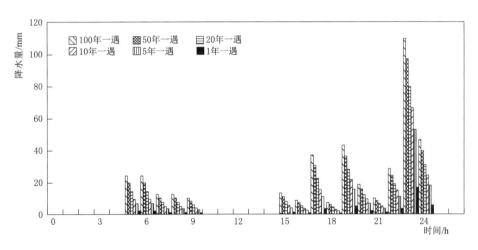

图 7.3　不同重现期 24h 设计降水过程

7.1.4 研究方法

本节选择 SWMM 模型进行降雨-径流模拟。发布于 2004 年的 SWMM 5 允许不渗透单元产生的径流汇入渗透单元这一流动路径作为一项输入参数（反之亦然），这是从 2001 年发布的 4.4 版之前的 SWMM 版本开始的概念和数学上的显著改变。其中，模型提供了三种子汇水区汇流演算方式，分别是 OUTLET、IMPERV 和 PERV 模式。其中 OUT-LET 模式是 SWMM 模型默认的汇流演算方式，该模式下透水面、不透水面产流均直接流入排水系统；IMPERV 模式下部分透水面上的产流会流经不透水面与其上产流共同流入排水系统，模拟水量结果与 OUTLET 大致相同；PERV 模式下部分不透水面上的产流会流经透水面积再下渗后与其上产流共同汇入排水系统，模型参数演算面积比（percent routed，PR）作为下垫面产流的内部演算选项，可有效表征该模式下的不透水面的有效性，其计算公式如下：

$$PR = (1 - EIA)/TIA \times 100\% \qquad (7.1)$$

式中：EIA（effective impervious area）为有效不透水面积，m^2；TIA（total impervious area）为总不透水面积，m^2。

目前，SWMM 模型中子汇水区汇流方式默认为 OUTLET 模式，也是我国该模型应用的主要模式。该模式下所有不透水区产流均直接进入排水系统流向出水口，总产流量计算停留在不透水和透水表面产流简单叠加的阶段。而高度城市化地区通常用地类型复杂，多种下垫面在空间上交错分布，汇流路径多样，例如孤立于草坪中的混凝土不透水面产流流经草坪时会发生再下渗，显著干扰了径流响应。因此本书将分别针对传统模式与考虑不透水面有效性的两种情景分别构建大红门排水片区的 SWMM 模型。

7.1.5 模型设置

SWMM 模型是由美国国家环境保护局开发的分布式水文水动力模型，根据各子排水区的产汇流特性分别模拟降雨径流过程，被广泛用于城市地区水量和水质的场次或长期降水事件模拟，其模拟的空间显式特征使人们能够建立高分辨率模型来表征复杂的地表径流路径，研究不透水面有效性对产汇流过程的影响。大红门排水片区为城市化特征明显的城市区域，区域产汇流规律较自然条件下发生重大改变，因此在利用 ArcGIS 对子排水区进行初步划分的基础上，根据遥感图像和已有的河道、管网及节点资料对研究区进行数字化。

由于高度城市化地区各土地利用类型呈小面积斑块状且分布复杂，基于现有的卫星影像和遥感技术，大面积解译成本较高，不透水面空间组合方式的识别仍需依靠目视判读。因此采用分析典型区的方法开展不透水面有效性问题的探究，结合遥感影像对 80 个子排水区分别进行了实地调研，针对每个子排水区的主导用地类型及汇水特点设置汇流属性。

结合《城市用地分类与规划建设用地标准》（GB 50137—2011）中的土地利用分类，以主要道路（三环、四环）为界线，将子排水区的汇流属性概化为三类：研究区西北部位于四环以外，从遥感影像上可判断该区域存在大面积透水的绿地及农田，同时有散落分布的居住用地、工业用地，经实地调研发现居民区多为新建高层小区，建筑密度相对较低，且由于水影响评价的推行，部分小区内布设了下凹式绿地、可渗透路面等低影响开发（low impact development，LID）措施，新兴工业园区注重绿化建设，大部分产流会流经透水区域，因此将该类子排水区演算面积比范围设为 70%～90%，典型区域为丰台区某新建小区，如图 7.4（a）所示（见文后彩插）；研究区中部位于三环、四环之间，城市化特征明显，区域内道路桥涵布设较为密集，道路多为不透水的沥青混凝土路面，桥涵包括莲玉桥、青塔桥、丰北桥、科丰桥等，其多为易涝的下穿式立交桥，另外，区域在发展过程中城市功能不断增强，城市基础设施、公共服务、生态环境的建设发展带来了用地类型的多样化，绿化草地在高校、公园、行政机关等地分布广泛，不透水面空间分布错综复杂，演算面积比设为 30%～50%，典型区域选取了某高校［图 7.4（b），见文后彩插］；研究区东北部位于三环以内，实地调研发现，区域城市化高度发达，建筑多为分布较密集的商业中心、高密度居住区，居住区多为楼层较低的老旧小区，且屋顶产流经雨水管直接汇入雨水井或排水管道，道路极易产流，未见 LID 等防止雨水外渗的措施，非有效不透水面积比例为 5%～15%，图 7.4（c）（见文后彩插）为某典型老旧小区的排水管道与道路的联通情况。子排水区汇流演算模式设置结果如图 7.4（见文后彩插）所示。

7.1.6 结果分析

1. 模型参数率定与验证

建模中将优先选择具有对应流量资料的暴雨、大雨作为降水输入。受降水、流量资料限制，研究选取了 20110814 号、20120721 号两场暴雨洪水进行参数率定，选取 20110623 号、20110726 号降水进行参数验证。参数率定方法为在参考相关文献及 SWMM 模型用户手册预设参数的基础上，采用基于遗传算法的程序进行自动率定。采用纳什效率系数 NSE、洪峰流量相对误差 RE_P 两个指标评定模型模拟精度。

由场次降水模拟效果对比（表 7.1）可以看出，传统模式下用于率定和验证的降水纳什效率系数均大于 0.55，洪峰流量误差均小于 5%，所建大红门排水片区的 SWMM 模型对四场降水均具有较好的模拟效果。而在考虑了不透水面有效性后，三场降水对应的模型纳什效率系数由 OUTLET 模式下的 0.807、0.949、0.899、0.551 提高至 0.916、0.964、0.987、0.651，分别提升了 13.5%、1.58%、9.79%、18.1%。考虑不透水面有效性后模拟结果对比如图 7.5 所示。考虑非有效不透水面模拟结果对比见表 7.2。

表 7.1 　　　　　　　　　　　　　场次降水模拟效果对比

类别	降水场次	NSE		RE_P/%	
		OUTLET 模式	PERV 模式	OUTLET 模式	PERV 模式
率定期	20110814	0.807	0.916	1	14
	20120721	0.949	0.964	2	1
验证期	20110623	0.899	0.987	1	5
	20110726	0.551	0.651	4	5

表 7.2 　　　　　　　　　　　　考虑非有效不透水面模拟结果对比

降水场次	模式	降水量/mm	总下渗量/mm	总径流深/mm	洪峰径流量/(m³/s)	径流系数
20110814	OUTLET	66.9	16.7	30.4	169.5	0.454
	PERV		23.6	23.4	140.2	0.350
20120721	OUTLET	197.4	49.3	128	502.2	0.649
	PERV		73.5	103.9	499.5	0.526
20110623	OUTLET	110.9	27.7	63.2	295.0	0.570
	PERV		47.1	43.8	284.8	0.395
20110726	OUTLET	66.8	15.6	34.6	240.0	0.518
	PERV		22.8	27.2	239.2	0.407

综合降水模拟结果对比图（图 7.5）可以发现，考虑非有效不透水面积后模型模拟精度整体上有了提高，由此可知，考虑子排水区的非有效不透水面积，分别设置每个子排水

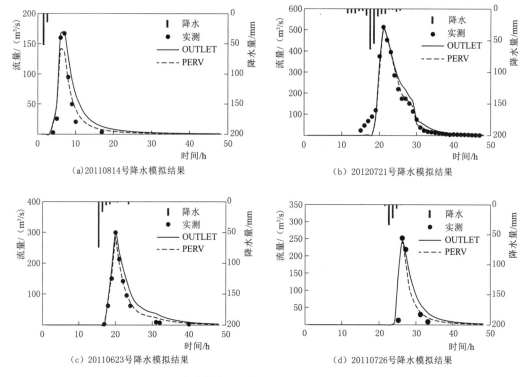

图 7.5 率定期与验证期洪水过程模拟结果对比图

区的汇流演算模式及演算面积比,可显著提高模型精度。另外,从图中可以看出,四场降水的洪峰流量过程线退水段拟合度较 OUTLET 模式有明显提高,分析原因为实际中位于南四环外的三个子排水区下垫面主要形式为可透水的绿地,在建模时直接将其不透水面积比例概化为 75%,导致模拟的退水段水量偏大。在考虑了非有效不透水面积后,大大减少了模型概化带来的这一误差。

2. 设计降水模拟

有效不透水面积比例受不透水面空间分布、降水强度及径流响应的影响,其准确量算是一个较为微观的问题,加之城市建筑形式多样化、排水条件复杂和数据不足等因素影响,因此有效不透水面积比例的准确量算在大范围内很难实现。本节通过情景设置的方法,分别设置了 OUTLET 模式和 PERV 模式下 25%、50%、75% 三种不同演算面积比,通过定量分析有效、非有效不透水面积比例对水文要素的影响程度,探究不同不透水面空间组合方式对城市下垫面产汇流过程的影响。运用 SWMM 模型计算四种情景在不同频率设计暴雨下大红门研究区出口断面的径流过程(图 7.6)及水文要素变化图(图 7.7)。

由图可见,随着非有效不透水面积比例增大,径流量及洪峰径流量等水文要素均呈现较明显的减小。其中,对于高频暴雨,如 5 年一遇的设计暴雨,随着研究区演算面积比的增大,研究区出水口洪水流量过程线削弱程度明显,当演算面积比达到最大即 75% 时,总径流深和洪峰流量削减率高达 65.8%;对于低频暴雨,如 100 年一遇的设计暴雨,当演算面积比达到 75% 时,洪峰流量削减率降至 21.8%,且相比于北京市设计暴雨双峰雨

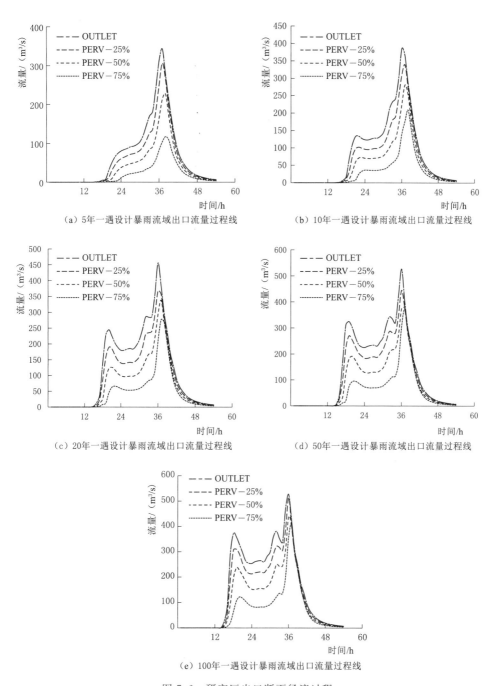

（a）5年一遇设计暴雨流域出口流量过程线

（b）10年一遇设计暴雨流域出口流量过程线

（c）20年一遇设计暴雨流域出口流量过程线

（d）50年一遇设计暴雨流域出口流量过程线

（e）100年一遇设计暴雨流域出口流量过程线

图7.6　研究区出口断面径流过程

型的第一雨峰，第二雨峰削减率减小，原因为透水面积对来自不透水面产流的滞留入渗作用有限，较高强度的暴雨情景使其无法有效增大入渗量，削峰效果不再显著。特别地，当演算面积比为25%时，随着设计暴雨重现期的增加，洪峰削减率呈现不规则变化，分析原因为非有效不透水面积相对较小时，受北京市设计暴雨双峰雨型的影响，不透水面有效

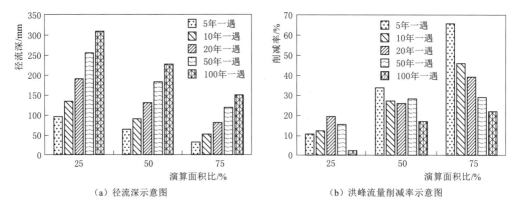

（a）径流深示意图　　　　　　　　　（b）洪峰流量削减率示意图

图 7.7　水文要素变化图

性的水文响应在洪峰流量这一水文要素上不显著。整体而言，非有效不透水面积增加可显著减小洪峰径流量、总径流深，且随着设计暴雨重现期的不断增加，非有效不透水面积增加对径流总量和洪峰流量的削减强度呈现逐渐减小的趋势。

7.1.7　结论

根据北京市大红门排水片区高度城市化的特点，构建了基于 SWMM 的城市雨洪模型，借助遥感影像及实地调研探究了不透水面空间分布及有效性对模型精度的影响问题，在此基础上分析了不透水面空间组合对设计暴雨产流的影响。研究的主要结论如下：

（1）考虑不透水面的空间分布能够显著提高模型精度。通过实地调研，结合遥感图像中各子排水区土地覆盖和不透水特征，在 SWMM 模型中为每个子汇水区单独设置汇流属性，对四场实测降水进行模拟，与传统 OUTLET 模式对比分析，考虑非有效不透水面积可增大下渗量，对流域出口流量过程线有削峰延时的作用，模型模拟精度分别提高了 13.5%、1.58%、9.79%、18.1%。

（2）将有效不透水面转化成非有效不透水面能够显著增加下渗量和减少地面径流。对不同重现期的设计降水在四种汇流情景下进行模拟发现，对于高频设计降水，不透水面空间组合方式对研究区地表径流模拟结果具有显著影响，洪峰流量削减率最高达 65.8%，而低频降水尽管降水历时短、强度大、降水量多，不透水面有效性的水文响应相对不明显，洪峰流量削减率也高达 15%。因此，在城市统筹规划与建设中，可通过透水面和不透水面的合理空间布局，优化径流汇流路径，最大限度地使透水面对不透水面进行阻隔，减小有效不透水面积占比，这对于降低城市洪涝灾害风险和促进雨水资源的利用将具有重要意义。

7.2　北京市暴雨洪涝模拟与分析
——以杨洼闸排水片区为例

7.2.1　研究区概况

通州区位于北京市东南部，西与朝阳区、大兴区接壤，北邻顺义区，东隔潮白河与河北省三河市、大厂回族自治县、香河县相连，南和天津市武清区、河北省廊坊市交界。杨洼闸排水片区位于北京市通州区两河片区，如图 7.8 所示，地理位置为北纬 39°44′~39°55′、东经 116°39′~116°55′。杨洼闸排水片区地势总趋势为西北高东南低，由西北向东南倾斜，地面坡度约为 2‰。区域内主干河道为北运河，河长约 37km，河道纵坡 0.15‰~0.25‰。北运河自北向南从城市副中心中部穿过，紧邻行政办公区南侧，承接中心城区 96%、通州境内 87% 流域范围的雨水排除任务，为城市副中心重要的防洪、排水兼景观河道。本次研究的杨洼闸排水片区主要为北运河上游北关闸、凉水河张家湾闸和北运河下游杨洼闸控制流域，流域面积为 186.33km²。研究区属温带大陆性季风气候，多年平均气温 11.3℃，多年平均年降水量 581.7mm（1956—2000 年数据统计），降水不仅年际变化大，年内变化也极不均匀，降水多集中在 6—9 月，汛期降水量约占全年的 84%。

2009 年年底北京市委明确提出"集中力量、聚焦通州，借助国际国内资源，尽快形成与首都发展相适应的现代化国际新城"，通州迎来了实现跨越式发展的难得历史机遇，通州作为城市副中心的思想也初步体现出来。《北京市国民经济和社会发展"十二五"规划纲要》中对通州新城的定位之一是"全面承接中心城功能疏解"。2015 年北京市规划委员会对外公布，正式确认设立通州为北京市行政副中心。

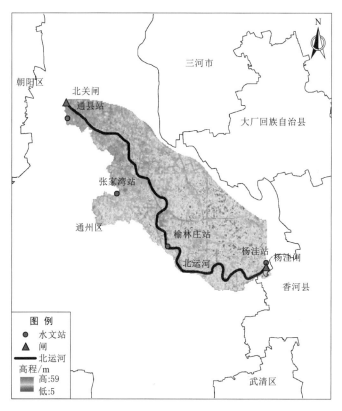

图 7.8　杨洼闸排水片区位置、DEM 及水文站点

7.2.2　数据与方法

反映不同城市化程度的城镇用地数据使用 Landsat OLI（operational land imager，OLI）和 Landsat TM（thematic mapper，TM）遥感影像数据，计算出 SAVI（soil adjusted vegetation index，SAVI）、MNDWI（modified normalized difference water index，MNDWI）和 NDBI（normalized difference built – up index，NDBI）三个主题指数，它们分别能较好地识别城市区域的植被、水体和建成区。Xu（2007）研究表明：使用三个主题指数作为波段组合形成一幅新的影像，能减少原始遥感影像图多波段之间的相关性及冗杂性，能较好地识别植被、水体和建成区三种地物，采用最大似然分类法提取城镇用地精度高达 90% 以上。

7.2.3 模型构建

模型构建必须较为客观地反映流域水文地质特性，如果构建的模型与流域实际差别过大甚至不符，则应对构建的模型进行调整和改进，而不仅仅是对参数进行优化。城市化程度的提高最直接的表现就是城市区域不透水面积增加，城市下垫面的这一变化将导致流域内产汇流路径改变。本节根据研究区两种不同城市化程度（2010 年和 2015 年），设置对应的不透水率，以此来研究不同城市化程度对城市区域产汇流的影响。由于时间间隔仅为 5 年且实际管网资料有限，故忽略天然河网和管网改造引起的河道和管道变化带来的影响。

1. 边界条件

由于北京市通州区两河建设区沟渠众多，水系条件复杂，因此选定一个严格意义上属于闭合流域的研究区较为困难，且受制于有限的实测水文气象数据资料，对选取合适的研究区带来了更大的困难。因此，在已有数据资料的前提下，选择北关闸、凉水河张家湾闸及杨洼闸三个闸所共同控制的流域作为研究区，基于 ArcGIS 提取出流域边界，并根据实际汇水情况对边界进行简单修正，在构建 SWMM 模型时，将北关闸和凉水河张家湾闸的入流条件加入，保证了水量平衡。

2. 子汇水区划分

SWMM 模型中子汇水区的地表径流和排水系统只能流向一个出口，各子汇水区的排水口可以流向排水系统的节点，也可以流向其他子汇水区的节点。子汇水区的划分越接近流域实际情况，模拟结果越接近真实值。然而实际研究过程中，往往难以获取详细的管道、河道数据和高精度地形数据，因此很难精准地划分子汇水区。研究表明：在利用 SWMM 进行城市洪水模拟时，应综合考虑模拟目标和资料的完备程度，构建与之相适应的模型。本次研究根据杨洼闸排水片区地形地貌等特征，利用卫星影像图及北京市城市规划研究院提供的通州区两河片区流域概况图对研究区进行数字化，基于 DEM 和下垫面一致性将杨洼闸排水片区概化为 49 个由河道和排水管网共同控制的子汇水区（图 7.9），研究区排水口位于杨洼闸水文站。

7.2.4 结果分析

1. 模型参数率定和验证

在构建城市雨洪模型过程中需要众多参数，有的参数可以通过实际测量获取，但有的参数因受到各种条件的限制，无法通过实际测量获取，因此在无法得到其准确值的情况下，通常依靠经验或者参数优化方法确定。由于本次研究实测数据有限，仅获得 20160720 号场次暴雨流量数据，对参数率定验证工作造成了极大的困难。因此本书在参考 SWMM 模型用户手册的基础上，根据 SWMM 模型在北京市典型城市化流域模拟应用

图 7.9　杨洼闸排水片区城市雨洪模型

的相关文献，初步确定本次研究的部分参数初始值（表 7.3），并以 20160720 号暴雨为基准进行验证，洪水过程线如图 7.10 所示，洪水模拟结果误差统计见表 7.4。

从图 7.10 和表 7.4 中可以看出，20160720 号场次暴雨洪水模拟结果较好，纳什效率系数为 0.67，洪峰流量相对误差为 18.8%，均符合《水文情报预报规范》（GB/T 22482—2008）要求，峰现时间提前 4h，主要因为研究区有来自通县闸和凉水河的入流，对峰现时间的模拟有一定影响，综上构建的模型在本研究区仍具有一定适用性。

表 7.3　　　　　　　　　　　　　SWMM 模型参数设置

参数名称	物理意义	设定的初始值
Zero - imperv	无注蓄不透水区占比/%	25
N - imperv	不透水区曼宁系数	0.001
N - perv	透水区曼宁系数	0.5
Dstore - imperv	不透水区注蓄深/mm	16
Dstore - perv	透水区注蓄深/mm	40
Maxrate	最大入渗率/（mm/h）	145.9
Minrate	最小入渗率/（mm/h）	8.7
Decay Constant	衰减系数/h^{-1}	9.2
Drying time	干燥时间/h	50.5
Roughness （River）	河道曼宁系数	0.01
Roughness （Conduit）	管道曼宁系数	0.02

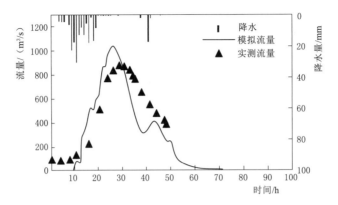

图 7.10 20160720 号暴雨模拟结果

表 7.4 模 拟 结 果 误 差 统 计

暴雨场次	NSE	RE_P	AET
20160720	0.67	18.8%	−4

2. 结果分析

以 2010 年和 2015 年两种不同城市化程度为背景，模型降水采用重现期分别为 1 年、5 年、20 年、50 年和 100 年的 24h 降雨，在不考虑张家湾站的凉水河入流洪水与北关闸入流洪水的情况下，计算本流域内两种不同城市化程度产汇流变化，见表 7.5 和图 7.11。

表 7.5 不同降水重现期下两种不同城市化程度产汇流变化

水文变量	1 年一遇		5 年一遇		20 年一遇		50 年一遇		100 年一遇	
	2010 年	2015 年	2010 年	2015 年	2010 年	2015 年	2010 年	2015 年	2010 年	2015 年
降水量/(mm/d)	47.7	47.7	150.4	150.4	260.3	260.3	335.9	335.9	395.0	395.0
径流系数	0.15	0.28	0.23	0.33	0.36	0.46	0.51	0.53	0.54	0.58
洪峰流量/(m³/s)	41.79	74.88	177.82	260.80	536.86	654.48	1029.07	1197.78	1222.38	1483.11
峰现时间/h	10	7	6	5	4	3	3	3	3	3

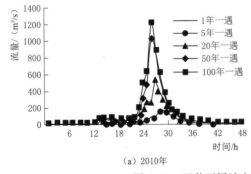

(a) 2010 年

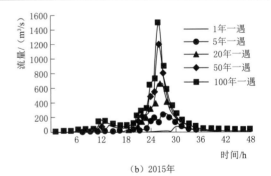

(b) 2015 年

图 7.11 两种不同城市化程度下设计洪水过程变化

从表 7.5 和图 7.11 可以看出，随着设计降水重现期的增加，两种城市化程度下径流系数均增加，且在 1 年一遇到 20 年一遇设计降水变化过程中，城市化程度较高的情况（2015 年）与城市化程度较低的情况（2010 年）径流系数差异明显，1 年一遇设计降水时 2010 年和 2015 年径流系数差值为 0.13,5 年一遇和 20 年一遇时径流系数差值为 0.1,但 50 年一遇和 100 年一遇两种设计降水条件下,2010 年和 2015 年径流系数较接近,表明当重现期继续增加,由城市化引起的不透水率改变对研究区径流系数的影响逐步减弱。洪峰流量表现出与径流系数相似的趋势,但与城市化程度始终表现出较强的正相关性,不同设计降水条件下城市化程度较高的情况(2015 年)其洪峰流量始终高于城市化程度较低的情况(2010 年)。峰现时间在常遇暴雨情况下十分敏感,1 年一遇设计降水时 2015 年峰现时间比 2010 年提前了 3h,随着设计降水重现期的增加,两种城市化程度峰现时间逐步接近,从 50 年一遇设计降水开始峰现时间不发生变化,原因是强降水条件下,流域内水流流速较快,减小了城市区域因汇流路径复杂导致汇流时间延长的影响。综上,本研究区在常遇暴雨条件下城市化的水文效应表现更明显。

7.2.5 结论

以北京市通州区两河片区杨洼闸排水片区为研究对象,采用 SWMM 模型分别对 2010 年、2015 年两种不同城市化程度情景进行模拟,并通过设置不同频率降水情景,定量分析不同城市化程度对流域产汇流的影响。主要结论如下:

(1)由于实测场次暴雨洪水资料有限,研究参考 SWMM 模型用户手册和 SWMM 模型在北京市典型城市化流域应用的文献参数取值,设定模型初始参数值,并用 20160720 号场次暴雨进行验证,纳什效率系数为 0.67,洪峰流量相对误差为 18.8%,峰现时间提前 4h,构建的 SWMM 模型具有一定适用性。

(2)随着设计降水重现期的增加,两种城市化程度下径流系数均增加,1 年一遇设计降水时 2010 年和 2015 年径流系数差值为 0.13,5 年一遇和 20 年一遇时径流系数差值为 0.1,50 年一遇和 100 年一遇设计降水条件下 2010 年和 2015 年径流系数较接近,表明当重现期继续增加时,由城市化引起的不透水率改变对杨洼闸排水区径流系数的影响逐步减弱。洪峰流量与城市化程度则始终表现出较强的正相关性。

(3)峰现时间在高频降水时十分敏感,1 年一遇设计降水时 2015 年峰现时间比 2010 年提前了 3h,随着设计降水重现期的增加,两种城市化程度峰现时间逐步接近,从 50 年一遇设计降水开始峰现时间不发生变化,主要是由于强降水条件下,流域内水流流速较快,减小了城市区域因汇流路径复杂导致汇流时间延长的影响。

7.3 济南市暴雨内涝模拟与分析

7.3.1 研究区概况及数据处理

研究对象为济南市黄台桥流域,位于济南市中西部,包含济南市中心城区、西北郊区和南部山区,地势由东南向西北逐渐平坦化,详细情况如图 7.12 所示。研究区边界以济南市水文局所提供的黄台桥边界为参考,并基于地形图及城区影像手动调整,总面积约 300 km²。研究所使用的管网资料、场次暴雨积水资料来源于济南市水文局与历史新闻报道;研究区数字高程模型(DEM)来源于 BIGMAP 地图下载器,分辨率为 5m,为了提高计算效率,将其重采样为 10m 分辨率。

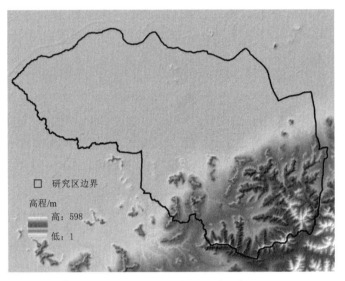

图 7.12　济南市黄台桥流域示意图

7.3.2　模型与方法

SWMM 模型经历了多次完善与升级后，最新版本为 SWMM 5.1，可以实现地表产汇流模拟、管网一维水动力模拟及水质模拟。其中，地表产流模块可选择三种方法（Horton、Green - Ampt、SCS 径流曲线）模拟下渗过程，地表汇流采用非线性水库法，管网一维水动力可选择运动波或动力波模拟。SWMM 模型在城市排水系统模拟中适用性良好，并且具有简便、易上手及开源的特点，在城市排水系统中得到了广泛应用。

LISFLOOD - FP 模型是由英国布里斯托大学开发的洪水淹没二维水动力模型，它以正方形栅格为计算单元，可以实现一维河道及二维洪泛区水动力模拟。在经过改进后，LISFLOOD - FP 模型可用于城市区域，其构建难度不大，计算效率较高，并且能够模拟积水过程。

LISFLOOD - FP 模型的一维河道求解器包括运动波求解器和扩散波求解器，其本质都是简化的一维圣维南方程组：

$$\frac{\partial A}{\partial t} + \frac{\partial Q}{\partial x} = q \tag{7.2}$$

$$S_0 - \frac{n^2 \chi^{\frac{4}{3}} Q^2}{A^{\frac{10}{3}}} - \left[\frac{\partial h}{\partial x}\right] = 0 \tag{7.3}$$

式中：Q 为河道流量，m^3/s；A 为河道过水断面面积，m^2；q 为侧向入流量，m^3/s；S_0 为河床坡度；n 为曼宁粗糙系数；χ 为湿周，m；h 为水深，m。

二维洪泛区求解器包括汇流求解器（Routing）、限流求解器（Flow - limited）、自适应求解器（Adaptive）、加速求解器（Acceleration）和 Roe 求解器。同样，将水流运动过程离散在正方形网格上，用连续性方程和动量方程描述，有

$$\frac{dh^{i,j}}{dt} = \frac{Q_x^{i-1,j} - Q_x^{i,j} + Q_y^{i,j-1} - Q_y^{i,j}}{\Delta x \Delta y} \tag{7.4}$$

$$Q_x^{i,j} = \frac{h_{\text{flow}}^{\frac{5}{3}}}{n}\left(\frac{h^{i-1,j}-h^{i,j}}{\Delta x}\right)^{\frac{1}{2}}\Delta y \tag{7.5}$$

式中：$h^{i,j}$ 为网格 i、j 交界处的自由水面高度，m；Δx、Δy 为网格尺寸，m；n 为曼宁粗糙系数；Q_x、Q_y 为描述网格间流量，m^3/s；h_{flow} 为水深，m，表示两个网格间水流深。

7.3.3 模型构建及耦合

SWMM 模型的构建可概括为以下步骤：①根据下垫面类型、街道及水系初步划分子汇水区；②对管网及检查井数据进行概化，本书对易涝积水点处的节点概化较少，以获取较真实的溢流过程；③对子汇水区进行调整，并对管网及节点数据进行拓扑检查；④计算模型可获取参数，如子汇水区坡度、不透水率等，生成 SWMM 模型的".inp"文件。如图 7.13 所示，本书基于 ArcGIS 软件完成以上工作，最终划分得到 477 个子汇水区，其中最大面积为 1109.1hm²，最小面积为 2.05hm²；并概化为 803 个节点和 802 条排水通道，其中包括 99 条河道与 703 根管道，研究区排水口为黄台桥水文站。

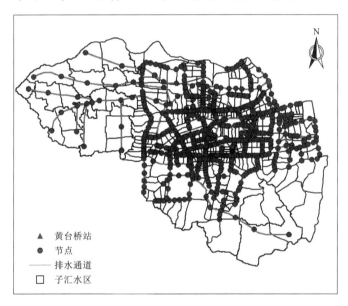

图 7.13 济南市黄台桥流域 SWMM 模型

由于 LISFLOOD-FP 模型不提供模型源代码，采用单向耦合方式将 SWMM 模型与 LISFLOOD-FP 模型进行耦合，以获取城市淹没过程。整体思路如下：首先，构建研究区 SWMM 模型，对于易涝积水点处的节点不做或少做概化处理；其次，基于 Pyswmm 库提取溢流节点的溢流过程；最后，将溢流节点的溢流过程作为点源边界条件驱动 LISFLOOD-FP 模型，模型求解获得淹没范围、淹没水深及过程，图 7.14 所示为耦合过程原理图。

LISFLOOD-FP 模型所需的主要输入文件有".asc"".par"".bci"".bdy"四类文件。".asc"文件为模型的地形文件，本书将 5m 分辨率 DEM 原始数据重采样为 10m，以提高计算效率。为了获得更好的模拟效果，将研究区边界外小部分的 DEM 也作为模型输入。“. par”文件是模型的参数文件，包含相关输入文件、模型运行控制参数、输出位置及名称等，其格式如图 7.15（a）所示。“. bci”与“. bdy”文件是模型耦合的关键，其中“. bci”文件指定边界条件及坐标信息，本书对溢流节点采用点源边界标识符（P），其格式如图 7.15（b）所示。而“. bdy”文件指定并链接“. bci”文件中的时变边界，即各节点溢流流量过程，其格式如图 7.15（c）所示。

SWMM模型构建
LISFLOOD-FP建模
参数率定与验证
“• bdy”文件
“• bci”文件
“• par”文件
“• asc”文件
Pyswmm
提取节点溢流过程
运行模型
数据转换处理
淹没分析

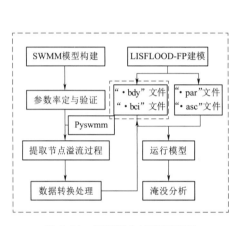

图 7.14 模型耦合过程原理图

注释行
DEMfile dem.asc
resroot rst
dirrrot result
bcifile test.bci
bdyfile test.bdy
sim_time 3600
mas sint 360
saveint 100
fpfric 曼宁n值
initial_tstep 初始步长
acceleration 采用求解器
(a) “.par”文件格式
注释行
J100
4 seconds
0.20 0
0.50 1800
0.90 3600
0.50 5400
J101
4 seconds
0.40 0
0.60 1800
1.10 3600
0.70 5400
……
(c) “.bdy”文件格式
标识符号 X坐标 Y坐标 边界条件类型 节点号
P 498971.67 4062063.71 QVAR J100
P 498976.53 4062379.02 QVAR J101
……
(b) “.bci”文件格式

图 7.15 LISFLOOD－FP 模型文件格式

在完成模型耦合前，需先对 SWMM 模型参数进行率定，见 7.3.4 节内容。本书采用加速求解器（Acceleration）进行二维水动力模拟，将模型所需的文件及参数写入“. par”文件中，提取 20130723 号场次降水的 SWMM 模型的溢流节点编号及流量过程，分别写入“. bci”和“. bdy”文件中，完成 LISFLOOD－FP 建模及耦合工作。

7.3.4 结果分析

本书采用 20050630 号、20060731 号和 20130723 号三场降水事件驱动模型，利用黄台桥水文站的流量摘录数据对模型参数进行率定和验证，其中，20050630 号场次降水与 20060731 号场次降水用于参数率定，20130723 号场次降水用于验证。参数率定结果见表 7.6。

表 7.6　参数率定结果

参数	含义	取值范围	率定结果
Roughness－R	河道糙率	0.010～0.14	0.04
Roughness－P	管网糙率	0.010～0.14	0.011
N－Imperv	不透水区曼宁系数	0.005～0.05	0.005
N－Perv	透水区曼宁系数	0.05～0.5	0.33
S－Imperv	不透水区洼蓄量/mm	1～20	2.54
S－Perv	透水区洼蓄量/mm	1～50	7.6

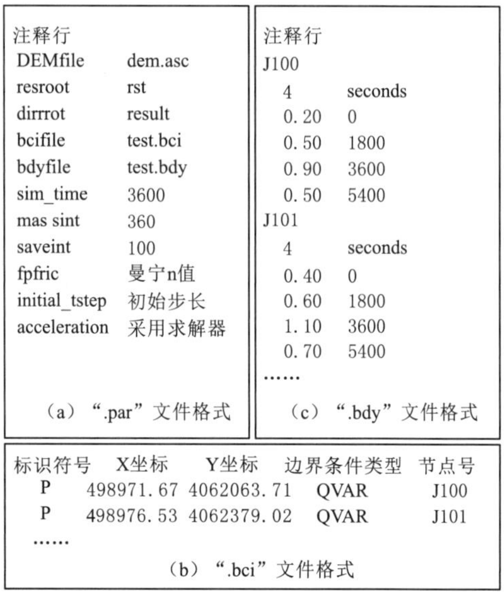

参　数	含　义	取值范围	率定结果
MaxRate	最大入渗率/（mm/h）	80~150	96.5
MinRate	最小入渗率/（mm/h）	1~50	9.3
Decay	衰减系数	1~10	5.44
DryTime	干燥时间/d	3~10	7.85
Kwidth	特征宽度系数	0.2~5	4.8

经过参数率定后，模拟得到的研究区出口洪水流量过程线如图 7.16 所示。由图可知，模拟的洪水流量过程与实测的洪水流量过程分布特征较为一致，基本可以捕捉到洪水开始与消退过程。通过计算误差评估指标值（表 7.7），率定期与验证期的纳什效率系数 NSE 均在 0.7 以上，洪峰流量相对误差 RE_P 在 20% 以内，满足《水文情报预报规范》（GB/T 22482—2008）的精度要求。

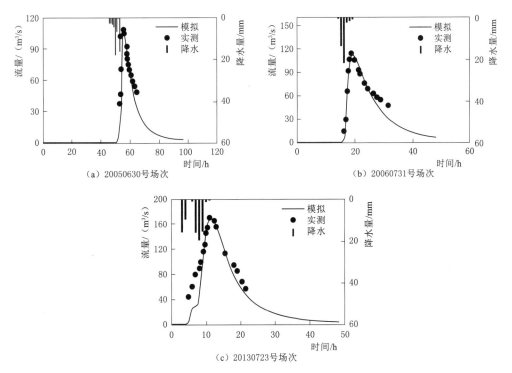

图 7.16　率定期和验证期洪水过程模拟结果

表 7.7　　　　　　　　　　　　率定期和验证期洪水过程模拟结果

类别	场次	降水量/mm	NSE	RE_P/%
率定期	20050630	53.4	0.779	0.55
	20060731	40.6	0.857	1.76
验证期	20130723	78.9	0.706	1.41

根据 LISFLOOD-FP 模型输出的 ".max" 文件（最大积水深度），绘制模拟淹没效果图，如图 7.17（见文后彩插）所示。经统计计算，总淹没面积为 6.71 km^2。同时，从图中可以看出，二环西路与张庄路交叉口、二环西路与经十路交叉口、纬十二路与经十路交叉口附近、玉函路与经十路交叉口、舜耕路与经十路交叉口附近、历山路与北园大街交叉口、经十路与舜耕路交叉口等易涝积水点都出现了不同程度的内涝情况。同时，模拟结果显示，二环西路与张庄路交叉口附近的淹没水深大部分在 0.1～1m，实测最大水深 0.34m 在该范围内。因此，可以认为 LISFLOOD-FP 模型的二维模拟结果能够反映实际易涝点情况，具有较好的模拟精度。

图 7.17（a）（见文后彩插）为 20130723 号实测降水模拟结果。经过统计，发生溢流的节点有 147 个，占总节点数的 18.3%，溢流节点主要分布在二环西路、纬十二路、经十路、泺源大街、北园大街和济泺路，其他路段的溢流节点较少。根据实际调研的易涝积水点位置可知，以上这些路段易涝点分布较多，可再次证明 SWMM 模型的模拟结果具有较好的精度。

由图 7.17（b）（见文后彩插）可以看出，淹没范围与实际易涝积水点位置较为相符，证明构建的 LISFLOOD-FP 模型在研究区适用性较好。经统计，各水深范围的淹没面积分别为 2.23km²、3.48km²、0.53km²、0.25km² 和 0.22km²。然而，模拟结果还存在一些相对不合理的地方，如有些积水位置为地势低洼的河道，城市区域中河道一般会设置河堤来预防洪水漫堤情况的发生，因此较难出现地表水流涌入河道的情况。这主要跟模型采用的 DEM 数据有关，如果能将 DEM 数据进行进一步加工处理，模拟结果将更能贴近实际地表淹没过程。

基于不同重现期设计降水模拟结果，统计分析设计降水条件下节点溢流及地表淹没情况，结合图 7.18（见文后彩插）和表 7.8，在溢流节点数目方面，随着降水重现期的增加，溢流节点的数目呈现明显的上升趋势，当重现期从 1 年上升到 20 年时，溢流节点个数从 148 个增加到 414 个，增加了近 1.8 倍。值得注意的是，重现期从 1 年到 5 年的溢流节点增加比例最高，溢流节点占比从 18.4% 增加到 46.2%，增加了 27.8 个百分点，而从 5 年到 10 年和从 10 年到 20 年，溢流节点占比仅分别增加了 4.1 个百分点和 1.3 个百分点，这可能跟节点的概化结果有一定关系。同时，从溢流节点占比可以推断，济南市排水能力存在一定的滞后现象。在溢流节点分布方面，二环西路、北园大街、经十路、纬十二路和济泺路在重现期为 1 年时溢流节点较多，随着重现期的增加，北园大街、张庄路、花园路、泺源大街和英雄山路的溢流节点数目明显增加。

结合图 7.19 和表 7.8，随着降水重现期的增加，降水量由 52.88mm 增加到 104.98mm，各个淹没水深范围的面积均有所增加，总淹没面积从 8.18km² 增加到 21.92km²，增幅近 1.7 倍。不同重现期降水下，淹没水深范围在 0.1～1m 的面积占比最大，其次是小于 0.1m 的水深范围，而水深超过 1m 的淹没面积相对较小。水深范围在 1.5～2m 的淹没面积从 0.33km² 增加到 0.92km²，超过 2m 水深的淹没范围从 0.34km² 增加到 1.01km²，相关决策者应加强对该范围内暴雨内涝的预警工作。

当重现期达到 5 年一遇时，研究区大部分街道都存在不同程度的淹没情况，说明研究区排水能力不足，对于 5 年一遇的降水已不堪重负。另外，二维模拟结果显示，一些地势

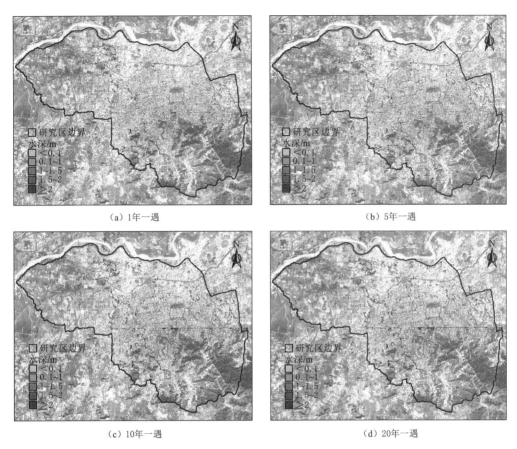

(a) 1年一遇   (b) 5年一遇

(c) 10年一遇   (d) 20年一遇

图 7.19   不同重现期设计降水地表淹没范围

表 7.8   不同重现期设计降水节点溢流及地表淹没情况

重现期/年	降水量/mm	最大降水强度/(mm/h)	溢流节点个数（占比）	不同水深淹没面积/km²					总淹没面积/km²
				<0.1m	0.1~1m	1~1.5m	1.5~2m	>2m	
1	52.88	135.79	148 (18.4%)	2.53	4.27	0.71	0.33	0.34	8.18
5	80.87	207.67	371 (46.2%)	4.52	7.26	1.07	0.45	0.37	13.67
10	92.93	238.62	404 (50.3%)	5.91	10.51	1.59	0.74	0.74	19.49
20	104.98	269.58	414 (51.6%)	6.09	11.97	1.93	0.92	1.01	21.92

低洼的河道和城区湖泊存在积水现象，这可能与输入的 DEM 数据有关，这些地方的 DEM 较低，在二维模拟计算时，雨水从高地漫流到这些地势低洼的地方。而实际上，城市规划建设中会对河道和湖泊等地方进行加堤处理，很少存在地表水流涌入河道和湖泊的情况，因此，进一步精细化处理 DEM 数据可更好地反映实际地表淹没过程。

7.3.5 结论

以济南市黄台桥排水片区为例，构建了 SWMM 一维管网模型与 LISFLOOD - FP 二维地表淹没模型，并实现了两个模型间的单向耦合。使用实测降水径流及淹没情况对模型进行率定与验证，并利用 1 年、5 年、10 年和 20 年重现期的设计降水模拟分析研究区节点溢流及地表淹没情况，主要结论如下：

（1）实现了 SWMM 模型与 LISFLOOD - FP 模型的单向耦合，使用 20050630 号和 20060731 号两场暴雨资料对 SWMM 模型进行参数率定，并利用 20130723 号场次暴雨资料对 SWMM 模型及耦合模型进行验证。结果显示，耦合模型结果可以较好地反映易涝积水点的位置，模拟结果表明，二环西路与张庄路交叉口处大部分网格的淹没水深在 0.1～1m，实际的最大水深 0.34m 在该范围内，表明耦合模型在研究区的适用性较好。

（2）随着设计降水重现期的增加，研究区的溢流节点及淹没范围呈现明显增加趋势。当设计降水重现期从 1 年增加到 5 年时，研究区的溢流节点增加最多，同时主要街道均出现不同程度的淹没情况，5 年一遇设计降水已使得研究区存在较为严重的内涝状况，表明研究区排水能力存在一定滞后现象。

（3）LISFLOOD - FP 二维模拟结果显示，研究区中一些河道和湖泊等地势低洼地区存在积水情况，与实际情况存在一定差异，原因可能与输入的 DEM 数据精度有一定关系，对于这种情况，进一步精细化处理研究区 DEM 数据可以更好地刻画实际地表淹没过程。

7.4　深圳河流域洪涝灾害模拟与分析

7.4.1　城市洪涝成因分析

深圳河流域是粤港澳大湾区的重要组成部分，也是我国经济最繁荣的地区之一。改革开放以来，随着城市化的快速发展和气候变化，深圳河流域城市洪涝灾害频发，严重阻碍经济社会的可持续发展。以深圳"4·11"降水事件为例，短时极端强降水导致深圳河流域多个区域突发洪水，11 人死亡。因此，迫切需要深入研究深圳河流域城市洪涝灾害成因，为完善城市防洪除涝减灾体系、提升城市防洪除涝能力、减轻城市洪涝灾害损失提供科技支撑。

近十几年来，深圳河流域水库、泵站、管网、闸坝等城市防洪（潮）排涝工程不断修建，城市防洪（潮）排涝应急管理措施逐步完善，但是城市洪（潮）涝灾害仍然在不断加剧。造成洪（潮）涝灾害的根本原因可以分为以下几个方面：深圳河流域城市化的快速发展，导致不透水面积迅速增加，河、湖、库、洼等蓄、滞水区域减少，使得该区域产流时间加快、产流量增大，汇流时间缩短；年降水总量虽然变化不大，但受气候变化影响，极端降水强度和频次增大；海平面上升，使得深圳湾潮位抬高，深圳河泄洪不畅，进而加剧城市内涝。因此，本节主要通过对下垫面、降水和潮位三个典型致灾因子演变规律的分析，探讨深圳河流域城市洪涝灾害成因。

7.4.1.1　数据来源

深圳河流域下垫面演变规律通过解译 1987 年、1995 年、1999 年、2007 年、2014 年和 2017 年 6 期遥感影像进行分析，其中 1987 年、1995 年、1999 年、2007 年遥感影像为 Landsat 4 - 5TM 卫星数字产品，2014 年和 2017 年遥感影像为 Landsat 8OLI _ TIRS 卫星数字产品，轨道编号为 122/44，分辨率为 30m。降水演变规律基于流域内 4 个站点及流域周边 8 个站点的实测日降水数据进行分析，如图 7.20（见文后彩插）所示，其中深圳侧站点降水数据源于深圳市水文资料年鉴，香港侧站点降水数据来自香港天文台，时间序列为 1986—2017 年。基于赤湾潮位站 1965—2018 年实测潮位数据分析深圳河流域潮位演变规律，数据源于深圳市水文资料年鉴，由于年鉴制作过程中对于潮位数据选择的基准面不同，本节选取珠江基面以下 2.463m 作为统一基准面进行处理。

7.4.1.2 洪涝成因分析

1. 下垫面分析

由图 7.21（见文后彩插）和表 7.9 可以看出：40 多年来，深圳河流域城镇用地占比不断增加，先向西扩张，再向北发展，平均每 10 年增加 9%；林地/草地和水体占比不断减小，大部分河道、鱼塘和湖泊等被填埋。城镇用地占比的增加使得流域内不透水面积增大，流域产流量增加，汇流速度加快；林地/草地和水体占比的降低，使得流域内的洪水失去了"容身之所"，从而加剧了洪涝灾害的严重程度。

表 7.9　　　　　　　　　　1987—2017 年深圳河流域土地利用类型变化

年　份	土地利用类型占比/%				
	城镇	林地/草地	水体	湿地	裸地
1987	13.9	64.2	5.3	1.6	15.1
1995	26.9	57.3	4.1	0.4	11.4
1999	35.9	52.3	3.9	1.6	6.2
2007	37.7	54.4	4.0	0.2	3.8
2014	41.7	53.7	3.6	0.2	0.6
2017	42.2	53.7	3.5	0.2	0.5

2. 降水分析

对深圳河流域 12 个降水量站的 90%、95% 和 99% 阈值降水量和降水频数进行统计分析，如图 7.22 所示。从图中可以看出：90% 阈值下年均极端降水量为 258.2～1805.5mm，极端降水频数为 4.1～18.0 次；95% 阈值下年均极端降水量为 97.6～1485.7mm，极端降水频数为 1.0～11.7 次；99% 阈值下年均极端降水量为 12.3～808.7mm，极端降水频数为 0.1～4.2 次。不同阈值的降水量和降水频数均呈增大趋势。随着阈值的增大，降水量和降水频数增大趋势变缓。

3. 潮位分析

赤湾潮位站 1965—2018 年年平均高潮潮位和年平均低潮潮位如图 7.23 所示。从图中可以看出：赤湾潮位站年平均高潮潮位与低潮潮位呈增大趋势，年平均高潮潮位每年增加3.2cm，年平均低潮潮位每年增加 3.7cm。

综上所述，深圳河流域下垫面不透水面积增大，林地/草地和水体面积减小；不同阈值极端降水量和降水频次增大；年平均高潮潮位和年平均低潮潮位增大，进而使得深圳河流域城市洪涝不断加剧。

7.4.2 暴雨与潮位组合分析

基于二维 Archimedean Copula 函数，利用深圳站和赤湾潮位站实测降水和潮位资料，通过边缘函数优选和 Copula 函数拟合优度检验，构建深圳河流域年最大日降水量与相应最大潮位组合风险分析模型，定量评估不同重现期雨潮组合风险概率，以期为深圳河流域

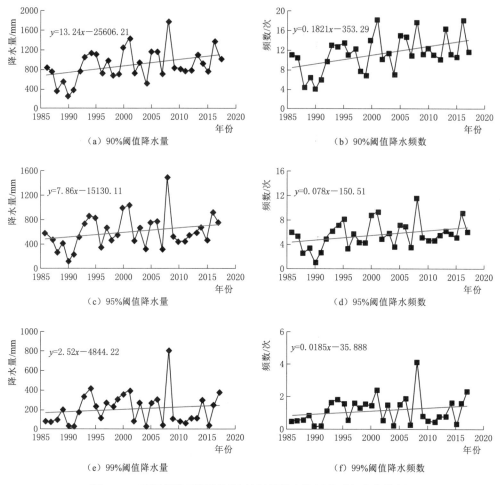

图 7.22 不同阈值下深圳河流域极端降水指标的时间变化特征

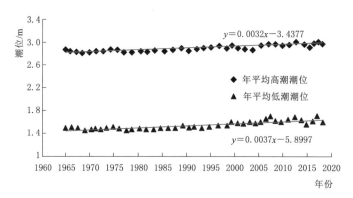

图 7.23 赤湾站多年平均高潮潮位与低潮潮位变化趋势

城市防洪除涝规划、设计提供技术支撑。

7.4.2.1 Copula 函数

Copula 函数是定义域为 [0，1] 均匀分布的多维联合分布函数。根据斯克拉（Sklar）

定理，令 F 为单变量边缘分布函数 F_1，$\cdots$，F_n 的 n 维分布函数，若边缘分布函数 F_1，$\cdots$，F_n 连续，则存在一个唯一满足 $F(x_1,\cdots,x_n)=C(F_1(x_1),\cdots,F_n(x_n))$ 关系的连接函数 C。相反，如果 C 是一个 n 维 Copula 函数，则 $F(x_1,\cdots,x_n)$ 为 n 维分布函数。

水文多变量分析计算中常采用 Archimedean Copula 函数，常用的二维 Archimedean Copula 函数有 Gumbel Copula、Clayton Copula 和 Frank Copula 函数（Gyasi-Agyei，2012；Gao et al.，2018），其表达形式见表 7.10。

表 7.10 常用二维 Archimedean Copula 函数表达形式

Archimedean Copula 函数	生成算子 ϕ	$C(\mu,\nu)$	θ
Gumbel	$\phi_\theta(t)=(-\ln t)^\theta$	$\exp\{-[(-\ln\mu)^\theta+(-\ln\nu)^\theta]^{1/\theta}\}$	$\theta\in[1,\infty)$
Clayton	$\phi_\theta(t)=t^{-\theta}-1$	$(\mu^{-\theta}+\nu^{-\theta}-1)^{-1/\theta}$	$\theta\in(0,\infty)$
Frank	$\phi_\theta(t)=-\ln\left(\dfrac{e^{-\theta t}-1}{e^{-\theta}-1}\right)$	$-\dfrac{1}{\theta}\ln\left[1+\dfrac{(e^{-\theta\mu}-1)(e^{-\theta\nu}-1)}{e^{-\theta}-1}\right]$	$\theta\in R\backslash\{0\}$

边缘分布函数采用 5 种水文领域较为常用的分布函数，即布尔分布（Burr）、伽玛分布（Gamma）、广义极值分布（GEV）、韦伯分布（Weibull）、对数正态分布（Lognormal）（宋晓猛等，2018；宋松柏等，2018；陆桂华等，2010）。

7.4.2.2 拟合优度检验

为了检验不同边缘分布函数和联合分布 Copula 函数在雨潮组合风险分析中的拟合精度，采用 Kolmogorov-Smirnov（KS）检验和 Cramer-von Mises（CvM）检验进行距离检验，以避免经验分布函数和理论分布函数偏差过大；采用赤池信息准则（Akaike information criteria，AIC）和贝叶斯信息准则（Bayesian information criteria，BIC）进行过拟合检验，避免理论分布函数出现过度拟合的假象（Dobric et al.，2007；Genest et al.，2009；Tu et al.，2016）。

KS 检验显示了理论分布与经验分布之间的偏差，检验统计量定义为

$$D=\max\{|\dot{F}(x)-F(x)|\} \tag{7.6}$$

CvM 检验是检验理论分布函数与经验分布函数之间的离差平方和，形式如下：

$$\omega^2=n\int_{-\infty}^{\infty}[\dot{F}(x)-F(x)]^2\mathrm{d}x \tag{7.7}$$

式中：$\dot{F}(x)$ 为经验分布函数；$F(x)$ 为理论分布函数。

AIC 准则和 BIC 准则分别由赤池弘次和 Schwarz 于 1974 年和 1978 年提出，主要针对过拟合问题，引入了与模型参数个数相关的惩罚项，可以有效避免因精度过高引起的过拟合问题。

AIC 准则定义为

$$\mathrm{AIC}=2k-2\ln L \tag{7.8}$$

BIC 准则定义为

$$\mathrm{BIC}=k\ln n-2\ln L \tag{7.9}$$

式中：k 为模型参数个数；n 为样本数量；L 为似然函数。

根据深圳站年最大日降水量与赤湾站相应最高潮位的最优边缘分布函数 $F(x)$，降水

和潮位重现期为

$$T = \frac{1}{1 - F(x)} \tag{7.10}$$

7.4.2.3 雨潮组合风险概率模型

在滨海城市洪涝灾害研究中，主要关注降水和潮位两大水文要素同时大于特定阈值的分布概率或者单一要素大于特定阈值的分布概率。基于深圳站年最大日降水量与赤湾站相应最高潮位，构建了双阈值和单阈值风险率模型，用于定量评估深圳河流域雨潮遭遇风险。如果降水序列 R 和对于潮位序列 T 的边缘分布函数分别为 $F_r(r)$ 和 $F_t(t)$，联合分布 Copula 函数为 $F_c(r,t)$，则有

双阈值风险率模型：

$$P((R>r)\bigcap(T>t)) = 1 - F_r(r) - F_t(t) + F_c(r,t) \tag{7.11}$$

单阈值风险率模型：

$$P((R>r)\bigcup(T>t)) = 1 - F_c(r,t) \tag{7.12}$$

7.4.2.4 雨潮组合风险分析

Copula 函数具有不受边缘分布函数限制的优点，因此选取 Burr、Gamma、GEV、Weibull 和 Lognormal 分布分别对深圳站 53 年最大日降水量与赤湾站相应最高潮位的边缘分布进行估计，其累积分布函数（cumulative distribution function，CDF）对比如图 7.24 所示。

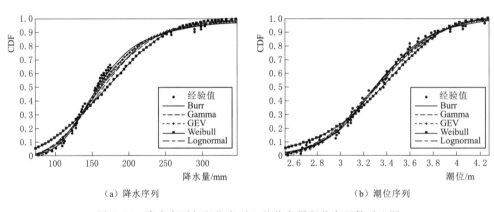

(a) 降水序列   (b) 潮位序列

图 7.24 降水序列与潮位序列 5 种分布累积分布函数对比图

从图 7.24 可以看出，Burr、GEV 和 Lognormal 分布对于降水序列具有较好的拟合结果；Burr、Gamma、GEV 和 Lognormal 分布对于潮位序列拟合结果良好，且偏差较小。为了选取降水序列和潮位序列的最优边缘分布，采用 KS 检验、CvM 检验、AIC 准则和 BIC 准则分别对其进行拟合优度统计，统计结果见表 7.11。从表 7.11 可以看出，对于降水序列，GEV 分布的 4 种检验统计量均为 5 种分布函数检验统计量的最小值，分别为 0.0480、0.0494、579.4540 和 587.2695；对于潮位序列，Lognormal 分布的 4 种检验统计量均为 5 种分布函数检验统计量的最小值，分别为 0.0531、0.0430、56.1490 和 61.3593。说明 GEV 分布和 Lognormal 分布对于降水序列和潮位序列的拟合度最优。因此，选取 GEV 分布和 Lognormal 分布作为降水序列和潮位序列的边缘分布函数。

根据深圳站 53 年最大日降水量序列与赤湾站相应最高潮位序列的最优边缘分布函数，对深圳站和赤湾站不同重现期下的降水量和潮位进行估算。图 7.25 给出了基于 GEV 分布计算的降水重现期与经验重现期的对比和基于 Lognormal 分布计算的潮位重现期与经验重现期的对比。从图 7.25 中可以看出，降水量和潮位序列的计算重现期与经验重现期均有较好的拟合结果。

表 7.11   降水序列和潮位序列拟合优度统计量

边缘分布函数	KS		CvM		AIC		BIC	
	降水序列	潮位序列	降水序列	潮位序列	降水序列	潮位序列	降水序列	潮位序列
Burr	0.0513	0.0537	0.0548	0.0453	580.7420	59.4666	588.5575	67.2821
Gamma	0.1125	0.0541	0.1449	0.0456	582.2280	56.1740	590.0435	61.3843
GEV	0.0480	0.0562	0.0494	0.0459	579.4540	57.8192	587.2695	65.6347
Weibull	0.1379	0.1001	0.3099	0.1782	590.2120	62.6352	598.0275	67.8455
Lognormal	0.0900	0.0531	0.0831	0.0430	580.0520	56.1490	587.8675	61.3593

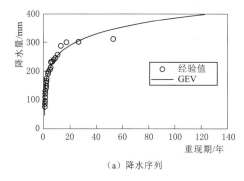

（a）降水序列

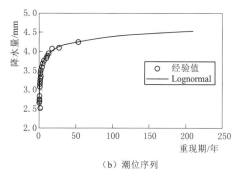

（b）潮位序列

图 7.25　降水序列与潮位序列计算重现期与经验重现期对比

根据降水序列和潮位序列最优边缘分布函数推算深圳河流域重现期为 5 年、10 年、20 年、50 年和 100 年的日降水量及相应最大潮位，见表 7.12。

表 7.12   深圳河流域不同重现期降水量及相应潮位

重现期/年	降水量/mm	相应潮位/m	重现期/年	降水量/mm	相应潮位/m
5	209.07	3.71	50	341.71	4.10
10	249.11	3.86	100	382.44	4.18
20	288.95	3.98			

采用水文中应用较多的 Gumbel Copula、Clayton Copula 和 Frank Copula 函数作为优选 Copula 函数。基于深圳站 53 年最大日降水量与赤湾站相应最高潮位，对 3 组 Copula 函数参数（θ）、Kendall 秩相关系数（τ）及 KS 检验、CvM 检验、AIC 准则和 BIC 准则检验统计量进行计算，见表 7.13。3 组 Copula 函数的 Kendall 秩相关系数 τ 均很小，说明降水序列和潮位序列之间呈现较弱的正相关性。对比 3 组 Copula 函数的 4 项检验统计量，Clayton Copula 函数的检验统计值均小于其他 2 组 Copula 函数，分别为 0.0683、0.1224、0.9744 和 3.5795，说明 Clayton Copula 函数能够较好地模拟深圳河流域雨潮遭

遇联合分布特征。

表 7.13   **Copula 函数统计参数及检验统计量**

Copula 函数	θ	τ	KS	CvM	AIC	BIC
Gumbel	2.2260	0.5508	0.1165	0.4570	0.9978	3.6030
Clayton	0.7505	0.2729	0.0683	0.1224	0.9744	3.5795
Frank	12.6677	0.7252	0.1548	0.8399	0.9789	3.5840

根据深圳站 53 年最大日降水量与赤湾站相应最高潮位的最优边缘分布函数，深圳河流域雨潮遭遇联合分布 Clayton Copula 函数可以写为

$$F_c(r,t) = (F_r^{-0.7505} + F_t^{-0.7505} - 1)^{-1/0.7505} \qquad (7.13)$$

式中：F_r 为深圳站 53 年最大日降水量的 GEV 分布函数；F_t 为赤湾站相应最高潮位的 Lognormal 分布函数。

基于 Clayton Copula 函数，深圳河流域不同重现期下降水和潮位联合分布函数值见表 7.14。深圳河流域 5 年一遇降水和潮位的联合分布函数值为 0.660854；20 年一遇降水和潮位的联合分布函数值为 0.904218；100 年一遇降水和潮位的联合分布函数值为 0.980174。

表 7.14   **不同重现期下降水和潮位的 Clayton Copula 联合分布**

联合分布函数值		潮 位				
		5 年一遇	10 年一遇	20 年一遇	50 年一遇	100 年一遇
降水	5 年一遇	0.660854	0.731403	0.765937	0.78643	0.793224
	10 年一遇	0.731403	0.816281	0.858282	0.883346	0.891679
	20 年一遇	0.765937	0.858282	0.904218	0.931705	0.940856
	50 年一遇	0.78643	0.883346	0.931705	0.96069	0.970346
	100 年一遇	0.793224	0.891679	0.940856	0.970346	0.980174

基于深圳站 53 年最大日降水量与赤湾站相应最高潮位的最优边缘分布函数和联合分布函数，计算深圳河流域不同重现期下降水和潮位双阈值风险率，即深圳河流域降水和潮位同时大于特定阈值的遭遇风险率，见表 7.15。深圳河流域 5 年一遇降水与 5 年一遇潮位遭遇的概率为 0.060854；5 年一遇降水与 100 年一遇潮位遭遇的概率为 0.003224；20 年一遇降水与 20 年一遇潮位遭遇的概率为 0.004218；20 年一遇降水与 100 年一遇潮位遭遇的概率为 0.000856；100 年一遇降水与 100 年一遇潮位遭遇的概率为 0.000174。

计算深圳河流域不同重现期下降水和潮位单阈值风险率，即深圳河流域降水和潮位其中一个大于特定阈值的遭遇风险率，见表 7.16。深圳河流域发生 5 年一遇降水或 5 年一遇潮位的概率为 0.339146；发生 5 年一遇降水或 100 年一遇潮位的概率为 0.206776；发生 20 年一遇降水或 20 年一遇潮位的概率为 0.095782；发生 20 年一遇降水或 100 年一遇潮位的概率为 0.059144；发生 100 年一遇降水或 100 年一遇潮位的概率为 0.019826。

从表 7.15 和表 7.16 可以看出，降水和潮位双阈值组合风险率远小于单阈值组合风险率。5 年一遇降水与 5 年一遇潮位、10 年一遇降水与 10 年一遇潮位、20 年一遇降水与 20

年一遇潮位、50 年一遇降水与 50 年一遇潮位、100 年一遇降水与 100 年一遇潮位遭遇的单阈值风险率分别是双阈值风险率的 5.57 倍、11.28 倍、22.71 倍、56.97 倍、113.94 倍。随着重现期的增加，降水和潮位的双阈值组合风险率和单阈值组合风险率虽然都在减小，但两者之间的差距在不断增大。对于降水和潮位重现期不同时的特定组合风险率，若降水重现期较大，则潮位重现期较小；若潮位重现期较大，则降水重现期较小。

表 7.15 不同重现期下降水和潮位遭遇双阈值风险率

$P((R>r)\cap(T>t))$		潮 位				
		5 年一遇	10 年一遇	20 年一遇	50 年一遇	100 年一遇
降水	5 年一遇	0.060854	0.031403	0.015937	0.006430	0.003224
	10 年一遇	0.031403	0.016281	0.008282	0.003346	0.001679
	20 年一遇	0.015937	0.008282	0.004218	0.001705	0.000856
	50 年一遇	0.006430	0.003346	0.001705	0.000690	0.000346
	100 年一遇	0.003224	0.001679	0.000856	0.000346	0.000174

表 7.16 不同重现期下降水和潮位遭遇单阈值风险率

$P((R>r)\cup(T>t))$		潮 位				
		5 年一遇	10 年一遇	20 年一遇	50 年一遇	100 年一遇
降水	5 年一遇	0.339146	0.268597	0.234063	0.213570	0.206776
	10 年一遇	0.268597	0.183719	0.141718	0.116654	0.108321
	20 年一遇	0.234063	0.141718	0.095782	0.068295	0.059144
	50 年一遇	0.213570	0.116654	0.068295	0.039310	0.029654
	100 年一遇	0.206776	0.108321	0.059144	0.029654	0.019826

7.4.3 深圳河流域暴雨洪涝模拟

7.4.3.1 研究区概况

选取深圳河流域为研究区，流域概况如图 7.20（见文后彩插）所示。深圳河属于珠江三角洲水系，发源于牛尾岭，自东北向西南流入深圳湾，全长 33.1km，是深圳与香港的界河。流域边界为东经 114°～114°12′50″、北纬 22°27′～22°39′，总面积约 312.5km²，其中深圳侧 187.5km²，香港侧 125km²。上游地区为植被繁茂的丘陵山地，中下游为城市化发展程度较高的平原（姚丽娟等，2006；王强等，2009）。

基于遥感数据将流域内的土地利用类型分为典型的 8 类，分别为农田、森林、草地、灌木、湿地、水体、不透水面和裸地，如图 7.26（见文后彩插）所示，分辨率为 10m。流域地处北回归线以南，属于南亚热带海洋性季风气候，受海洋调节作用，多年平均气温 22.4℃，多年平均年降水量 1886mm，雨量在时间和空间上分布不均，汛期 4—9 月降水约占全年的 85%，自东南向西北呈现递减趋势（黄国如等，2018；焦圆圆等，2014）。

7.4.3.2 研究区 SWMM 模型构建

SWMM 模型自开发以来，主要用于城市某单一降水事件或长期的水量和水质模拟。其径流模块综合处理各子流域所发生的降水、径流和污染负荷，汇流模块则通过管网、渠道、蓄水和处理设施、水泵、调节闸等进行水量传输。该模型可以跟踪模拟不同时间步长任意时刻每个子流域所产生径流的水质和水量，以及每个管道和河道中水的流量、水深及水质等情况（董欣等，2006）。

基于 ArcSWAT 初步划分了 31 个子流域，并按照街道和建筑物分布进行调整和细化，得到 225 个子汇水区。根据排水管道、河道实地勘察数据和高精度实景遥感数据，将主干河道概化为不规则断面管渠，支流概化为梯形断面管渠，构建了深圳河流域的排水管网系统，包括管线 460 条、检查井节点 461 个。利用软件 MapWinGIS 和 inpPINS 耦合 ArcGIS 与 SWMM，将子汇水区、管线、节点和排放口等数据整合为 SWMM 输入文件，并加入降水驱动。最终建立起深圳河流域的 SWMM 模型，可视化结果如图 7.27 所示。

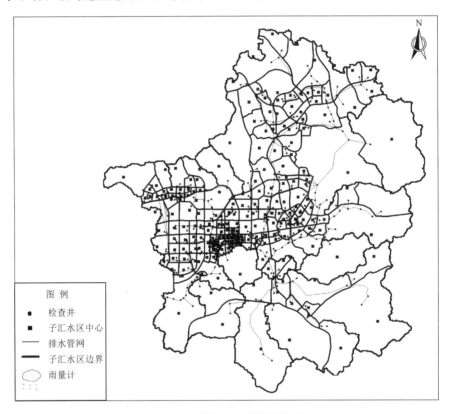

图 7.27　深圳河流域概化模型

7.4.3.3　参数敏感性分析

模型有 13 个关键的水文水力参数：汇水区面积、汇水区特征宽度、坡度、无洼不透水比例、不透水区曼宁系数、透水区曼宁系数、不透水区洼蓄量、透水区洼蓄量、不透水率、最大入渗率、最小入渗率、衰减系数、干燥时间（史蓉等，2016）。其中，子汇水区面积、特征宽度等参数可以通过 ArcGIS 的测量工具得到，平均坡度可以由流域 DEM 数据计算统计得到，无洼不透水比例参考 SWMM 用户手册取值为 25%，干燥时间取值为 7d，不透水率根据各类地物典型径流系数按面积加权计算。剩余参数取值无法直接获取，参照 SWMM 用户手册和文献资料，确定了表 7.17 的范围。

表 7.17　　　　　　　　　　　　　SWMM 模型参数取值范围

参数名称	物理意义	取值范围	参数名称	物理意义	取值范围
N_IMP	不透水区曼宁系数	0.005~0.05	MaxRate	最大入渗率/(mm/h)	26~80
N_Perv	透水区曼宁系数	0.05~0.5	MinRate	最小入渗率/(mm/h)	0~10
DS_IMP	不透水区洼蓄量/mm	0.2~10	Decay	衰减系数/h^{-1}	2~7
DS_Perv	透水区洼蓄量/mm	2~10			

　　运用修正的莫里斯（Morris）法，以各参数取值范围的中间值作为基准输入参数，降水输入采用历时 1h，重现期 1 年、10 年和 50 年的设计降水并按芝加哥雨型进行时程分配，运行模型并将结果作为基准输出。然后以 −30%、−20%、−10%、10%、20%、30% 的固定百分比改变输入参数的取值，并分别运行得到多组输出结果。最后，选定排放口洪峰流量和流域平均径流系数为衡量指标，按下式计算各参数的敏感性系数 S：

$$S = \frac{1}{n} \sum_{i=0}^{n-1} \frac{(Y_{i+1} - Y_i)/Y_0}{(P_{i+1} - P_i)/100} \qquad (7.14)$$

式中：Y_0 为基准输出结果；Y_i 为参数第 i 次变化时的输出；P_i 为参数相对于基准输入的百分比变化量；n 为参数改变次数；S 为参数的敏感性系数。

　　当 $|S| \geqslant 1$ 时，参数高敏感；当 $|S| \in [0.2, 1)$ 时，参数敏感；当 $|S| \in [0.05, 0.2)$ 时，参数中等敏感；当 $|S| < 0.05$ 时，参数不敏感（Francos et al. 2003；高颖会等，2016）。结果如图 7.28 和图 7.29 所示。

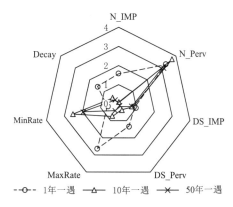

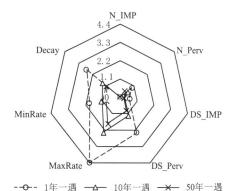

图 7.28　Morris 筛选法洪峰流量对参数的　　　图 7.29　Morris 筛选法径流系数对参数的
　　　　　敏感性系数 S 分布　　　　　　　　　　　　　　敏感性系数 S 分布

　　从图 7.28 可以发现，对于排放口洪峰流量而言，同一设计降水情景下各参数差异明显，在小雨强下参数敏感性系数分布相对均匀，在大雨强下分布相对集中，且透水区曼宁系数和最小入渗率相比其他参数的敏感性更强；随着降雨强度增大，各参数表现出来的敏感性变化显著，除最小入渗率和透水区曼宁系数外，均呈现递减变化；透水区曼宁系数在三种设计降水情景下均为高敏感参数，在最大雨强下敏感性反而最小，可能是由于透水区地表粗率对较大的地表径流阻碍作用有限。从图 7.29 可以发现，对于流域径流系数而言，在同一设计降水情景下，各参数对径流系数的影响差异明显，透水区洼蓄量和下渗相关参数相对其他参数表现出更强的敏感性，且其余参数在三种降雨强度下均不敏感；随着降雨强度增大，各参数的敏感性系数均呈现递减变化；最大入渗率和衰减系数在三种设计降水情景下均为高敏感参数，下渗参数随降雨强度增大而减小可能是由于下渗能力有限的。

修正的 Morris 法作为一种局部分析法，可以定量计算出单个参数的敏感性，但忽略了各参数之间可能存在的相互作用，作为对比，另外选取互信息（mutual - information，M - I）法对各参数做了全局分析。互信息表示两个变量或多个变量之间共享的信息量，在信息论中可以度量随机变量间的相互依赖程度。假设两个离散随机变量为 X、Y，两者的互信息通过下式计算：

$$I(X;Y) = \sum_{y_j \in Y} \sum_{x_i \in X} p(x_i, y_j) \log_b \frac{p(x_i, y_j)}{p(x_i) p(y_j)} \tag{7.15}$$

式中：$p(x_i)$ 为变量 x 取值 x_i 的概率；$p(y_j)$ 为变量 y 取值 y_j 的概率；$p(x_i, y_j)$ 为 X 与 Y 的联合概率；$I(X;Y)$ 为 X 与 Y 之间的互信息（熊剑智，2016）。算式中对数的底可以取不同的值，当取 2 时互信息的单位是比特（bit）。

变量 X 对 Y 的影响程度可以由相关系数 R 衡量，计算公式如下：

$$R(X;Y) = \sqrt{1 - e^{-2I(X;Y)}} \tag{7.16}$$

R 越大，变量 X 与 Y 的相关性越强，X 对 Y 的影响越显著，即对于 Y 而言 X 的敏感性越强。

还有另外一种相关系数 U 也可以作为衡量指标（Mishra et al.，2009），按下式计算：

$$U(X;Y) = \frac{2I(X;Y)}{H(X) + H(Y)} \tag{7.17}$$

式中：$H(X)$ 为变量 X 的信息熵；$H(Y)$ 为变量 Y 的信息熵。

信息熵是指信息的无序程度，最早由信息论之父香农（Shannon）提出并给出了如下数学表达式：

$$H(X) = -\sum p(x_i) \log_b p(x_i) \tag{7.18}$$

式中：b 为信息熵的单位。

应用分层抽样——拉丁超立方抽样（Shields et al.，2016）随机生成 1000 组输入参数，分别在三种设计降水情景下运行模型，以排放口洪峰流量和流域平均径流系数为衡量指标，按互信息法相关理论计算各参数的敏感性。结果如图 7.30 和图 7.31 所示。

从图 7.30 可以发现，透水区曼宁系数和最小入渗率对排放口峰值流量的影响比其他参数更大；在不同降雨强度下，不透水区曼宁系数和透水区曼宁系数的敏感性变化显著，其余参数基本保持稳定。从图 7.31 可以看出，径流系数对下渗参数的敏感性普遍较高；随着降雨强度增大，最大入渗率和最小入渗率对径流系数的影响程度增大，其余参数则呈现微弱的减小趋势。将在三种设计降水情景下通过两种方法得到的参数按各自的敏感性指标排序，统计结果见表7.18。

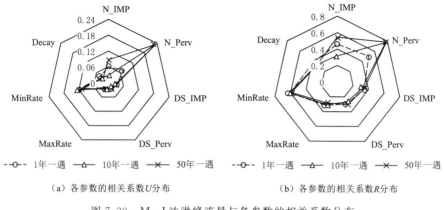

（a）各参数的相关系数U分布 （b）各参数的相关系数R分布

图7.30　M－I法洪峰流量与各参数的相关系数分布

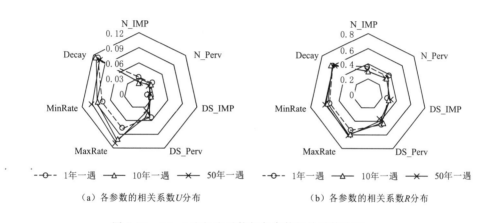

（a）各参数的相关系数U分布 （b）各参数的相关系数R分布

图7.31　M－I法径流系数与各参数相关系数分布

表 7.18　　　　　　　　　　敏感性系数排序统计

参　数　名	敏 感 性 系 数											
	Morris 法						M－I 法					
	1 年一遇		10 年一遇		50 年一遇		1 年一遇		10 年一遇		50 年一遇	
	洪峰流量	径流系数	洪峰流量	径流系数	洪峰流量	径流系数	洪峰流量	径流系数	洪峰流量	径流系数	洪峰流量	径流系数
N＿IMP	3	7	7	7	7	7	3	6	5	7	3	7
N＿Perv	1	5	1	5	1	5	2	5	1	5	1	5
DS＿IMP	6	6	3	6	3	6	5	7	4	6	4	6
DS＿Perv	5	3	6	3	6	3	7	4	7	4	6	4
MaxRate	2	1	4	1	4	1	6	3	6	2	7	1
MinRate	7	4	2	4	2	4	1	2	2	3	2	3
Decay	4	2	5	2	5	2	4	1	3	1	5	2

从表 7.18 和图 7.30、图 7.31 可以看出，对排放口洪峰流量而言，两种方法的共同之处在于，透水区曼宁系数和最小入渗率在三种设计降水情景下均是最为敏感的参数，但在 1 年重现期设计降水情景下有例外，此时利用 Morris 法计算出的最小入渗率敏感性排序最小；对流域平均径流系数而言，下渗相关参数对结果的影响较其他参数更大。不同之处在于，对排放口洪峰流量而言，由 Morris 法计算的不透水区曼宁系数在大雨强下不敏感，M-I 法计算的结果则显示为中等偏上的敏感参数，最大入渗率的敏感性在 Morris 法中排序靠前，而在 M-I 法中靠后；对流域平均径流系数而言，最大入渗率和最小入渗率随降雨强度变化趋势相反。

从模型的物理原理层面可以解释各参数的物理意义，地表曼宁系数反映地面径流在坡地汇流时遇到的地形等因素的阻碍作用，洼蓄量反映降水在形成地面径流之前用于填充洼地所损耗的水量，下渗采用霍顿（Horton）经验下渗模型，最大入渗率是指干燥土壤的地表下渗能力，最小入渗率是指土壤含水量饱和时的地表稳定入渗率，衰减系数反映入渗曲线衰减速率。本节不考虑蒸散发作用，在小雨强下，降水大部分用于填充洼地和下渗，当土壤处于饱和状态时，最小入渗率决定降水耗散与下渗的量，而这部分水量最终会以地下径流的形式汇入河网，由于地下水汇流速度远远小于地面径流，因此其峰值会错开但径流总量不变，并且这种影响会随降雨强度增大而减弱，对比结果发现，M-I 法和 Morris 法均能识别出洼蓄量和最小入渗率的敏感性，但对于变化趋势的把握 Morris 法的准确度更高；地表地形、植被等因素对地面径流的阻碍会延长坡地汇流的时间，导致各子汇水区水流汇入河网时洪峰错开，但总径流量不受影响，另外在透水区，汇水时间延长会使更多的降水渗入地下，从结果上看 M-I 法可以体现透水区曼宁系数与下渗参数之间的协同作用，但对于变化趋势的把握不如 Morris 法准确；下渗参数共同决定土壤蓄水量，这部分水无法形成径流，当雨强增大时，耗散于土壤孔隙的水量占降水量的比例减小，因而对径流系数影响显著且随降雨强度增大而减弱。对比发现两种方法均能识别出下渗参数的敏感性，但 Morris 法对于变化趋势的把握更加准确。

7.4.3.4　模型参数率定

由参数敏感性分析得知，透水区曼宁系数、最大入渗率、最小入渗率和衰减系数属于敏感参数，是重点率定的参数，其余参数参考 SWMM 用户手册和邻近地区的取值确定。由于深圳河流域位于沿海地区，流域内雨洪从排水口直流入海，考虑到夏季台风引发的高潮位可能会导致海水倒灌深圳河，造成排水不畅，从而加剧流域内淹没风险，有关部门在深圳河入海口处设置了挡潮闸，设有水位监测站而没有流量监测站。因此无法基于排水口的流量率定模型参数，只能基于流域内深圳侧易涝点的位置，在参数敏感性分析的基础上，对敏感参数进行手动调整，完成模型参数的简单率定。降水选用深圳 20180829 号暴雨，用泰森多边形法取流域内三个雨量站的平均降水过程，流域内当日总降水量 210.9mm。通过手动调参，对比模拟情景下的节点溢流和管网满流与实际易涝点的分布情况，最终结果如图 7.32（见文后彩插）所示，可以看出，除了布吉河东南侧的易涝点拟合效果不好，节点溢流和管网满流的情况与实际易涝点的分布基本吻合。最终确定各参数的取值见表 7.19。

表 7.19　　　　　　　　　　　模 型 参 数 取 值

参数名称	物理意义	取值	参数名称	物理意义	取值
N_IMP	不透水区曼宁系数	0.012	MaxRate	最大入渗率/(mm/h)	76.8
N_Perv	透水区曼宁系数	0.25	MinRate	最小入渗率/(mm/h)	3.5
DS_IMP	不透水区洼蓄量/mm	5	Decay	衰减系数/h^{-1}	3.35
DS_Perv	透水区洼蓄量/mm	5			

7.4.3.5　深圳河流域暴雨洪涝模拟

分别采用重现期 1 年、10 年、50 年和 100 年历时 60min 的设计暴雨模拟了深圳河流域的洪水过程，深圳市设计暴雨强度公式如下：

$$q = \frac{1450.239 \times (1 + 0.594 \lg P)}{(t + 11.13)^{0.555}} \tag{7.19}$$

式中：q 为设计暴雨强度，L/(s·hm²)；t 为降雨历时，min；P 为设计重现期，年。设计降水按芝加哥雨型时程分配，雨峰位置系数取 0.4，结果如图 7.33 所示。

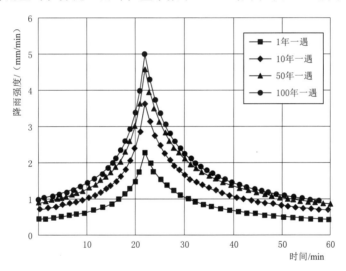

图 7.33　设计降水过程

运行模型得到的流域总径流和入渗损失如图 7.34 所示。可以看出，在同一设计降水情景下，总径流随年份增加呈现增加趋势，总入渗损失呈现减少趋势；在不同设计降水情景下，总径流随降雨强度增加而增加，总下渗损失基本保持不变，说明在 1 年重现期的降水情景下，流域下渗能力已接近最大值，更大重现期降水情景下增加的降雨基本转换为径流。为进一步揭示城市化对产流的影响，研究绘制了各子汇水区的径流系数与不透水率的关系曲线，如图 7.35 所示。可以看出，径流系数与不透水率之间存在显著的线性正相关关系，R^2 均高达 0.99；此外，降雨强度会影响其相关关系，降雨强度越大，相同的不透水率变化情况下，径流系数的变化越小，即曲线越平坦。说明城市化通过改变土地利用类型改变不透水率，从而影响下渗和径流过程。

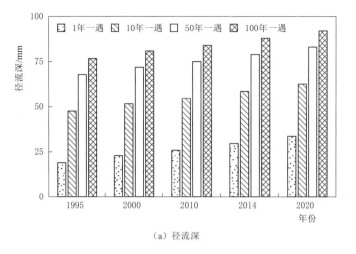

（a）径流深

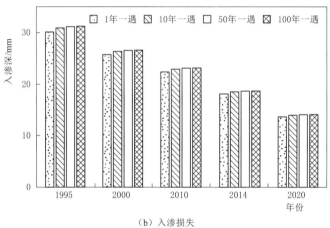

（b）入渗损失

图 7.34　不同城市化背景下流域总径流和入渗损失

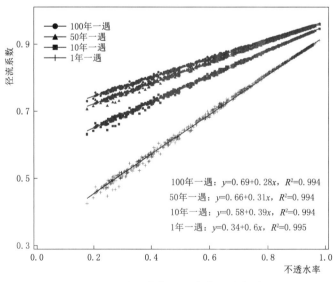

图 7.35　径流系数与不透水率的响应关系

为揭示城市化对汇流的影响，研究绘制了不同城市化背景下流域出口的流量过程，如图 7.36 所示。可以看出，与降雨的单峰不同，流量过程线均为双峰，且第一峰明显高于第二峰，这是由于 SWMM 是分布式模型，各子汇水区单独产流再通过坡面、河道、管网等方式参与汇流，而本书中上游子汇水区面积较大，具有更长的汇流路径，下游子汇水区小而密集，汇流时间较短，因此各子汇水区的径流到达流域出口的时刻不同，导致错峰现象。在 1 年重现期的降水情景下，随年份增加，第一峰的峰值有所增加，峰现时间有所提前，但变化趋势不明显，第二峰的峰值有较为明显的增加，峰现时间也有明显的提前，说明随着城镇化扩张，洪峰流量有增加的趋势，并且峰现时间会提前；在更大重现期的降水情景下，随年份增加，两个峰的峰值出现了相反的变化趋势，可能是由于流域的蓄水能力已达到最大值，在更高的城市化程度下产生更多径流导致更多节点出现溢流，而模型设定溢流的水量直接损失，不会回流到管网系统，另外各子汇水区不透水率的变化存在相互影响。在同一年份，随着设计降水重现期增加，洪峰流量增加，峰现时间提前。

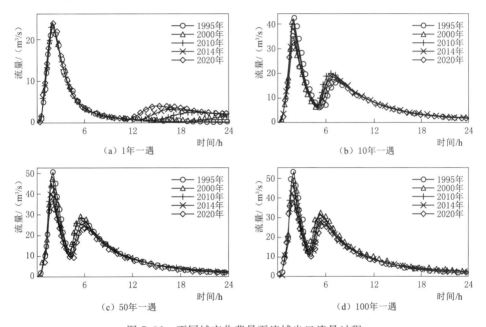

图 7.36　不同城市化背景下流域出口流量过程

分别在各种设计降水情景下运行 SWMM，并统计各种情景下的节点溢流和管网满流情况，结果见表 7.20 和表 7.21。可以看出，在降雨强度最小的设计情景下，超过一半的节点出现了溢流，但积水超过 1h 的节点仅占总节点数的 19%；随着降雨强度增大，节点积水情况加剧，有超过一半的节点积水时间超过 1h；管网达到满流状态的数量随着降雨强度增大而增多，在四种设计降水情景下均超过了 50%。节点和管网的统计结果说明深圳河流域的排水能力还有待提升，流域内多地存在内涝风险。

不同设计降水情景下，流域出口的流量过程如图 7.37 所示。从图中可以看出，随着降雨强度增大，排放口洪峰流量和整体流量过程线均呈现增大趋势，且各过程线均呈现双峰特征，第二个洪峰逐渐提前，可能是由于流域内蓄水能力达到饱和，在大雨强下能更快地形成径流。

表 7.20　　　　　　　　　　节 点 溢 流 统 计

重现期/年	有积水的节点		积水超过 0.5h 的节点		积水超过 1h 的节点	
	个数	占比/%	个数	占比/%	个数	占比/%
1	273	59	203	44	89	19
10	127	28	222	48	285	62
50	146	32	230	50	289	63
100	151	33	233	51	289	63

表 7.21　　　　　　　　　　管 网 满 流 统 计

重现期/年	满流个数	占比/%	重现期/年	满流个数	占比/%
1	236	51	50	253	55
10	250	54	100	256	56

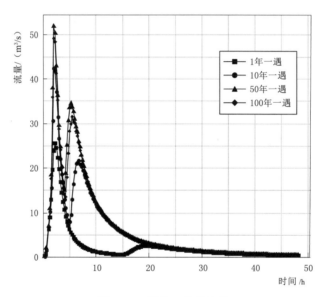

图 7.37　排放口流量过程

7.5　本　章　小　结

　　本章以典型城市化流域为例，采用统计学模型及物理模型（水文、水动力学模型）分析城市化进程对流域产汇流的影响。以北京市凉水河大红门排水片区为例，研究不同汇流路径对城市流域水文过程的影响，研究表明考虑不透水面的空间分布能够显著提高模型精度，将有效不透水面转化成非有效不透水面能够显著增加下渗量和减少地面径流。以北京市通州区两河片区杨洼闸排水片区为例，研究流域下垫面的变化对流域水文过程的影响，研究表明，随着设计降水重现期的增加，径流系数增加，当重现期继续增加时，由城市化引起的不透水率改变对杨洼闸排水片区径流系数的影响逐步减弱。

以济南市黄台桥排水片区为例，构建了 SWMM 一维管网模型与 LISFLOOD-FP 二维地表淹没模型，并实现了两个模型间的单向耦合，耦合模型结果可以较好地反映易涝积水点的位置。模拟结果表明，随着设计降水重现期的增加，研究区的溢流节点及淹没范围呈现明显增加趋势；LISFLOOD-FP 二维模拟结果显示，研究区中一些河道和湖泊等地势低洼地区存在积水情况，与实际情况存在一定差异，原因可能与输入的 DEM 数据精度有一定关系，对于这种情况，进一步精细化处理研究区 DEM 数据可以更好地刻画实际地表淹没过程。

以深圳河为例，基于 Copula 函数，分析深圳河流域雨潮组合风险概率，对深圳河流域雨潮组合进行风险分析。主要结论如下：

（1）深圳河流域下垫面不透水面积增大，林地/草地和水体面积减小，不同阈值极端降水量和降水频次增大，年平均高潮潮位和年平均低潮潮位呈增大趋势。

（2）深圳河流域 5 年一遇降水与 5 年一遇潮位遭遇的双阈值风险率为 0.060854，单阈值风险率为 0.339146；100 年一遇降水与 100 年一遇潮位遭遇的双阈值风险率为 0.000174，单阈值风险率为 0.019826。

（3）随着降雨强度增大，深圳河流域排放口洪峰流量和整体流量过程线均呈现增大趋势，且各过程线均呈现双峰特征，第二个洪峰逐渐提前。

（4）随着城镇化扩张，在相同的降雨条件下，流域总产流增加，总入渗减少，主要归因于土地利用变化导致的不透水率增加，降雨强度在一定程度上影响径流与不透水率之间的关系；流域出口洪峰有所提前，洪峰流量在小雨强下增加，在大雨强下有所减小，说明土地利用变化导致的不透水率变化存在空间上的相互影响，即不仅要考虑各子汇水区的不透水率，还要考虑各子汇水区的空间分布特征；流域内更多节点出现积水，更多管段处于超载状态，尤其是持续时间小于 1h 的情况，在越大的降雨强度下这种变化越不明显，说明城市化进程会增加流域发生内涝的风险。

第8章　典型城市洪涝成因分析

8.1　典型城市土地利用变化分析

8.1.1　北京市

经过几十年快速的城市化发展，北京市的土地利用方式发生了很大的变化，尤其是北京市中心城区不透水面积的扩张和北京市农田及绿地面积的缩减在不断持续。从表8.1和图8.1（见文后彩插）可以看出，北京市不透水面积（即城镇、聚落面积）在1980—1990年间增幅不大，在1990—2000年间增幅较大，增长率达8.1%；2000—2014年持续增长，增长率为8.09%，而在2014—2017年北京市不透水面积呈现出略微下降的趋势，下降率为7.11%。

表8.1　　　　　　　　　北京市1980—2017年土地利用类型变化统计

年份	湿地、水体 /km²	森林/km²	农田、绿地		城镇、聚落	
			面积/km²	占比/%	面积/km²	占比/%
1980	342.18	8761.05	5863.75	35.90	1367.79	8.37
1990	232.14	8091.37	6322.09	38.70	1689.16	10.34
2000	249.02	9207.20	3866.29	23.67	3012.26	18.44
2005	254.35	8540.73	4270.27	26.14	3269.41	20.02
2014	238.76	7238.65	4523.94	27.70	4333.43	26.53
2017	303.58	8871.20	3988.05	24.41	3171.93	19.42

8.1.2　济南市

8.1.2.1　土地利用变化的数据信息提取

参照陆地生态系统特点的遥感土地覆盖分类系统标准，可将济南市土地利用类型分为6个一级土地利用类型。研究区不同时期土地利用类型图如图8.2（见文后彩插）所示。

在软件ArcGIS 10.2的支持下，以研究区的6个地物模型为主要研究对象，即森林、草地、农田、聚落、湿地与水体、荒漠等，将全国1980年和2005年土地利用类型数据与济南市行政区划图导入分析软件中。通过Spatial Analyst工具，按掩膜提取得到济南市1980年和2005年土地利用类型数据，再对提取出的图层按照陆地生态系统特点的遥感土地覆盖分类系统标准，把相同的地类进行合并处理即重分类，共分为6个等级，导出新图层属性表就可以进行面积等特性的统计。由此，得出济南市1980—2005年土地利用类型变化统计结果，见表8.2。济南市土地利用结构变化情况如图8.3所示。

表 8.2		济南市 1980—2005 年土地利用类型变化统计结果		
土地覆盖类型	面积比例/%		变化面积/km²	变化率/%
	1980 年	2005 年	1980—2015 年	1980—2015 年
落叶针叶林	2.72	2.68	−2.97	−1.34
落叶阔叶林	7.76	7.82	4.91	0.77
灌丛	1.21	1.21	−0.33	−0.33
草甸草地	0.20	0.20	−0.38	−2.27
典型草地	1.98	1.96	−1.37	−0.85
灌丛草地	5.13	5.08	−3.76	−0.90
水田	1.21	1.12	−7.85	−7.92
水浇地	43.62	42.63	−81.08	−2.27
旱地	21.89	20.65	−101.57	−5.67
城镇建设用地	2.26	3.92	135.31	73.20
农村聚落	9.19	9.65	37.80	5.03
沼泽	0.01	0.00	−0.52	−100.00
内陆水体	1.71	2.18	38.34	27.38
河湖滩地	0.89	0.70	−15.40	−21.16
裸岩	0.05	0.05	0.03	0.82
裸地	0.15	0.14	−1.17	−9.41
沙漠	0.01	0.01	0.01	1.25

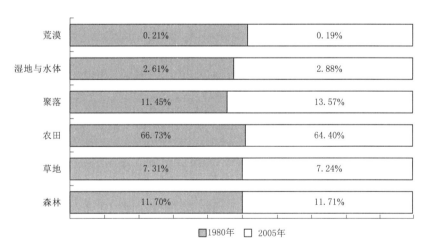

图 8.3　1980—2005 年济南市土地利用结构占比变化

在 ArcGIS 10.2 中，利用栅格计算器将济南市 1980 年和 2005 年土地利用类型数据进行函数运算，整理属性表中数据得到 1980—2005 年济南市土地利用转移矩阵，见表 8.3。从图 8.3 和表 8.3 中可以清晰看出济南市在 1980—2005 年间不同土地利用类型及各类型之间的动态变化过程。

表 8.3   **1980—2005 年济南市土地利用转移矩阵**   单位：km^2

		2005 年						1980 年合计	减少
		森林	草地	农田	聚落	湿地与水体	荒漠		
1980 年	森林	806.96	58.22	79.22	9.62	2.04	0.29	956.34	149.39
	草地	71.81	441.41	74.10	8.67	1.57	0.14	597.70	156.29
	农田	75.22	87.82	4887.42	344.98	57.47	3.74	5456.65	569.24
	聚落	2.75	3.36	181.63	741.70	6.40	0.46	936.30	194.60
	湿地与水体	0.84	1.11	39.29	3.89	168.11	0.05	213.30	45.18
	荒漠	0.38	0.26	4.51	0.55	0.11	11.11	16.92	5.81
2005 年合计		957.95	592.19	5266.15	1109.41	235.72	15.79	8177.21	
增加		150.99	150.78	378.73	367.71	67.60	4.68		

考虑到土地利用总体规划具有长期性特点，一般以 10 年或更长时间为时段，且我国第一次土地利用调查起止时间为 1984—1996 年。以 15 年为间隔时段，基于 1985 年、2000 年和 2015 年三期 Landsat 遥感影像数据，分别获得 1985 年、2000 年和 2015 年三期济南市土地利用类型空间分布，如图 8.4（见文后彩插）所示。从图中可以看出，济南市 1985—2015 年建设用地范围不断扩大，中心城区的建设用地面积明显增加。经计算，济南市建设用地面积由 1985 年的 352.4 km^2 扩增到 2015 年的 2302.5 km^2，扩增 5.5 倍有余。而中心城区建设用地面积由 1985 年的 188.8 km^2 扩增到 2000 年的 295.8 km^2，增加了近 60%，到 2015 年，其面积为 554.3 km^2，相比 1985 年扩增了近 2 倍，可见济南市城市化进程不断加快。

8.1.2.2 土地利用动态变化分析

由之前的数量分析可以看出，1980—2005 年，研究区内农田、草地和荒漠面积都有不同程度的减少，而聚落、森林与水体呈现明显的增加趋势，通过分析可以得到以下结论。

1. 森林变化分析

森林占土地利用类型的 11.70%～11.71%，比例仅次于农田，是第二主导的土地利用类型。它在研究期内总体呈现增长态势，由 1980 年的 956.34 km^2 到 2005 年的 957.95 km^2，共增加 1.61 km^2，相对于 1980 年增加了 0.168%。转移面积为 149.39 km^2，占区域内所有土地类型转移面积的 13.33%；增加面积为 150.99 km^2，占区域内所有土地类型新增面积的 13.48%，转移面积与增加面积相差不大。而在新增面积中，由农田类型土地利用转移最多，占森林总新增面积的 50%，反映了济南市退耕还林以及增加生态林等环境保护政策对土地利用结构的影响。

2. 草地变化分析

1980—2005 年间，草地面积总体呈现下降态势，从 1980 年的 597.70 km^2 到 2005 年的 592.19 km^2，总体上减少了 5.51 km^2，相对于 1980 年减少了 0.922%。转移面积为 156.29 km^2，占区域内所有土地类型转移面积的 13.95%；增加面积为 150.78 km^2，占区域内所有土地类型新增面积的 13.46%，总体变化并不明显。在草地转移面积中，向农田转移的比例达到 47.41%，可以看出草地面积受人类活动影响较大。

3. 农田变化分析

农田在济南市土地利用类型中占主导，达到 64.40%～66.73%，也是所有土地类型中变化面积最大、转入转出面积占比最大的，总体呈现明显的下降趋势。同 1980 年的5456.65km² 相比，2005 年农田面积减少至 5266.15km²，在研究期内共减少 190.50km²，变化率为 －3.485%。转移面积为 569.24km²，占区域内所有土地类型转移面积的50.80%；增加面积为 378.73km²，占区域内所有土地类型新增面积的 33.80%。农田转移面积是增加面积的 1.5 倍，除了城市化，还受退耕还林、退耕还草以及退耕还湖等环保政策的影响，使农田面积出现较为严重的"入不敷出"情况。其中，由农田转为聚落的土地面积达到了 344.98km²，占农田总转移面积的 60.6%，这反映出济南市城市化的高速发展与不断增长的人口对土地资源的影响。2018 年 2 月 26 日，济南市国土资源局发布《关于全面实行永久基本农田特殊保护的通知》，通过落实与完善永久基本农田保护机制，将对农田下降的趋势会有所遏制。

4. 聚落变化分析

聚落在所有土地类型中增加最为明显，新增速度也是最快的。从 1980 年的936.30km² 到 2005 年的 1109.41km²，净增面积达到 173.11km²，与 1980 年相比增长了18.489%。转移面积为 194.60km²，占区域内所有土地类型转移面积的 17.37%；增加面积为 367.71km²，占区域内所有土地类型新增面积的 32.82%。增加面积是转移面积的1.89 倍，增长速度明显快于其他类型，其中过半数面积来自农田的转化。1980—2005 年正是《济南市城市规划管理办法》出台并执行的时期，聚落面积的大幅增长表明济南市城市化推进十分迅速。

5. 湿地与水体变化分析

湿地与水体面积在研究期间出现上升趋势，增长幅度仅次于聚落，达到了 10.511%。1980 年面积为 213.30km²，2005 年增长为 235.72km²，共增加 22.42km²。转移面积为45.18km²，占区域内所有土地类型转移面积的 4.03%；增加面积为 67.60km²，占区域内所有土地类型新增面积的 6.03%。在研究期间，环境保护与生态修复逐渐被社会重视，济南市曾投入数十亿元用于治理和修复辖区内河湖状况，这与数据呈现出的结果是相符的。

6. 荒漠变化分析

荒漠面积整体在研究区内占比较少，仅为 0.19%～0.21%，但仍有小幅下降趋势。从 1980 年的 16.92km² 到 2005 年的 15.79km²，减少了 1.13km²，与 1980 年相比减少了6.678%。转移面积为 5.81km²，占区域内所有土地类型转移面积的 0.52%；增加面积为4.68km²，占区域内所有土地类型新增面积的 0.42%。其中，有 4.51km² 的荒漠转化为农田，占荒漠总转移面积的 77.64%。这表明，随着城市的发展，闲置的裸地被最大化利用。

8.1.3　深圳市

深圳市于 1979 年设市，经过几十年的城市快速发展，其下垫面发生了巨大的变化，从图 8.5 和表 8.4 可以发现，在 1980—2018 年间，以城镇、村落占地面积增加，森林、草地、耕地和水域等面积逐年减少的变化特征为主。其中，城镇面积变化最大，由 $280.2km^2$ 增加到 $1010.7km^2$，在 2018 年已经达到全区面积的 50%；耕地面积减少最多，减少了 $380.2km^2$，在 2018 年时占地面积比例小于 10%；森林等绿地占地面积减少次之，减少了 $321.9km^2$；区内水域面积变化较小，在 1990 年前呈增长趋势，2000 年之后面积日益减少。

表 8.4　　　　　　　　1980—2018 年深圳市土地利用各类类型面积及比率

年份	耕地		森林、草地		水域		城镇、村落	
	面积/km²	占比/%	面积/km²	占比/%	面积/km²	占比/%	面积/km²	占比/%
1980	565.7	28.32	1058.9	53.01	92.7	4.64	280.2	14.03
1990	434.9	21.77	1045.6	52.35	145.0	7.26	372.0	18.62
1995	362.2	18.13	904.5	45.28	117.2	5.87	613.6	30.72
2000	370.9	18.57	896.4	44.88	110.9	5.55	619.3	31.00
2005	298.1	14.93	819.9	41.04	75.6	3.78	803.9	40.25
2010	277.6	13.90	793.5	39.72	70.2	3.51	856.2	42.86
2015	265.9	13.31	786.0	39.35	63.8	3.19	881.7	44.14
2018	185.5	9.29	737.0	36.90	64.3	3.22	1010.7	50.60

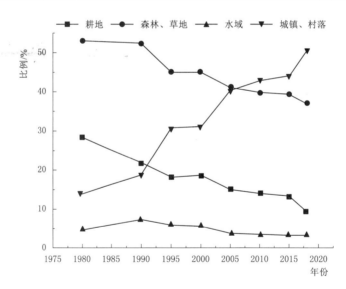

图 8.5　1980—2018 年深圳市土地利用类型变化趋势

8.1.4　成都市

按照我国土地利用类型分类规定，把成都市 1970—2020 年的土地利用数据分成四类：耕地、森林等绿地、水域和城镇村落，1970—2020 年土地利用类型具体变化如图 8.6（见文后彩插）所示。由图 8.6 可以发现，在 1970—2020 年间成都市下垫面发生了较大的变化。本书采用土地动态度，进一步了解区内土地利用类型变化规律。

土地动态度是表达土地利用类型在一定时间范围变化的速度，其计算公式为

$$K = \frac{S_i - S_j}{S_j} \times \frac{1}{W} \times 100\% \qquad (8.1)$$

式中：K 为单一的土地利用动态度；S_i、S_j 分别表示初期和末期单一土地利用类型面积；W 为研究时段，当 W 的单位是年时，K 表示某类土地利用类型的年变化率。

当 $W = 10$ 年时，不同时期背景下的四类土地利用类型的土地利用动态度的计算结果见表 8.5。

表 8.5   成都市不同时期土地利用动态度

时间段	动态度/%			
	耕地	森林、草地	水域	城镇、村落
1970—1990 年	0.10	−0.01	−0.23	−0.87
1990—2000 年	0.23	−0.01	0.00	−1.72
2000—2010 年	0.39	0.05	−0.13	−2.31
2010—2020 年	1.09	−0.31	−1.04	−3.17

1970—2020 年成都市土地利用类型变化趋势如图 8.7 所示。由表 8.5 和图 8.8 可知，在 1970—2020 年间成都市耕地面积每个阶段都在减少，2010—2020 年间年变化率最大，为 1.09%，其余时间段土地利用动态度均小于 1%；森林、水域和城镇建筑面积在 1970—2020 年间整体增加，其中城镇建筑面积变化最大，除 1970—1990 年时段，其余时间段年变化率均大于 1%，2010—2020 年时段动态度高达 3.17%；水域在 1990—2000 年间面积没有变化，其余时间段占地面积均在增加，在 2010—2020 年间年变化率大于 1%；森林等绿地在这四个研究时间段内动态度都小于 1%，该地类较为稳定。此外，还可以发现成都市在 2010 年后城市化发展速度加快，导致下垫面变化剧烈。

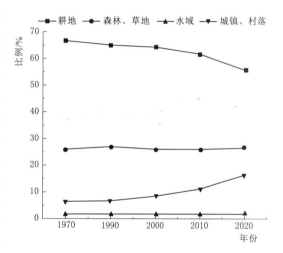

图 8.7   1970—2020 年成都市土地利用
类型变化趋势

8.2   城市洪涝影响因素

城市洪涝灾害日益严重是全球气候变化与高强度人类活动复合影响下城市水系统状态的一种极端响应，是多种自然、人文因素相互交织的结果，是城市洪涝致灾、孕灾环境与抗灾、承灾能力失衡的结果，是城市人水矛盾的集中爆发。

从系统学和灾害学角度来看，致灾因子是城市洪涝灾害产生的前提条件，也是影响城市承灾体损失的必要条件；孕灾环境对致灾因子和承灾体的相互作用起辅助作用，影响城市洪灾的发生频率和发生强度；城市承灾体在一定程度上决定了洪灾的风险度和抵御洪灾的脆弱程度，如图 8.8 所示。城市洪涝灾害的形成极其复杂，城市洪涝灾害的发生是孕灾环境、致灾因子和承灾体相互作用的结果。

（1）孕灾环境。城市暴雨内涝灾害并不是孤立事件，而是全球洪涝灾害的组成部分，发生在极端气候事件频发的孕灾环境中。气候变化背景下大气环流的异常，可造成区域气候变化和极端降水事件的发生，进而为城市暴雨内涝灾害营造了重要的孕灾环境。同时，城市化对孕灾环境的影响主要表现在：①地面硬化导致地面透水性差，不透水面增大，改变了自然条件下的产汇流机制；②城市河道渠化及排水系统管网化，减少汇流时间，洪峰出现时间提前；③城市发展侵占天然河道滩地，减少行洪通路，降低泄洪能力和河道调蓄能力。由此可见，城市地面结构的变化改变了水文情势，影响流域产汇流过程，增加了暴雨洪水灾害风险。

（2）致灾因子。致灾因子是指诱发洪涝灾害的因子。城市暴雨内涝灾害直接由极端强降水事件所引起，没有强降水事件就不会发生内涝灾害。在这个意义上，气候变化带来的极端降水是城市暴雨内涝灾害的主要致灾因子。随着气候变暖，在中纬度大陆块和多雨的热带地区，极端降水事件将变得更加频繁、强度更强。有研究显示，全球雨季极端降水的线性趋势比总降水在变化幅度上要大，在对气候变化的响应上，极端降水事件表现得更加明显。城市化对致灾因子的影响则主要表现在：①由于城市热岛的存在，水汽蒸发强烈，城市空气层结构很不稳定，有利于产生热力对流，当城市中水汽充足时，容易形成对流性降水；②在水汽输送的过程中，因为城市建筑物的粗糙度较大，导致其对降水系统有一定的阻碍效应，使其移动速度减慢，在城区滞留的时间加长，致使城区的降水强度增大，降水时间延长；③城市的凝结核效应，即烟尘的增多，也有利于成云致雨，从而使得城市暴雨发生概率增加，城市洪涝灾害风险也随之增加；④城市污水没有节制地排放入城市水系中，也会使洪水的风险增大。

（3）承灾体。气象灾害的风险源自天气或气候事件与承载体脆弱性的相互作用。也就是说，城市暴雨内涝灾害的损失程度不但与极端降水事件有关，还取决于城市这一承载体的脆弱性。城市经济类型的多元化及资产的高密集性，致使城市本身具有综合承灾能力的脆弱性。城市承灾体在暴雨内涝灾害中的脆弱性还受许多因素制约，如武汉暴雨内涝灾害上的脆弱性与其填湖造田、城区扩张有关。但是，城市承灾体在暴雨内涝灾害上的脆弱性更重要的是受人类活动与气候变化相互作用的影响。IPCC 第五次评估报告（IPCC，2013）指出，20 世纪中期以来，全球气候变化 95% 以上可能与人类活动有关。人类活动通过基础设施建设、排放温室气体影响着气候环境。城市化效应对城市暴雨内涝灾害的影响，也是人类活动影响气候的有力证据。

从水文学角度来看，城市洪涝灾害是因为水文循环系统改变导致的。一般而言，城市水文循环系统由自然水循环系统和社会水循环系统两个部分组成，如图 8.9 所示。自然水循环系统由降水、蒸发、地表径流与入渗等组成，社会水循环系统由给水、用水、排水和处理系统组成。在水循环系统内部，若其中一个要素或几个要素发生变化，则会破坏系统原有平衡，引起系统功能的变化。城市洪涝的形成主要是由于城市水循环系统的某些环节或过程发生改变，进而引发原有系统的失衡。

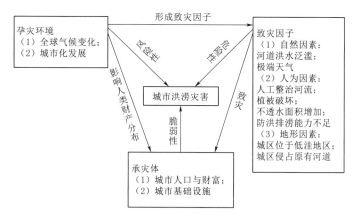

图 8.8 城市洪涝灾害系统及其相互关系

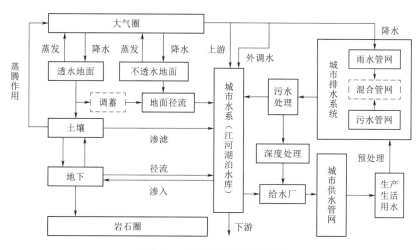

图 8.9 城市水循环系统示意

综合来看，我国城市洪涝灾害频发的根本原因在于城市水文过程的降水输入增强、下垫面硬化引起产汇流规律的变化，以及城市排洪涝能力薄弱所导致承灾能力和致灾因子强度此消彼长。城市洪涝频发也暴露出我国城市规划与建设中还存在许多问题，这其中既有排水系统本身规划设计的问题，也有体制机制的原因，更有重建轻管的因素，整体而言是多种因素共同影响所致。

8.2.1 自然因素

1. 气候条件

区域气候条件是城市洪涝灾害最直接的影响因素之一。我国幅员辽阔，气候复杂多样，跨纬度较广，距海远近差距大，加之地形地势差异显著，形成了多种多样的气候。从气候类型上看，东部属季风气候，西北部属温带大陆性气候，青藏高原属高寒气候。由于我国位于世界最大的大陆——亚欧大陆东部，又在世界最大的大洋——太平洋西岸，西南距印度洋也较近，因之气候受大陆、大洋的影响非常显著。冬季盛行从大陆吹向海洋的偏北风，夏季盛行从海洋吹向陆地的偏南风。冬季风产生于亚洲内陆，性质寒冷、干燥，在其影响下，我国大部地区冬季普遍降水少，气温低，北方更为突出。夏季风来自东南面的太平洋和西南面的印度洋，性质温暖、湿润，在其影响下，降水普遍增多，雨热同季。中国受冬、夏季风交替影响的地区广，是世界上季风最典型、季风气候最显著的地区。和世界同纬度的其他地区相比，我国冬季气温偏低，而夏季气温又偏高，气温年较差大，降水集中于夏季，这些又是大陆性气候的特征。因此我国的季风气候，大陆性较强，也称为大陆性季风气候。独有的气候条件，使得我国降水时间季节分布极不均匀，导致夏季降水多发暴雨特征，7—8 月尤为明显，成为城市洪涝的基本原因所在。

2. 地理条件

我国位于亚洲东部、太平洋的西岸，地势西高东低，呈阶梯状分布，东西南北横跨多个气候带，气温降水组合多样，形成多种气候。对不同城市而言，地理条件也成为影响城市洪涝的直接因素。

北京市地处华北平原北部，西北部为群山环抱，东南部是平原地区，形成西北高、东南低的特殊地形，有利于暴雨形成，并触发强烈的对流天气，使暴雨中心多沿山前地带分布。北京主城区也位于东南部平原地区，加之城市雨岛和热岛效应，加剧了区域性不稳定热力空气层的对流状况，一定程度上使得城区更易爆发极端暴雨事件，特别是城市建筑群的阻碍作用影响了稳动滞缓的降水系统，造成同一降水模式城市内部较城市周围区域滞留时间将更长，致使城市内部平均降水量高于城市周围区域平均降水量，城市内部极端暴雨事件出现概率的增加致使城市内爆发洪水灾害的概率加大。

济南市南部为泰山山地，北部为黄河平原，正处于鲁中南低山丘陵区域鲁西北冲积平原带的过渡地区，地势南高北低，南北相差约 1100m，市区南依群山，北临黄河，大致呈朝东开口的浅盆地形，从南到北地貌由中低山过渡到低山丘陵，北部市区及东西郊区处于泰山山脉与华北平原交接的山前倾斜平原上，形成东西长、南北窄的狭长地带，南部山区海拔 100～800m，冲沟发育切割 6～8m，一般坡度大于 40°，山前倾斜平原海拔 30～100m，以 2.3%～0.9% 的坡度向北伸展。北部为黄河、小清河冲积平原，高 50～200m，小清河以南标高一般为 23～30m，向北倾斜。小清河以北由于火成岩侵入影响以及黄河冲积平原淤高，地面微向南倾斜，因而形成北园、大明湖一带的低洼盆地形式。黄台以东又趋于平坦，一般海拔 26～29m，以约 0.3% 的坡度向北倾斜。这特殊的地理条件和地形地势导致济南市城区已受洪涝影响。

深圳市位于珠江口东岸，位于热带和亚热带的过渡地区，濒临南海，平面呈条带状分布，东西长约 92km，南北宽约 44km。总体呈东西狭长形，地势东南高，西北低，东南部大鹏半岛主要为低山，中部和西北部主要为丘陵，间有低山突起和冲积平原，西南部主要为较大片的滨海冲积平原。深圳市内地表水系较为发育，流域面积大于 1km² 的河流共有 310 条，但河流大多短小，山高坡陡，汛期洪水陡涨陡落，河流中下游两岸是洪涝灾害多发区。加之深圳市海岸线长 258km，海域面积 1145km²，近海海域面积广阔，自然条件复杂，容易遭受台风等海洋性气候影响。

成都市地处四川盆地西部，青藏高原东缘，地势由西北向东南倾斜，西部属于四川盆地边缘地区，以深丘和山地为主，海拔大多在 1000～3000m，东部属于四川盆地盆底平原，为岷江、湔江等江河冲积而成，是成都平原的腹心地带，主要由平原、台地和部分低山丘陵组成，海拔一般为 750m 左右，最低处在简阳市沱江出境处河岸。成都市由于巨大的垂直高差，在市域内形成了三分之一平原、三分之一丘陵、三分之一高山的独特地貌类型，由此也导致成都市常受洪涝影响。

8.2.2 人为因素

1. 城市化发展

城市化是一种复合性、规模化的人类活动进程，涉及生产、生活方式的深刻转变和城乡经济、社会和空间结构的动态变迁。城市化是社会发展的必然产物。世界城市化已进入快速发展通道，预计 2030 年全球城市化率将达到 60%。2016 年，我国《国民经济和社会发展第十三个五年规划纲要》提出，坚持以人的城市化为核心、以城市群为主体形态、以城市综合承载能力为支撑、以体制机制创新为保障，加快新型城市化步伐，推进城乡发展一体化。到 2030 年，我国城市化率预计将达到 67.81%。过去 30 年我国以大规模的土地开发和基础设施建设作为城市发展的主要推动手段，城市化呈现出明显的粗放式、非集约化特征，偏重城市发展规模和速度，而轻城市发展质量、忽视资源环境代价，导致"城市病"十分突出。在城市化进程中，下垫面剧烈变化，产生了显著的城市化水文效应，导致城市洪涝灾害问题日益凸显，成为影响城市公共安全的突出问题。

21 世纪以来，我国已经从农业社会跨进了城市社会，1978—2016 年，常住城镇人口从 1.72 亿人增加到 7.93 亿人，城市化率从 17.9% 提升到 57.35%，预计将在 15～20 年后达到 75% 的城市化率。以北京市为例，借鉴多种指标综合评定的方法评估北京市的城市化水平，一般包括人口职业的转变、产业结构的转变、土地及地域空间的变化。目前用于评价城市化水平的指标主要包括人口城市化指标、经济城市化指标、空间城市化指标以及社会城市化指标等。鉴于传统单一的城市化水平测定指标的不足，目前对城市化水平测定多采用多种指标综合评定的方法。选择人口指标、经济指标和城市建设指标（表 8.6），其中人口指标（PI）选择城镇人口比重、城镇人口规模和建成区人口密度三个指标，经济指标（EI）选择人均 GDP 和第二、第三产业占 GDP 比重，城市建设指标（UI）则主要选择建成区面积、人均建成区面积和人均道路面积。数据来源为《北京统计年鉴》《中国城市统计年鉴》和《中国城市建设统计年鉴》。

表 8.6 城市化水平综合测度指标体系

一级指标	一级权重	二级指标	二级权重
人口城市化	0.41	城镇人口比重/%	0.1722
		城镇人口规模/万人	0.1066
		建成区人口密度/(人/km²)	0.1312
经济城市化	0.35	人均 GDP/(万元/人)	0.2030
		第二、第三产业占 GDP 比重/%	0.1470
空间城市化	0.24	建成区面积/km²	0.0960
		人均建成区面积/(m²/人)	0.0816
		人均道路面积/(m²/人)	0.0624

利用改进层次分析法的模糊综合评价方法（AHP - FCE）计算上述各种指标的权重系数（表 8.6），构建反映城市化空间属性、人口属性和经济属性的综合城市化指数 CF：

$$CF = \omega_1 PI + \omega_2 EI + \omega_3 UI \tag{8.2}$$

其中
$$\omega_1 + \omega_2 + \omega_3 = 1$$

式中：ω_1 为人口城市化的权重；ω_2 为经济城市化的权重；ω_3 为空间城市化的权重。

从综合城市化指数 CF 来看 [图 8.10（a）]，北京市在 1980—2015 年间大致经历了三个不同的发展时期：稳步发展阶段（1980—1989 年）、快速发展阶段（1990—2000）和高速发展阶段（2001—2015 年）。第一个阶段，城市化速度较慢，城市化发展水平较低，综合城市化指数 CF 年均增长速率为 0.3%；第二个阶段，城市化水平发展迅速，综合城市化指数 CF 从 17% 增加到 40.7%，年均增长速率达到 2.15%；第三个阶段，受北京申奥成功及国家政策的影响，北京城市化发展进入高速发展期，在该阶段综合城市化指数 CF 增加了 1.3 倍，2015 年达到了 94.8%。从人口城市化指标分析 [图 8.10（b）]，与综合指标变化相一致。1980 年北京城镇人口为 521.1 万人，城镇人口比例为 57.6%，而 1989 年达到 61.8%；在第二个阶段，城镇人口增长显著，该时期城镇人口首次超过 1000 万人（达到了 1057 万人），城镇人口比例增加了 15.7%；21 世纪以来北京城镇人口继续保持稳定的增长态势，2015 年已达到了 1877 万人，城镇人口比例高达 86.5%。人口密度与城镇人口的变化趋势基本一致。从经济城市化指标分析 [图 8.10（c）]，人均 GDP 指标呈现指数增长趋势，由 1980 年的人均 1500 元增加到 2015 年的人均 10.6 万元；对于第二、第三产业占 GDP 比重的变化，可大致分为两个阶段，1990 年之前存在小幅回落，1990 年以后保持稳定增加，总体而言北京的第二、第三产业占 GDP 比重一直较大，均超过 90%。从空间城市化指标分析 [图 8.10（d）]，人均道路面积指标虽有增加，但并不明显；而建成区面积变化大致分成两个阶段，即 2000 年之前的平稳增加阶段和 2001 年之后的高速发展阶段；而对于人均建成区面积，除了 2000—2003 年间处于增长阶段，其余时间均处于下降态势，在一定程度上说明北京市空间城市化速度小于人口城市化速度。

2. 城市规划与管理

随着城市化规模日益扩大，城市规划与管理成为影响城市洪涝灾害的另一关键因素。近年来我国城市迅猛发展，城市规划往往赶不上城市化快速发展步伐，而且总体规划以及各类规划并不能完全协调好城市化建设进程。在城市开发过程中，从中心区逐渐向周边区域辐射，城市规划往往不能完全规划到城市发展的最终程度。对于城市洪涝影响最明显的城市规划，除了城市总体规划外，还包括城市防洪规划、城市排水规划、城市土地利用规划等各类专业规划。

我国早期城市发展其整体规划并不科学，往往比较注重社会经济增长，受公共交通便利、商业区打造、经济效益最大化等影响，城市规划理念过度追求经济效益，而对于城市生态环境和城市安全的重视度不足，城市化给公众生活带来明显改善，但规划缺陷所带来的问题也日渐凸显，以往解决城市洪涝问题主要依据给排水专业的技术支持，通过管道排水、人工抽水等措施，这些应对策略并不能从根源解决洪涝灾害的问题，理念的转变和根源的治理是解决难题的关键。

我国城市规划理念的问题主要体现在"重地上轻地下"，城市"地上"发展迅速，高楼耸立，道路建设四通八达，而"地下"排水管网的布置和维护工作步履维艰，勉强维持城市居民的日常排水和企业排污，强降雨期间频出问题。第十二届全国人民代表大会中提

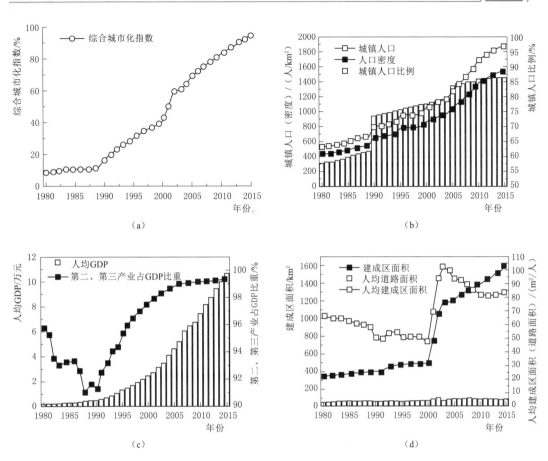

图 8.10 北京市城市化指标测定结果

到：统筹城市地上地下建设，再开工建设城市地下综合管廊 2000km 以上，启动消除城区重点易涝区段三年行动，推进海绵城市建设，使城市既有"面子"，更有"里子"。"面子"决定了城市硬件的"公共性"和"现代性"，而"里子"则决定了城市管理的"舒适性"和"安全性"。把"里子"工作做到位，才能确保公众财产生命安全不受侵害，城市健康可持续发展。

管理部门之间难以有效沟通，缺乏系统性、全面性管理；在突发性灾害出现时反应较慢、灵活性不足。排水管网系统的日常维护不到位，老旧设置不能及时更换、管道阻塞不能及时维修等问题造成管道排水能力下降，勉强维持日常生活排水和城市排污，安全隐患严重，雨季难以及时排出雨水造成城区多处积水。此外，相关部门的宣传和监督工作不到位，民众缺乏对排水管道的保护、清洁意识，日常生活用水时生活垃圾排入管道，特别是一些不易清除、易粘连的物品阻塞在管道里，减少了管道排水量，影响过水速度和流量。由于缺乏专业管理和维护排水管网人员，在管道维修和改造时，相关人员敷衍、随意，混接水管，破坏原有管网系统平衡，造成排水压力，出现排水问题。

科学的城市防灾体系可以有效降低灾害带来的损失，通过制订有效应急预案、利用排涝设施、安排救援人员等措施及时将积水排出。目前多数城市防灾系统不完善，主要表现在成员单位之间缺乏有效的衔接机制，各成员单位基本上是"单兵作战"，涉灾各部门、各地区条块分割，互相之间缺乏协作，灾后相互独立，各自应对，缺乏配合，有些部门不及时上报各自收到的信息，导致信息交流和共享不畅通。有些处于同一个流域的几个区只顾本辖区的防汛，抢险资源没有进行有效整合。

8.3 城市洪涝成因

在全球气候变化的大背景下，随着我国城镇化的快速发展，城市洪涝问题愈加凸显。虽说快速城市化背景下城市洪涝是多种因素综合作用结果，但快速城镇化是我国当前城市洪涝频发广发的基础，气候变化则是城市洪涝发展的重要推手。

8.3.1 城市暴雨变化

暴雨是城市洪涝形成与发展的直接因素和最主要因素，首先气候变化导致极端气象事件频发，城市区域发生极端暴雨或短历时强降水概率增加；其次，城市化发展导致城市局域小气候变化，形成城市热岛与雨岛效应，进一步增强了城市暴雨频率与强度，从而加剧了城市洪涝问题。

一般而言，大气降水和上游来水是城市洪涝灾害的主要水源输入和影响因子。鉴于近年来我国城市洪涝多以城市内涝为主，重点考虑大气降水的影响，特别是汛期短历时强降水的影响。为此，选择水文部门常用的年最大降水量（以 1h 为例）和气象部门常用的极端降水事件作为评价指标衡量区域强降水变化特征。其中，最大 1h 降水量根据水文年鉴数据搜集整理各个雨量站点每年最大 1h 降水量构建相应样本序列；而对于极端降水事件，则以百分位阈值（95%）和固定阈值（日降水量不小于 50mm）作为基准筛选，由此计算相应的降水发生率和降水贡献率。其中，降水发生率是指一年内符合某一标准的降水事件次数，而降水贡献率则是指一年内符合某一标准的降水事件的降水总量占汛期降水量（6—9 月）的比值。

下面以北京为例，以城区的松林闸、右安门、乐家花园、高碑店、卢沟桥、温泉和通州站作为典型站点分析城区强降水变化特征。

根据 1960—2012 年最大 1h 降水量和汛期降水量［图 8.11（a）］的变化结果，可发现汛期降水量表现为下降趋势，下降速率为 8mm/10a，与同时期的区域年降水量的变化趋势一致，而最大 1h 降水量则表现为上升趋势，上升速率为 1.8mm/10a。分阶段来看，20 世纪 60 年代和 70 年代均值约为 35mm，而 1980 年以后的三个年代（20 世纪 80—90 年代和 21 世纪头 10 年）的最大 1h 降水量均值均超过了 40mm，特别是 90 年代达到了 43.6mm（最大值 63.5mm，最小值 15.5mm），由此表明区域最大 1h 降水量呈现增加趋势。根据最大 1h 降水量和汛期降水量可计算得出最大 1h 降水量占汛期降水量的比值均值为 8.8%（3.9%～16.7%），从不同时期的表现来看，20 世纪 60—70 年代相对较小，分别为 8.1% 和 7.2%，而 90 年代与整个时期平均值相当，80 年代和 2000—2012 年则分别为 9.6% 和 9.9%，说明最大 1h 降水量在汛期降水量中的比重也表现一定的增加趋势，特别是在 1999—2010 年期间北京处于较长时期的干旱周期，最大 1h 降水量占汛期降水量的比值较大。从极端降水角度出发，根据百分位阈值［图 8.11（b)]和固定阈值［图

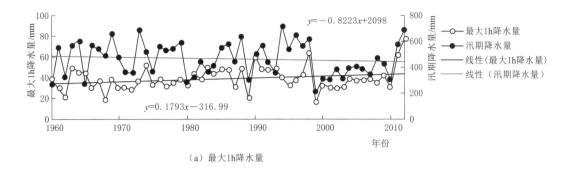

（a）最大1h降水量

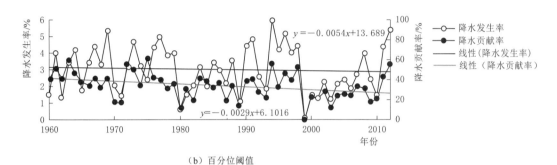

（b）百分位阈值

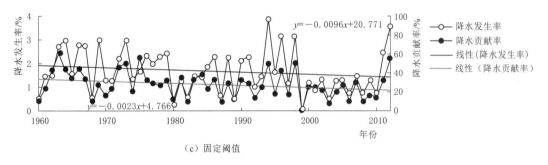

（c）固定阈值

图 8.11　北京市城区降水指标变化

8.11（c）]的结果可知，在95%阈值条件下，部分站点的阈值未达到大暴雨等级（即日降水量超过50mm），因此百分位阈值分析结果较固定阈值分析结果的降水发生率偏多，但整体上两种阈值的分析结果保持一致，其主要指标降水发生率和降水贡献率在全部时期内均表现出下降趋势，与汛期降水量的变化趋势相一致，由此可知极端降水事件主要受区域气候条件的影响较为明显。在95%阈值条件下，极端降水事件发生频次均值为3次（0～6次），而每年发生大暴雨以上等级降水事件约1.7次（0～3.8次），发生上述强降水事件的降水量约占汛期降水量的比重分别为34%（0～61%）和27.6%（0～60.6%），由此说明北京市的主要降水量受强降水事件的影响显著。

对济南市、深圳市、成都市分别统计最大1h降水量、最大日降水量以及95%强降水之和（R95）的趋势变化。根据济南市降水指标（图8.12）的变化结果，可发现济南市最大1h降水量、最大日降水量及R95均表现为上升趋势，上升速率分别为0.27mm/10a、

1.12mm/10a、1.37mm/10a。分阶段来看，最大 1h 降水量呈先降低后增加的 V 形趋势，而最大日降水量和 R95 则先降低，在 20 世纪 80 年代均值最小，90 年代剧增达到均值最大值后又下降，由此可见，济南市区降水在波动中增加。

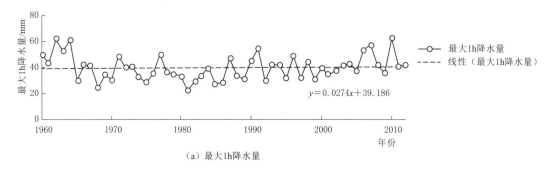

（a）最大1h降水量

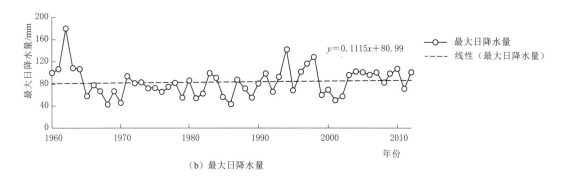

（b）最大日降水量

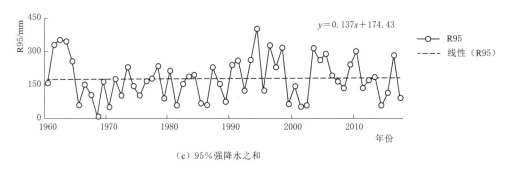

（c）95%强降水之和

图 8.12　济南市降水指标变化

图 8.13（a）显示深圳市最大 1h 降水量呈增加趋势，趋势值为 1.6mm/10a，年际间均值呈两个上升—下降阶段变化，但第二阶段均值明显增大（20 世纪 70 年代为 46.4mm，90 年代为 55.5mm），表明最大 1h 降水呈现增加趋势。图 8.13（b）和图 8.13（c）显示最大日降水量和 R95 均呈下降趋势，下降速率分别为 5.6mm/10a 和 13.4mm/10a，年际变化显示最大日降水量表现为下降—上升—下降的趋势，但上升后的均值较前一阶段减小，表明最大日降水量整体呈下降趋势；95% 强降水在 1960—1990 年间呈下降趋势，1991—2010 年间快速增加，进入 21 世纪后又急速降低，表明深圳市降水变化波动剧烈。

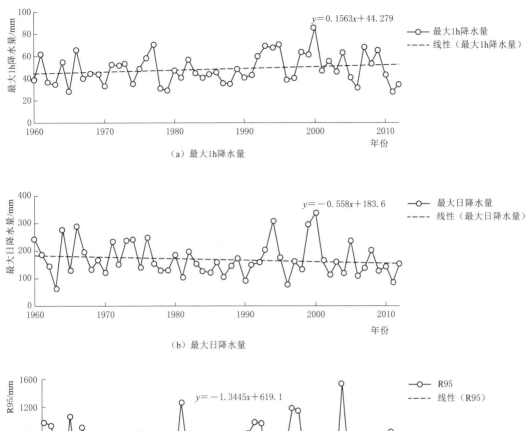

（a）最大1h降水量

（b）最大日降水量

（c）95%强降水之和

图 8.13　深圳市降水指标变化

成都市最大 1h 降水量（图 8.14）年际间波动剧烈，但从阶段变化来看变化不明显，20 世纪 60 年代和 70 年代均值为 39.4mm，此后均值约为 41mm，因此整体来看成都市最大 1h 降水量呈微弱增加趋势，趋势值为 0.6mm/10a。最大日降水量以 0.8mm/10a 的速率下降，大致可以分为三个阶段：第一阶段（六七十年代）降水量下降，降水均值约下降 10mm；第二阶段（80 年代）降水快速增加，均值较上一年代约增加 20mm；第三阶段降水下降，进入 21 世纪后最大日降水量快速下降（90 年代约下降 3mm，21 世纪头 10 年约下降 15mm）。与最大 1h 降水量和最大日降水量波动变化相比，95%强降水之和有明显的下降趋势（20 世纪 60 年代均值为 377mm，21 世纪头 10 年均值为 320mm），下降速率为 16.6mm/10a，降水波动较明显。整体来看，成都市极端降水呈现明显的下降趋势，最大 1h 降水量虽有增加但增加速率较慢。

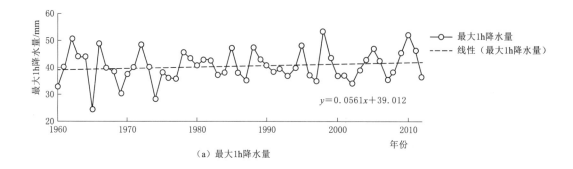

（a）最大 1h 降水量

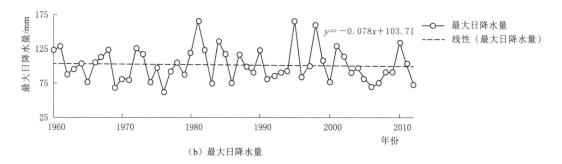

（b）最大日降水量

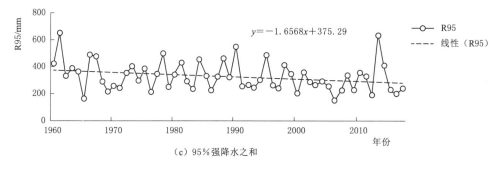

（c）95% 强降水之和

图 8.14 成都市降水指标变化

综合以上四个城市降水变化特征可知，虽说在年降水量或最大日降水量出现下降的趋势下，短历时强降水呈现出不同程度的上升与增强趋势，在一定程度上对城市洪涝灾害的影响更为直接，极大地增加了城市洪涝风险。

8.3.2 城市产汇流特性变化

城市下垫面变化使得区域不透水面积增加，改变了城市水循环过程，导致径流系数和径流量增加，洪峰流量增加，进而加剧城市暴雨洪涝风险。以北京六环内范围为例（图 8.15，见文后彩插），土地利用在近 40 年变化最显著的特征是城乡居民建设用地面积急剧增加，由 1980 年的 33.14% 增加到 2015 年的 66.32%，而耕地面积则急剧减少，由 56.86% 减少到 24.98%，由此可知城镇建设用地的大量增加，会极大地改变城市水文循环过程。为了分析城市区域产汇流特性变化，以北京老城区的通惠河乐家花园以上流域和新城区的凉水河大红门闸控制流域为例分析北京市城市化发展对降雨径流关系的影响。结合北京市水文总站的调查资料，根据乐家花园以上流域的 28 场洪水资料（20 世纪 50 年代 4 场、80 年代 6 场、90 年代 9 场以及 2000 年后 9 场）和大红门闸控制流域的 30 场洪水资料（20 世纪 80 年代 7 场、90 年代 7 场和 2000 年后 16 场）建立不同年代的降雨径流相关关系，如图 8.16 所示。具体流域基本特征与降雨径流相关统计结果见表 8.7。根据以上资料统计乐家花园以上流域在四个时期的平均径流系数分别为 0.45、0.48、0.56 和 0.49，而新城区的大红门闸控制流域在三个阶段的平均径流系数分别为 0.07、0.09 和 0.15。表 8.7 表明随着不透水面积比例的增加，径流系数有所增大，洪峰流量有一定的增加，汇流历时有减小趋势，峰现时间有所提前。

图 8.16（a）显示乐家花园以上流域 20 世纪 50 年代降水量较大（平均场次降水量 123.5mm），而径流系数相对偏小；80 年代和 90 年代降雨径流相关线均位于 50 年代右下方，表明 80 年代和 90 年代径流系数呈增加趋势，即相同降水量产生的径流量增加；2000 年后的降雨径流相关线位于其他三个时期的中间，除 20120721 号场次外其余场次降水量整体偏少，整体径流系数较 90 年代有所下降，与 80 年代基本相当。以上结论基本与流域内

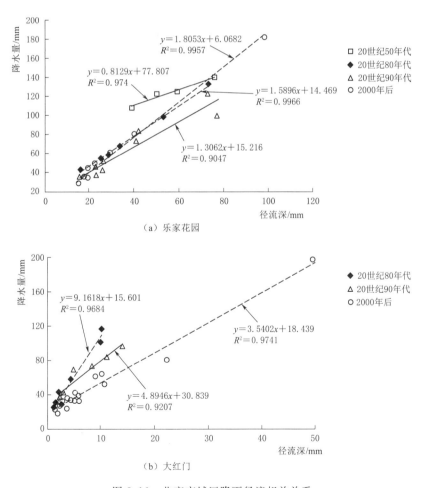

图 8.16 北京市城区降雨径流相关关系

表 8.7 北京城区降雨径流特征统计

流域	时间段	流域面积/km²	不透水面积比/%	降水量/mm	径流深/mm	洪峰流量/(m³/s)	径流系数	峰现时间/h	汇流历时/h
乐家花园以上流域	20世纪50年代	90.38	61	108.9~139.6	39.3~75.5	166~195	0.36~0.54	4~9	18~22
	20世纪80年代	94.03	77	42.5~133.2	15.9~73.5	103~388	0.38~0.55	1~7	10~13
	20世纪90年代	94.03	88	34.8~121.5	16.2~77.2	168~288	0.50~0.69	1~5	4~15
	2000年后	94.03	86	29.3~182	14.7~98.3	72.5~440	0.44~0.54	1~7	5—16
大红门闸控制流域	20世纪80年代	137.2	31	28.9~116.8	1.3~10.3	13.2~72.8	0.05~0.10	3~8	8~21
	20世纪90年代	137.2	61	35.4~96	2.1~13.9	20.6~50.9	0.06~0.15	2~6	8~24
	2000年后	137.2	62	19~197.3	1.4~49.4	14.9~513	0.06~0.27	1~6	7~24

不透水面积变化相一致，表 8.7 中数据显示 50 年代不透水面积比最低，90 年代不透水面积比最高，2000 年后因城区硬化路面改造与绿地面积增加使得不透水面积比例有所回落。图 8.16（b）显示大红门闸控制流域的径流系数随着不透水面积比例的增加呈现明显增加趋势，基本反映了城市化发展对产汇流特性的影响规律。

为了更好地分析城市化对产汇流特性的影响机制，选取其中一些典型场次分析降雨产汇流特征，见表 8.8。乐家花园以上流域 4 次洪水中 19590806 号降水量最大，最大 1h 降水量最强，但径流深和洪峰流量最小。相比较而言，19840810 号降水量减小了 9.4%，最大 1h 降水量降低了 27.5%，而径流深增加了 37.7%，洪峰流量增加了 64.1%，峰现时间基本相似，但汇流时间 19840810 号明显缩短。而 19960719 号洪水的径流深增加尤为明显，增加了近 1 倍（96.4%）。20040710 号洪水在降水量减少的情况下，径流深与 19590806 号基本相当，洪峰流量增加 26.2%，而汇流时间提前显著，减少了 58.9%。对比 19840810 号和 19960719 号，两场降水量基本相同，90 年代的产水量（径流深）较 80 年代高 42.7%，然而洪峰流量却是 80 年代较高，除了受其他因素（如前期影响雨量等）影响外，一定程度上也反映了不透水面积比例的增加对于产流过程影响较汇流过程更显著。相较于老城区的乐家花园以上流域的关系复杂性，新城区的大红门闸控制流域的降雨径流关系相对简单，基本表现为随着不透水面积比例增加，径流深和洪峰流量呈现明显增加，汇流时间显著减少。

表 8.8 典型洪水场次产汇流基本特征对比

流域	洪水编号	降水量/mm	最大1h降水量/mm	径流深/mm	径流系数	峰现时间/h	汇流时间/h	洪峰流量/(m³/s)
乐家花园以上流域	19590806	108.9	49.5	39.3	0.36	6	18	195
	19840810	98.7	35.9	54.1	0.55	7	12	320
	19960719	99.6	21.2	77.2	0.69	4	14	288
	20040710	81	27.9	40.1	0.5	3.8	7.4	246

续表

流域	洪水编号	降水量/mm	最大1h降水量/mm	径流深/mm	径流系数	峰现时间/h	汇流时间/h	洪峰流量/(m³/s)
大红门闸控制流域	19860703	43.5	8.2	2.0	0.05	3	17	14.2
	19950816	42.5	14.4	3	0.07	3	8	23
	20050803	42.6	19.8	5.3	0.13	5	7	43.1

8.3.3 城市排水格局及设计标准

城市化发展改变了天然的排水方式和排水格局，城市排水体系中增加了城市排水管网环节，城市排水模式一般采用地表—管道—（泵站）—河道的分级排水模式（图8.17），

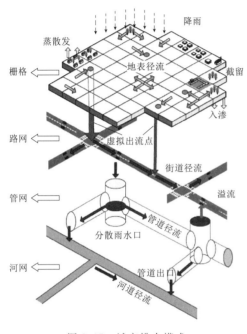

图 8.17 城市排水模式

由于管道排水不畅的弊端以及管道和河道排水之间的衔接和配套不合理，河网水系退化和大量人工建筑物的出现，使得原有排水路径发生很大改变，排水格局紊乱，增加了城市排水系统的脆弱性，由此可知城市排水环节在一定程度上成为城市防洪排涝的薄弱环节，增大了城市洪涝风险。其次，我国早期城市建设中城市排水管网设计标准普遍偏低，再加上城市快速发展背景下"重地上、轻地下"的发展模式导致城市排水管网建设欠账太多。虽说在2014年版《室外排水设计规范》（GB 50014—2006）中较大幅度提高了我国雨水管渠设计重现期标准，但现存的老旧管网仍然较多，导致城市排水不畅引起城市洪涝问题。再者，城市化建设在一定程度上改变了城市区域原有的补-径-排关系，改变了相应的汇水范围，加之地下空间的开发利用，人为增加形成了区域性洼地，从而加剧了城市洪涝灾害风险。

以北京市为例，根据统计年鉴资料，北京排水管网总长度从1980年的1423km增加到2015年的15528km，虽说排水管网总长度增加较大，但相对密度（相对建成区面积）而言仍略显偏低，如图8.18所示。同时此前北京地区管网排水标准也相对偏低，一般排水干线1年一遇，城市环路1~2年一遇。现有城区排水管线中1980年前建成的约有1200km，整体排水能力较弱。据2011年的核查数据，北京城区主要道路雨水管道总长约943km，其中排水标准大于或等于3年一遇的雨水管线只有142km，占总数的15%。即使根据北京市城区排水设计标准1~3年一遇，每平方千米排水设施能力可达到8.5~11.8m³/s，排水设施正常应能够应对47mm/h和66mm/h强度的降雨，而实际暴雨中常常出现超过上述标准的情况，如2004年城区平均降雨强度35mm/h，重点地区达到50mm/h，基本在排水设计标准以内，但仍有多处发生严重积水。2011年6月23日的暴雨，平均降雨强度50mm/h以上的区域达到300km²以上，平均降雨强度100mm/h以上区域近40km²，超过相应的排水设计标准，造成多处内涝。对于其他城市也存在此类问

题，2014 年《室外排水设计规范》（GB 50014—2006）出台前，多数排水管网设计标准采用 1 年一遇，标准较发达国家水平偏低。

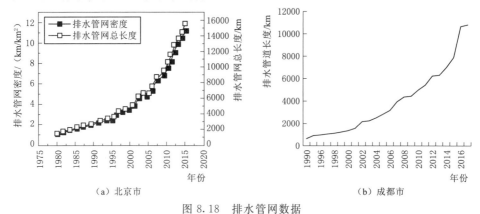

图 8.18 排水管网数据

此外城市排水管网密度偏低也是我国排水设施建设滞后的基本问题，如深圳市 2014 年的城市排水管网密度平均约 6km/km²，特别是对于原特区之外的区域排水管网密度仅 3～4km/km²，而欧美国家多数都是在 10km/km² 以上。根据对深圳现有积水内涝点原因调查，发现由于管网老旧、管径设计标准偏低，导致排水能力不足而产生内涝点共 149 个，占比约 33%，同时管网堵塞与不通等原因占比约 15%，总体而言因管网排水

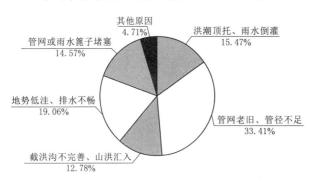

图 8.19 深圳市现有内涝积水点原因占比

问题导致内涝积水占比近 50%，由此可知城市排水管网运行能力直接影响城市洪涝风险，如图 8.19 所示。深圳市雨水管道设计标准一般采用国家标准的较高值（表 8.9），但 2007 年之前的排水管道标准，特别是原特区之外的一般地区，统一按照 1 年一遇设计，已不能满足区域排水需求，是造成部分旧城区管道建设标准偏低的重要原因。

表 8.9 　　　　　　　　　　　深圳市排水管道设计标准与国家标准对比

年　份	区　　域	雨水管道设计重现期/年	
		深圳市标准	国家标准
2004	一般地区	0.5～3	1
	低洼地区、易淹地区及重要地区	2～5	2～3
	下沉广场、立交桥、下穿通道及排水困难地区	2～5	5～10
2007	一般地区	0.5～3	2
	低洼地区、易淹地区及重要地区	3～5	3
	下沉广场、立交桥、下穿通道及排水困难地区	3～5	5～10
2013	一般地区	1～3	2
	低洼地区、易淹地区及重要地区	3～5	3～5
	下沉广场、立交桥、下穿通道及排水困难地区	3～5	5～10

年　份	区　　　域	雨水管道设计重现期/年	
		深圳市标准	国家标准
2014	一般地区	2～3	3
	低洼地区、易淹地区及重要地区	3～5	5
	下沉广场、立交桥、下穿通道及排水困难地区	5～10	≥10

8.3.4　城市雨洪调蓄能力变化

城市发展压缩了城市雨洪调蓄空间，增加了城市洪涝风险。城市雨洪调蓄消纳主要通过两条途径：一是城市内部的调蓄水体，如坑塘水体等直接消纳；二是城市内部连通河湖水系，调蓄洪水。快速城市化扩张导致耕地、林地大幅减少，湿地、水域衰减或破碎化，河道沟壑被填埋或暗沟化，导致河网结构及排水功能退化，降低区域水量调蓄能力。此外，由于城市生态环境等考核指标限制，在遭遇暴雨内涝时，部分城市水体不能作为有效调蓄空间，不允许城市雨洪直接排入，导致城市雨洪消纳困难。

城市的河湖水面是调蓄雨洪的主要设施，当发生超过排水系统排水标准降雨强度或降雨过程时，应采用河湖水面或蓄水设施暂时蓄存，降低雨洪峰值和延缓峰值到达时间，待降雨峰值过后再从调蓄设施缓缓排至排水系统或在调蓄设施中对集蓄的雨水加以利用。通过雨水调蓄设施可以有效地缓解排水系统的压力，并解决排水设施能力不足和设计标准偏低的问题。然而，随着城市快速发展，城市中原有的河湖水面经过大规模改造，已所剩无几，留存的河湖水面规模也大幅度缩减，雨水调蓄能力急剧降低，已基本失去了雨水调蓄作用，在新的建设中又疏于建设相应的雨水调节设施，一旦遇到降雨量超过排水设施能力，多余的水排不出去，又无处蓄存，于是只能漫上街道，形成内涝。

城市雨水调蓄的另一种形式是将雨水存于地下，通过大面积保留透水性好的绿地，建设透水地面以及地下蓄水池来留住雨水，一方面减少需要排出的水量，另一方面将雨水转化成水资源留存起来。现在很多城市在规划中还能提出保持相应绿地的要求，但在建设中，城市绿地却一再受到压缩，硬化地面越来越多，不仅使城市环境变得恶劣，而且使能吸纳雨水的地面也越来越少。另外，硬化地面的铺装多采用不透水材料，降雨无法渗透进地面，均以超渗产流形式产出，雨洪峰值加强并加快产生，全靠排水系统排出，更加重了排水设施的负担。

根据土地利用变化趋势可以看出，四个典型城市在 40 余年间都经历了快速城市化过程，城镇建设用地增加明显，耕地减少显著，这极大地增加了城市下垫面不透水面积空间分布。北京市城区内环范围内不透水面积变化如图 8.20 所示。1949 年北京二环路内城区面积为 109km^2，水域面积较大（包括中南海、北海、前海、西海、后海），雨水调蓄能力强。到 21 世纪初，六环内建成区面积已超过 90%，湖泊面积缩小，湿地消失，洼地被填平，城区雨洪调蓄能力急剧减小。北京城市化建设过程中，城区水面率大幅降低，影响了城市滞蓄雨洪能力。城市化发展过程中，由于城市建设与河道治理脱节，排水设施规划和建设不到位，与河道排水衔接不足，以及城市中小河道缺乏有效规划，造成城市排水系统不畅，进而导致城市因排水不畅而引发暴雨内涝。同时，城市化建设使得城区不透水面积增加，地面几乎失去滞留和渗透雨水的功能，建筑物的屋面以及公园、停车场、运动场等，都缺少拦阻和存储雨水的设置，而绿地为了增加景观往往高出地面，遇暴雨时草地的水反而流向道路，使得城市雨洪调蓄能力很低。

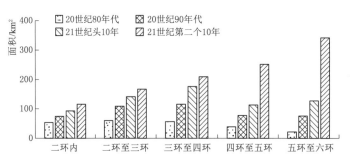

图 8.20　北京市六环内不透水面积变化情况

8.3.5　城市规划与建设问题

城市规划与城市建设问题是我国城市洪涝频发的间接驱动因素。在城市规划方面，存在的主要问题包括城市规划赶不上城市化发展步伐、城市总体规划对洪涝灾害重视不足、城市规划中防洪排水除涝标准不协调、城市规划中对生态环境系统影响等考虑不足以及缺乏人与自然和谐相处的空间布局及规划等。

1. 总体规划重视不足

中国进入快速城市化阶段，城市发展呈摊大饼的形式，不断向外扩张，部分地区由于用地紧张，不得不向地势低洼等不利于城市建设的地方发展，使得排涝规划被动地去适应总体规划所产生的城市空间形态，不能对城市总体规划提出反馈。为了满足城市发展对土地的需求，在规划过程中将城区的许多支流小河道规划成可建设用地，导致城内不透水面积增加而行蓄洪面积减少，使城区雨水向低洼区域汇集，从而造成内涝灾害。

历史上北京城内有比较完善的排水系统。但随着城市的不断扩张和发展，许多明沟改成了暗沟。比如西城区的赵登禹路以及原来的南、北新华街等，下面都有暗沟；北京内城的护城河，包括宣武门、西直门、复兴门、阜成门等位置的西护城河和东护城河，基本上都变成了暗沟。北京城内原来有很多水坑，尽管影响市容，但是有蓄洪的作用，下雨后洪水可以临时汇集到这里，现在大部分被填平了。

沿江城市基本处于水网地区，海拔相对较低。千百年来，这些地区被风雨冲刷出星罗棋布的沟塘水系，具有天然良好的调蓄雨水、涵养渗流的功能，与自然已形成天地合一、相对平衡的关系。然而在新中国成立后的城市建设中，由于考虑不周，盲目填埋天然水系，使得城市的排蓄功能锐减。

2. 规划与建设不协调

城市化使得城市暴雨越来越频繁，城市暴雨造成的影响也越来越严重。在排涝规划中设计合理的排水机制，提高排水管网、泵站的排水能力虽然可行，但耗资大、见效慢。解决城市内涝必须做到蓄、滞、排相结合，这需要与城市其他专项规划相协调。例如与城市雨水利用规划相结合，将雨水资源化，减少地表径流量；与城市景观规划相结合，使公园、广场的竖向标高低于周边用地，依托这些公园和广场建立一个临时滞洪区；等等。

3. 城市建设不足

在城市建设方面，前期多数城市建设中重视地表建筑与环境改造，忽视了地下空间与管网体系建设，导致地下管网无法充分满足城市排水等基本需求，从而增加了城市暴雨内涝风险。许多城市在开发建设过程中注重打造光鲜亮丽的城市景观、城市轮廓和天际线，却疏于关注城市地下管网和地下空间结构。规划、建设管理部门重视对主体建筑方案的论证把关，而对配套地下管网的设计是否与城市规划的要求相吻合缺乏相应的论证把关。一旦地上建筑完工投入使用后问题爆发，改造难度和资金压力将大大增加。

4. 淤积拥堵

地下空间与管网系统因管理不善、日常维护不足，往往造成不同程度的淤积拥堵问题，使得地下排水管网成为城市防洪排涝的瓶颈。城市化建设初期，修建的排水管沟多采用合流制系统，雨污水在同一管沟中泄流，没有随流冲走的沉积物就积存在管道中；即使是分流制的雨水管沟，降雨初期也有大量污物被带到管沟中沉积下来。随着沉积物越积越多，排水管沟过水断面逐渐减小，排水阻力增加，排水量大为减小。此外，道路上垃圾杂物等在下雨时常常被雨水汇集到雨水口，容易封堵雨水口。

8.3.6 城市洪涝应急管理问题

1. 应急管理体制机制仍不健全

近年，一些地市成立了城市防汛抗旱指挥部，以协调指挥全市防洪减灾工作，但一些城市同时还设立了城市防洪指挥部，存在城区防洪工作多头管理的现象。防汛机构尚未延伸至基层组织，城市街道、社区和企事业单位等基层防汛机构尚存在人员和设施不足、岗位和职责不清等情况。城市防洪应急管理涉及水利、交通、电力、气象、城建、园林、市政、城管等多个部门，部分工作交叉重合。以上情况都容易导致城市防洪应急管理中出现职责交叉、衔接不顺甚至管理缺位现象。

2. 灾害预测预报预警能力不足

近年，受全球气候变化、大规模城镇化运动以及"热岛效应"的影响，我国城市发生突发性灾害天气的频次显著增多。一方面，短历时局部强降雨致灾性很高，但其预测预报难度较大，给城市防洪带来很大挑战，许多城市水文、气象站网还不能及时准确地预报降雨强度和范围。另一方面，城市范围不断扩大，大量地面硬化减少了渗水地面和植被，降雨大部分形成了地表径流，改变了城市洪水形态。且城市地面大多比较平顺，雨后汇流快，雨水快速聚集，使得城市洪涝灾害预警更加困难。加之市政设施积水监测站点覆盖不全，难以及时掌握城市洪涝发生、发展状况，不利于及时发布预警信息。

3. 预警信息传递不畅

灾害预警信息发布是防灾避灾的前提和基础，但在实际操作中，往往会碰到预警信息审批时间长、发送不畅、发送速度慢等问题。从已发生内涝的城市来看，不少市民没有及时甚至是没有接收到政府部门的预警信息，其中一个重要的原因是未建立有效的发布平台或发布速度受到制约，相关部门很难在短时间内向全体市民发出预警信息。另外，灾害发生后，在恶劣天气影响下，网络、广播、电视、手机等信息中断，市民不能及时接收相关信息，无法及时开展自救。

4. 应急预案体系尚不完善

目前有防洪任务的城市大多只编制了应对江河洪水的城市防洪预案，缺乏城市内涝积水、山洪泥石流、交通瘫痪、地下设施雨水倒灌、供水供电中断等次生灾害的应急预案。

同时，城市建设不断向空中、地下发展，出现了大量高层建筑和地下设施，高度集中的供水、供电、能源、通信系统增加了城市的脆弱性，一旦发生洪涝灾害，往往会发生水电中断、交通瘫痪等一系列次生灾害，而缺乏应对这些次生灾害的应急预案，会导致灾害来临时无法及时采取措施，防灾减灾工作难以有效进行。

5. 应急保障能力不足

应急保障是有效开展减灾抢险救援的基础支撑。一些城市缺乏对灾时抢险和平时战备的应急保障要求，尤其是一些北方城市，多年未经历过暴雨洪水考验，防灾减灾意识薄弱，应急抢险队伍、防洪抢险设施和物资储备都有待加强。部分城市防洪应急预案中对通信、信息、供电、运输、物资设备、抢险队伍等的保障措施不够明确，抢险人员和队伍缺乏技术培训和应急演练，严重影响灾后第一时间应急处置的效率。

6. 避险宣传教育滞后

近年，城市暴雨洪涝灾害暴露出城市防灾教育宣传不足，城市居民普遍缺乏防洪减灾意识。特别是城市外来务工、出差、旅游、临时来访等人员，往往成为教育宣传死角，其防灾避险意识和知识更加匮乏，易造成不必要的人员伤亡。2013 年第 19 号强台风"天兔"袭击广东，在防御台风过程中，有 14 名群众因顶风外出，被倾倒树木、电线、高空坠物等砸中导致死亡，暴露出公众面对灾害时避险意识和自救知识的严重匮乏，应急处理能力亟待提高，防灾减灾知识宣传教育工作需要进一步加强。

8.3.7 特殊影响因素

除了以上共同的影响因素外，不同城市由于气候条件、地形地貌、社会发展等的差异还存在着一定的特殊性，如城市立体交通体系带来的城市洪涝风险高发区域，特别是下凹式立交桥成为北京市洪涝易发频发点；以成都市为代表的城市面临山区丘陵平原结合地带的山洪泥石流问题；以深圳市为代表的沿海型城市面临着台风等热带风暴潮以及潮位顶托等问题。

1. 北京市

北京市城区下垫面变化明显，特别是微地形变化增加了城市洪涝风险，如城市建设过程中改变了部分地区的原有地形地貌特征，产生了一些有利于雨水集聚的人工洼地，一定程度上增加了城市防汛排涝的压力，其中下凹式立交桥成为洪涝易发频发点。目前，北京城区 90 座下凹式立交桥分布在二环至五环路沿线，其中二环路 17 座，三环路 22 座，四环路 31 座，五环路及以外 20 座。有 78 座下沉式立交桥的最低点低于河道常年水位，由于设计考虑不周，下沉式立交桥排水标准为 2～3 年，普遍偏低，加重了低洼处内涝灾害。

2. 济南市

济南市城区地势南有丘陵，北有黄河堤，中间夹以沿小清河、黄河的沿岸低地，南北剖面上略呈盆地形式，地势东西平缓，南北高差较明显：二环东路从旅游路至胶济铁路段长 6km，高差 132.5m；舜耕路从二环南路到泺源大街长 5.3km，高差 105m；英雄山路从二环南路至北园大街长 10km，高差 96m。遭遇大雨时，南北向干线通道成为引导南部山区洪水抵达市中心的行洪干渠，增加了市区的洪水流量，增大了市区内部路面积水面积，对城市暴雨洪涝起到放大作用。

3. 成都市

成都市地处成都平原和四川盆地腹地，地形地貌特征特殊，山地、丘陵、平原兼具，地势总体西北高、东南低，由西北向东南倾斜。全市地势差异明显，境内海拔 387～5364m，平均海拔约 500 m，地形起伏变化较为显著。成都市主要江河分布在市域西北部，发源于龙门山及邛崃山的岷江和沱江支流，山区河段地处鹿头山暴雨区和青衣江暴雨区，成为成都市泥石流山洪灾害的易发地区。在"5·12"汶川特大地震后，区域泥石流山洪灾害相对活跃，山洪灾害危险性较高。

4. 深圳市

深圳市地处北回归线以南，濒临南海，属南亚热带海洋性季风气候，受海岸山脉地貌带及海洋气流影响，区域内降雨多以锋面雨、台风雨为主，加之深圳市滨海岸线长度较大，易受太平洋及南海台风暴潮影响，受潮水位顶托而造成的城市内涝情况较多。深圳河流域、深圳湾流域、珠江口流域、大亚湾流域、大鹏湾流域均受潮位影响，其中以珠江口流域最为严重。据统计，深圳海域及周边邻近海域三个潮位站赤湾站（南山区赤湾港）、舢板洲站（茅洲河口）和港口站（惠东）平均最高潮位分别为 2.12m、2.44m 和 1.82m，现状城市地面高程在 1.5～4.5m，城市管道排水及洪水排泄不同程度受到潮水位的影响，加之城市暴雨内涝、流域洪水以及潮汐组合遭遇问题较为明显，加剧了城市洪涝灾害风险。

8.4　变化环境下城市洪水演变驱动机理

由于受到气候变化和人类活动的影响，无法保证水文资料在过去、现在和未来都服从同一分布，这就导致了水文变量在时间序列上的非一致性。大量研究表明一致性假设在水资源规划及危险性评估中不再适用，非一致性洪水频率分析已成为前沿水文科学问题。目前，国内常采用还原法或还现法来考虑非一致性水文频率计算。还原法是指将非一致性时间序列修正为满足一致性条件的时间序列，还现法是将水文资料修正为在现状条件下满足一致性要求的时间序列。大量研究表明传统的还原法或还现法存在"还原失真"和"还原失效"的现象。

目前，对于非一致性水文资料的分析常采用三种方法：基于混合分布、基于时变矩和基于条件概率分布的非一致性水文频率分析方法。由于时变矩法可以灵活地选取与洪水变化相关的解释变量来描述洪水的变化，并且能够对非一致性水文资料进行成因分析，因此，时变矩法成为近年来国内外研究非一致性洪水频率最常采用的方法之一。广义加和模型（generalized additive models for location，scale and shape，GAMLSS）是一种引入位置、尺度和形状的广义参数可加模型，该模型能够灵活地描述统计参数和解释变量之间的线性或非线性关系的特点，为时变矩法提供了强大和便捷的工具。

近年来，北京市洪涝事件频繁发生，而全面科学识别不同等级洪水发生的关键要素，研究气候变化和城市化对城市流域流量变化的影响，对城市防洪工作具有重要的科学意义。本节以高度城市化的温榆河流域为研究对象，借助 GAMLSS 模型，对温榆河流域夏季全概率洪水演变的关键驱动因素进行识别，揭示变化环境下城市流域不同频率洪水演变的主要驱动机理，以期对我国海绵城市建设和城市洪水管理提供科学依据。

8.4.1　研究区概况

温榆河流域位于北京市中部，是北京市城区主要的防洪和排水河道，全长 47.5km，流域面积为 2478km^2。流域属于温带大陆性季风气候，夏季炎热多雨，冬季寒冷干燥，多年平均降水量为 619.0mm，大多数雨量主要集中在 6—9 月，约占全年的 84%。流域位于北京市核心区域，如图 8.21（见文后彩插）所示。自 20 世纪 80 年代以来，随着北京市城市化的高度发展，温榆河流域的土地利用发生了显著变化，不透水面积显著增加，从 1985 年约 4% 的城市化率增长到 2016 年的约 42%。

8.4.2　数据与方法

1. 数据及来源

本书采用温榆河流域出口北关闸 1985—2016 年夏季日尺度流量数据和流域内 10 个气象站的日尺度降水数据，水文、气象站地理位置如图 8.21 所示。水文数据来自北京市水文总站，气温数据来源于中国区域高时空分辨率地面气象要素驱动数据集（China Meteorological Forcing Dataset，CMFD）❶。将流域内 10 个气象站日降水量的平均值作为流域平均降水量，并计算夏季累计日降水量作为降水量驱动因子；将 CMFD 数据累计叠加转换为日尺度气温数据，并计算出研究区域季节气温平均值作为流域气温驱动因子。本书采用北京市逐年地下水埋深来反映温榆河流域地下水埋深状况，该数据来源于北京市水文总站。采用全球逐年人工不透水面积地图来分析温榆河在过去几十年间人工不透水面积的变化过程，采用 Landsat 遥感影像数据，借助 Google Earth Engine 平台建立 1985—2018 年全球不透水面积地图，数据空间分辨率为 30m×30m。图 8.22 为温榆河流域在 1985—2016 年间不透水面积空间变化过程（见文后彩插）。

2. 研究方法

为了对温榆河夏季不同概率洪水的非一致性进行诊断，首先选用 Pettitt 突变检验法对温榆河夏季不同概率流量数据进行突变检验，Pettitt 突变检验能够较好地识别出数据序列的突变点，计算简便，可以明确突变的时间；再采用 GAMLSS 模型对研究区不同概率洪水建立模型；最后采用皮尔逊相关系数法评估 GAMLSS 模型模拟效果及检验优选模型的鲁棒性。

3. GAMLSS 模型介绍

GAMLSS 模型最早于 2005 年由 Rigby 和 Stasinopoulos 提出，是一种广义回归模型，它假设因变量服从一种参数分布，这种分布的所有参数可以通过解释变量的函数来估计，因此，GAMLSS 模型的主要特点是根据解释变量的值允许不同因变量的分布形式。近年来，国内外学者将 GAMLSS 模型应用到水文分析中，而不仅能够对非一致性的水文时间序列进行模拟分析，并且能够对非一致性进行成因分析。

GAMLSS 模型中将 Y 作为预报变量，服从累计分布函数 $F_Y(y_i, \theta^i)$，其中 y_i（$i=$

---

❶ CMFD 数据集是中国科学院青藏高原研究所研发的一套近地面气象与环境要素再分析数据集，包括降水、近地表气温、地表气压、近地表空气比湿、近地面全风速、向下短波辐射和向下长波辐射等 7 个气象变量的数据，时间分辨率为 3h，空间分辨率为 0.1°×0.1°。

$1,\cdots,n$)代表因变量,θ^i表示观测值概率密度函数的参数,$\theta^i=(\theta_1^i,\cdots,\theta_p^i)^2$为包含$p$个参数的向量,通常情况下,分布函数的参数个数$p$不大于4。GAMLSS模型包含了很多半参数加和模型形式,给出一个长度为n的预测向量$y^T=(y_1,\cdots,y_n)$,用g_k来表示连接分布参数与预测量的单调连接函数,其表达式如下:

$$g_k(\theta_k)=\eta_k=X_k\beta_k+\sum_{j=1}^{J_k}h_{jk}(x_{jk}) \tag{8.3}$$

式中:θ_k和η_k为长度为n的向量;$\beta_k^T=\{\beta_{1k},\cdots,\beta_{J_kk}\}$为长度为$J_k$的回归参数向量;$X_k$为一个已知的$n\times J_k$的解释变量矩阵;$h_{jk}$为解释变量的函数,它可以较灵活地采用协变量通过所选的分布函数来描述。

4. GAMLSS 模型建立与优选

本书采用流域夏季平均降水量、流域前期湿度(上一季节降水量)、平均季节气温、流域逐年不透水面积比、逐年地下水埋深作为潜在驱动因子,对温榆河夏季不同概率的流量序列建立GAMLSS统计模型。在建立模型之前,将所有潜在驱动因子序列进行归一化处理,使得所有变量数据序列在同一范围,从而具备可比性。GAMLSS模型采用R语言平台的GAMLSS程序包,根据前人的研究结果,本书采用Gamma分布和Lognormal分布来拟合径流数据,两种分布函数的密度函数见表8.10。在所有的模型当中,位置参数μ和尺度参数σ是分布函数的两个控制参数,本书中将位置参数μ和尺度参数σ分别设置为常量和变量(表8.10),从而可以探讨一致性模型和非一致性模型的优劣。预测变量Y代表夏季从概率95%到5%的观测流量序列,以中位数流量为例,$Y_{0.5}$代表夏季日尺度流量数据序列的中位数。本书共建立了三类模型:第一类模型将位置参数μ和尺度参数σ均设置为常量,该类模型称为一致性模型;第二类模型将位置参数μ和尺度参数σ分别逐一设置为由预测驱动因子构成的函数;第三类模型将位置参数μ和尺度参数σ均设置为不同的由预测驱动因子构成的函数,构成模型集。表8.11给出了本书所采用的模型形式,表中预测驱动因子x_p、x_{aw}、x_t、x_{im}、x_{gw}分别代表降水、前期降水量、气温、不透水面积比和地下水埋深;模型1为一致性模型;模型2是描述降水作为单一预测因子对径流量量级变化影响的模型;模型3是描述降水和前期降水量共同作用对径流量量级变化影响的模型;模型4是描述降水和逐年不透水面积变化双因素对径流量变化影响的模型;模型5是描述降水和气温双因素对径流量变化影响的模型;模型6是描述降水和逐年地下水埋深共同作用对径流量变化影响的模型;模型3~6是对比分析降水与其他驱动因子对径流变化的相互作用的模型。因此,本书不再以前期降水量、不透水面积比、气温以及地下水埋深作为单一因子建立模型,而是将其他四种预测驱动因子与降水因子进行组合,探讨引入其他因子是否能够加强或减弱降水和流量之间的关系。

表8.10   GAMLSS 分布函数表达式及连接函数形式

分布函数	密度函数	连接函数	
		$\log\mu$	$\log\sigma$
Gamma (GA)	$f(y\mid\mu,\sigma)=\dfrac{1}{(\sigma^2\mu)^{1/\sigma^2}}\dfrac{y^{\frac{1}{\sigma^2}-1}\exp[-y/(\sigma^2\mu)]}{\Gamma(1/\sigma^2)}$	常量	常量
		变量	常量
		常量	变量
		变量	变量

续表

分布函数	密 度 函 数	连接函数	
		$\log\mu$	$\log\sigma$
Lognormal (LOGNO)	$f(y\mid\mu,\sigma)=\dfrac{1}{\sqrt{2\pi\sigma^2}}\dfrac{1}{y}\exp\left\{-\dfrac{[\log y-\mu]^2}{2\sigma^2}\right\}$	常量	常量
		变量	常量
		常量	变量
		变量	变量

表 8.11　　　　　　　　　　　GAMLSS 模型表达式及协变量因子

类型编号	模型编号	参数表达式		模型类型
		$\log\mu$	$\log\sigma$	
第一类	1	1	1	一致性
第二类	2	$\alpha_1+\beta_1 x_p$	1	非一致性
	3	$\alpha_2+\beta_2 x_p+\gamma_2 x_{aw}$	1	
	4	$\alpha_3+\beta_3 x_p+\gamma_3 x_{im}$	1	
	5	$\alpha_4+\beta_4 x_p+\gamma_4 x_t$	1	
	6	$\alpha_5+\beta_5 x_p+\gamma_5 x_{gw}$	1	
	7	1	$\alpha_1+\beta_1 x_p$	
	8	1	$\alpha_2+\beta_2 x_p+\gamma_2 x_{aw}$	
	9	1	$\alpha_3+\beta_3 x_p+\gamma_3 x_{im}$	
	10	1	$\alpha_4+\beta_4 x_p+\gamma_4 x_t$	
	11	1	$\alpha_5+\beta_5 x_p+\gamma_5 x_{gw}$	
第三类	12	$\alpha_1+\beta_1 x_p$	$\alpha_1+\beta_1 x_p$	非一致性
	13	$\alpha_2+\beta_2 x_p+\gamma_2 x_{aw}$	$\alpha_2+\beta_2 x_p+\gamma_2 x_{aw}$	
	14	$\alpha_3+\beta_3 x_p+\gamma_3 x_{im}$	$\alpha_3+\beta_3 x_p+\gamma_3 x_{im}$	
	15	$\alpha_4+\beta_4 x_p+\gamma_4 x_t$	$\alpha_4+\beta_4 x_p+\gamma_4 x_t$	
	16	$\alpha_5+\beta_5 x_p+\gamma_5 x_{gw}$	$\alpha_5+\beta_5 x_p+\gamma_5 x_{gw}$	

为了选取各概率流量的最优拟合模型，引入广义 AIC（GAIC）准则作为评判标准：

$$\text{GAIC}=\text{GD}+\sharp df \tag{8.4}$$

式中：GD（global deviance）为模型的全局偏差；df 为模型自由度；$\sharp$ 为惩罚因子，当 $\sharp=2$ 时称为 AIC（akaike information criterion）准则，当 $\sharp=\log k$ 时称为 SBC（schwarz bayesian criterion）准则；k 为解释变量的个数。

AIC 准则和 SBC 准则是 GAIC 准则的两种特例，取 GAIC 值最小的模型作为最优模型，选用 SBC 准则作为评判准则。

由于 SBC 准则不能较直观地反映出优选模型的拟合效果，GAMLSS 模型中 worm 图可反映出优选模型的残差分布，可作为模型的评判标准。为了评估优选模型的鲁棒性，本书采用留一法对最优模型的预报流量值进行交叉验证，即将各个概率各个年份的流量逐一作为预报项，将其余年份的驱动因子作为预报因子，采用最优模型来预报去除年份的流量值，逐一进行这一过程，直至得到所有的流量值。然后采用皮尔逊相关系数法，分别计算观测流量值与模型交叉验证预报值之间的相关系数，从而验证模型对不同概率流量值的拟合效果。

5. 皮尔逊相关系数法

皮尔逊相关系数是描述两个随机变量线性相关的统计量（李秀敏等，2006），取值范围在$-1\sim1$之间，假设两个变量$x(x_1, x_2, \cdots, x_n)$和$y(y_1, y_2, \cdots, y_n)$，两个变量之间的皮尔逊相关系数计算公式如下：

$$r = \frac{\sum xy - \frac{\sum x \sum y}{N}}{\sqrt{\left(\sum x^2 - \frac{(\sum x)^2}{N}\right)}\sqrt{\left(\sum y^2 - \frac{(\sum y)^2}{N}\right)}} \tag{8.5}$$

式中，当$r>0$时，表明两个变量呈正相关，r越接近1表明正相关越显著；当$r<0$时，表明两个变量呈负相关，r越接近-1表明负相关越显著；当$r=0$时，表明两变量相互独立。

8.4.3 结果与讨论

1. Pettitt test 径流突变点分析

采用 Pettitt 法对温榆河夏季不同概率的流量数据进行突变检验，由于篇幅所限，仅列出95%、75%、50%、25%、10%和5%六个概率流量的 Pettitt 突变点检验结果，如图8.23所示。从图中可以看出，不同概率的流量均存在突变点，95%和75%概率的流量突变点发生在2011年，50%概率的流量突变点发生在1996年，25%、10%和5%概率的流量突变点均发生在1998年。

2. GAMLSS 模型优选

GAMLSS 模型可对预测变量的概率分布进行拟合，换言之，GAMLSS 模型拟合的不是一个单一值，而是全概率分布。本书对温榆河夏季不同概率（仅列出部分概率模拟图）的流量数据建立 GAMLSS 模型进行拟合分析，图8.24所示为各概率流量最优模型拟合的全概率分布。从图8.25中可以看出，温榆河夏季高频流量呈现出逐渐上升的趋势，而中高频流量比较稳定；绝大多数观测流量点据位于模拟值范围内，说明优选模型能够较好地捕捉到观测流量的变化特征。

根据 SBC 准则，应将 SBC 值最小的模型作为最优模型。表8.12列出了各个概率优选模型残差分布的均值、方差、偏态系数、峰度系数、Filliben 相关系数、全局偏差和 SBC 值，残差分布的均值越接近0，方差越接近1，偏态系数越接近0，峰度系数越接近3，Filliben 相关系数都大于0.95，证明所选模型的残差分布越接近正态分布。由于 SBC 准则无法直观反映出优选模型的拟合效果，因此采用 worm 图来反映 GAMLSS 模型的拟合效果。图8.25给出了各个分位数优选模型的残差分布 worm 图，图中模型拟合残差值位于两条黑色曲线包围的区域，代表模型拟合效果较好。从 worm 图可以看出，各个概率的流量拟合残差满足要求。为了验证优选模型的鲁棒性，采用留一法对模型拟合结果进行验证，计算观测值与预报值序列的皮尔逊相关系数R。经计算，预测值与观测值之间的皮尔逊相关系数平均值为0.74（表8.12），说明所选最优模型的模拟效果较好。

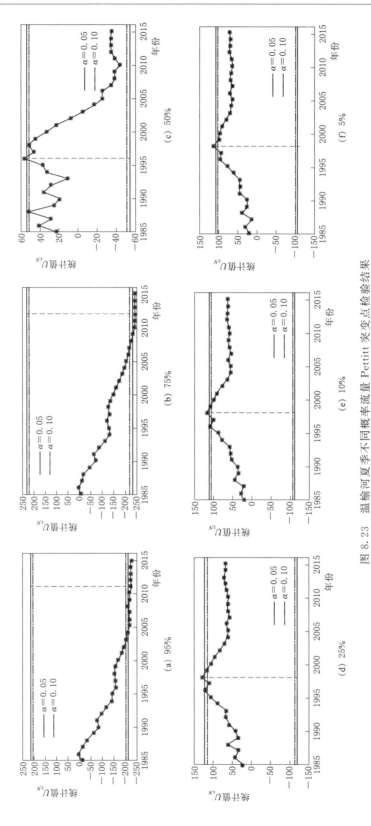

图 8.23 温榆河夏季不同概率流量 Pettitt 突变点检验结果

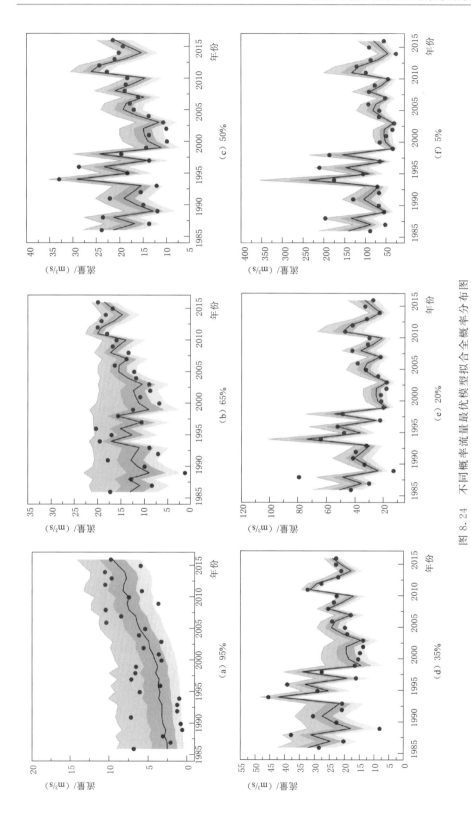

图 8.24 不同概率流量最优模型拟合全概率分布图

● 观测流量值 —— 模拟中位数流量

图中从下到上四条浅灰色和深灰色条带分别代表的 0.05～0.25、0.25～0.50、0.50～0.75、0.75～0.95 分位数流量。

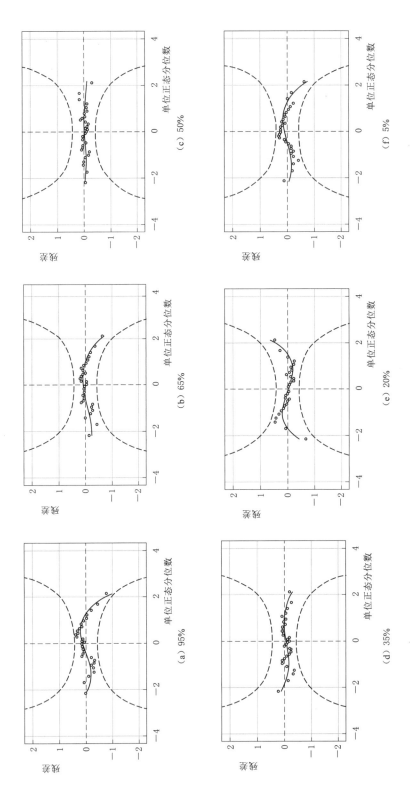

图 8.25　不同概率流量模拟残差 worm 图

○ 模型拟合残差值　—— 模型拟合残差分布　── 三次多项式拟合的 95% 置信区间

表 8.12　　　　　　　　　　　优选模型拟合效果相关参数及相关系数

洪水概率 /%	均值	方差	偏态系数	峰度系数	Filliben 相关系数	全局偏差	SBC	相关系数 R
95	−0.002	1.027	−0.415	1.86	0.97	142.10	162.90	0.56
90	−0.003	1.032	−0.512	2.20	0.98	146.24	167.03	0.69
85	0.003	1.039	−0.441	2.13	0.97	150.27	171.06	0.69
80	0.012	1.045	−0.212	1.92	0.98	156.54	177.34	0.67
75	0.018	1.051	−0.106	1.78	0.99	160.93	181.73	0.62
70	−0.047	0.994	−0.325	2.22	0.98	155.88	176.67	0.66
65	−0.047	0.994	−0.472	2.32	0.99	161.18	181.97	0.60
60	0.067	1.028	−0.349	2.50	0.99	163.56	184.36	0.69
55	0.048	1.037	−0.625	2.44	0.97	162.73	183.52	0.74
50	−0.041	1.005	−0.019	2.43	0.99	166.43	187.22	0.72
45	−0.214	0.913	−0.031	2.24	0.99	166.93	184.26	0.77
40	−0.12	0.976	0.116	2.40	0.99	168.45	185.78	0.81
35	−0.066	1.005	−0.041	2.14	0.99	171.44	188.77	0.85
30	−0.019	1.021	0.026	2.23	0.99	182.69	200.02	0.87
25	−0.027	1.019	0.263	2.86	0.99	189.35	206.68	0.87
20	0	1.032	0.015	4.16	0.97	209.52	219.92	0.82
15	0	1.032	0.277	2.32	0.99	222.44	232.84	0.83
10	0	1.032	−0.016	2.236	0.99	253.87	264.26	0.79
5	0.0008	1.032	−0.434	2.04	0.98	281.22	291.61	0.80

3. 协变量分析

由于 GAMLSS 模型位置参数 μ 为反映预测变量量级变化的参数，为了识别温榆河流域夏季不同概率流量非一致性的关键驱动因素，分析不同概率洪水非一致性的成因，从而探讨该流域全概率洪水演变的驱动机理，本节对优选 GAMLSS 模型位置参数 μ 表达式的系数进行讨论分析。图 8.26 为不同概率洪水优选模型位置参数 μ 表达式的系数变化图，从图 8.26（a）中可以看出，位置参数 μ 的截距随着洪水发生概率的降低而增高，这与前人研究结果一致；从图 8.26（b）可以看出，发生概率高于 70% 的夏季小洪水主要受到城市不透水面积比变化的影响，其不透水面积比变化的系数要远大于降水的系数；而发生概率为 45%～70% 的夏季洪水受到降水和不透水面积比变化的双重影响，且降水的系数要大于不透水面积比的系数，说明这一发生概率的洪水，相比于降水，受到不透水面积比变化的影响较小；对发生概率低于 45% 的夏季洪水，不透水面积比变化不再作为关键驱动因素，降水的系数越来越大，说明夏季发生概率低于 45% 的洪水演变的主要驱动因素为降水的变化。

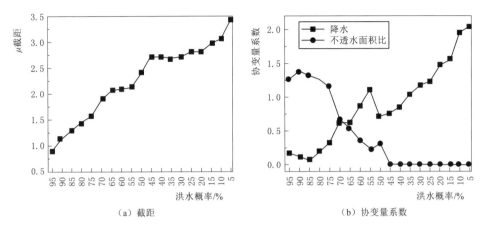

图 8.26 夏季不同概率洪水优选模型位置参数 μ 截距及协变量系数变化

综上所述,温榆河夏季中小洪水(中高频洪水)的变化主要受到城市化的影响,而温榆河流域在过去几十年间城市化发展十分迅速,这也较好地诠释了温榆河夏季中小洪水流量呈现出逐渐上升的趋势。夏季大洪水(低频流量)变化的主要驱动因素为降水的变化。

4. 小结

由于受到气候变化和高强度人类活动的影响,城市洪水在长时间序列上表现出非一致性特性。温榆河流域夏季不同概率的洪水在研究期呈现出非一致性,并且不同等级的洪水出现突变点的年份不一致。GAMLSS 模型能够较好地应用到城市洪水分析中,该模型可以较好地捕捉到城市洪水的变化特征,优选模型预测的中位数值与观测流量值之间的皮尔逊相关系数平均值为 0.74,说明模型拟合效果较好。研究表明,降水和不透水面积比的变化是温榆河夏季洪水演变的主要驱动因素,不同等级洪水呈现出的非一致性特性具有不同的驱动因素,温榆河夏季发生概率高于 70% 的小洪水变化的主要驱动因素为不透水面积比的变化,发生概率为 65%~50% 的中小洪水变化的主要驱动因素为降水和不透水面积比的变化,其中受到降水的影响要显著大于城市不透水面积比变化的影响;而对于发生概率低于 45% 的大洪水,城市不透水面积比变化不再作为主要驱动因素,其主要受到降水变化的影响。

城市化的发展被普遍认为是城市流域洪水演变的关键驱动因素之一,为了应对城市洪涝灾害,我国提出了"海绵城市"建设的措施。本节以高度城市化的温榆河流域为例,识别城市流域全概率洪水的主要驱动因素。研究结果表明,城市化发展带来的下垫面类型的改变主要体现在对中小洪水的影响上,而大洪水及极端洪水的演变主要受到降水变化的影响,这一结论对我国海绵城市建设具有一定的科学借鉴价值。本节采用 GAMLSS 模型对温榆河夏季全概率洪水变化的主要驱动机理进行了分析探讨,它可以灵活地选取与洪水变化相关的解释变量来描述洪水序列的非一致性,并且能够对非一致性进行归因分析,但它更擅长于评估水文资料在时间序列上的非一致性成因,而对水文序列的预报可能存在一定的缺陷。

8.5 本 章 小 结

　　我国城市洪涝灾害既是一种自然现象，也是一种社会现象；既是气象水文问题，又是一种城市发展模式的问题；既是工程问题，又是管理问题，还是社会问题。我国城市洪涝灾害日益严重是全球气候变化与高强度人类活动复合影响下城市水系统状态的一种极端响应，是多种自然、人文因素相互交织的结果，是城市洪涝致灾、孕灾环境与抗灾、承灾能力失衡的结果。

　　（1）我国城市发生洪涝是由我国基本的地理和气候条件决定的，但气候变化和快速城市化明显加重了我国城市洪涝发生的频次和灾害的程度。全球变暖导致水文循环过程加快，大气持水能力增强，大气稳定性降低，易形成暴雨过程，使得极端性气象水文事件发生频次增加。而快速城市化作为一种大规模、高强度的人类活动，引发了城市局地乃至更大范围的近地层物质与能量收支平衡的变化，城市热岛效应、凝结核效应、冠层阻障效应也一定程度上增加了城市暴雨发生的次数和强度。

　　（2）我国城市下垫面的剧烈变化和城市防洪排涝格局的快速调整，导致城市水文规律发生变化，防洪排涝压力大幅度增加。过去 40 年，在大规模的土地开发和基础设施建设过程中，我们忽视了对流域水敏感单元的保护。在快速的城镇化进程中，不透水、弱透水人工表面大量取代自然性透水表面，使得河湖面积减少，调蓄能力降低，导致同等降水条件下产流量显著增加、汇流速度加快。此外，城市建设还使得城市防洪排涝格局快速调整，特别是改变了原有排水格局与排水路径及方式，加大了城市防洪排涝压力。

　　（3）我国城市洪涝防治基础设施不健全，标准长期以来偏低且规划设计不合理，严重滞后于城市发展。城市规模扩大多侧重于城市开发建设，而忽视了城市防洪除涝规划；城市用地布局规划不合理，平面与竖向衔接不协调；城市防洪排涝综合标准偏低；大量地下空间、立交桥、局部洼地等微地形极易造成雨水积聚，这些因素都影响我国城市洪涝灾害防治能力。

　　（4）我国在城市化进程中表现出了粗放式发展特征，人口和财富正向城市高度聚集，这增加了生命、财产的暴露性和脆弱性，且极易产生连锁的洪涝影响。随着城市规模的扩大，人口和财富密度迅速增加，这对城市安全提出了更高的要求，而公众灾害防范意识薄弱，城市洪涝防范措施缺乏，也人为加剧了生命和财产的损失程度。

　　（5）我国城市洪涝管理机制不健全，政策法规存在缺失，风险管理体系不完整，洪涝灾害全过程综合应对能力不足。多数城市"多龙治水"现象明显，各部门协同治水的合力不足。洪涝防治的政策法规存在缺失，相关规划的协调与衔接有待加强。城市洪涝防治的基础信息匮乏，信息发布和共享机制不健全；城市洪涝的实时监测和预警预报能力不足，多部门应急协调机制尚未建立，洪涝风险评估—实时监测—预警预报—综合调控—应急响应体系尚未形成，这些因素都制约着我国城市洪涝的有效管理。

第9章 结论与展望

9.1 主 要 结 论

9.1.1 典型城市暴雨特性及其演变规律

对全国的暴雨时空变化特征进行分析,以北京、济南、深圳、成都四个典型城市作为研究区域,分析暴雨时空变化特征、暴雨强度公式、短历时和长历时雨型变化特征,主要结论如下:

(1) 我国暴雨天气(日降水量大于等于 50mm)主要出现在 100°E 以东地区,年暴雨日数呈现出从东南向西北减少的分布特征。气象上,将小时雨量大于等于 20mm 的降水称为强降水。全国范围而言,一年中小时强降水频数分布呈现出东部多西部少、南方多北方少的分布特征。我国暴雨天气主要出现在 5—8 月,不同地区集中时段有差异。全国及长江流域暴雨主要集中在 6—8 月,淮河、黄河、海河、辽河、松花江流域暴雨主要集中在 7—8 月,珠江流域暴雨主要集中在 5—7 月。1961—2015 年,我国年暴雨日数变化趋势空间差异大,华北大部及四川中部、云南西南部和东南部等地年暴雨日数呈减少趋势,黄淮南部、江淮、江汉、江南、华南及四川东部、陕西南部、云南西部呈现增加趋势。近几十年,我国 100°E 以东地区年暴雨日数呈增多趋势,年小时雨量大于等于 20mm 频数呈增多趋势。

(2) 北京市年平均暴雨日数为 1.9d,中东部暴雨日数多,西北部少。暴雨主要集中在 7—8 月,随着气候态的推移,暴雨更加集中于 7 月。北京市日小时雨量大于等于 20mm 主要出现在 4—5 时和 17—23 时。1961—2018 年,北京市多年平均年最大日降水量为 114.1mm,为大暴雨量级;年最大小时雨量平均为 50.4mm,达到我国气象上规定的日暴雨量标准。不同尺度的暴雨变化趋势不同。58 年中,北京年暴雨日数呈明显减少趋势,最大日降水量极端性增强;小时雨量大于等于 20mm 频数总体无明显变化趋势,但最大小时雨量极端性显著增强。

北京市各短历时雨型均为单峰型,峰值均出现在前半程,雨峰位置系数随着历时增大而减小,综合雨峰位置系数为 0.411。各短历时雨型中,90min 历时峰值强度最大,除此之外,峰值强度随着历时增大而增强。各气候态下,北京市各短历时雨型的峰值位置略有提前。由此可见,随着气候态的推移,北京市短历时雨涝出现时间提前,城市防涝形势更为严峻。

北京市 1440min 历时设计暴雨雨型为单峰型,峰值处于降水过程的前 1/3 时段内,峰值雨量占比较高,达 7.213%。各气候态下,北京市 1440min 历时设计暴雨雨型均为单峰型,峰值均处于降水过程的前半程,20 世纪 80 年代以来峰值位置摆动大,峰值相对强度减弱明显。各气候态下,不同重现期北京市 1440min 历时设计暴雨峰值强度变化特征不同。

(3)济南市各气候态下强降水以城区、南部山区的暴雨日数较多,日最大降水量较大。年内 7—8 月暴雨日数、小时雨量大于等于 20mm 频数最多,小时雨量大于等于 20mm 频数的日变化呈现双峰型特征,4—5 时前后和 14—21 时前后是济南地区强降水量较大的时段。年暴雨日数呈微弱增多趋势且阶段性变化特征明显,年小时雨量大于等于 20mm 频数无明显变化趋势;年最大日降水量无明显变化趋势,年最大小时雨量呈增大趋势。

气候变化背景下,济南市短历时降水各气候态下的平均峰值位置、峰值平均强度变化差异明显,短历时降水增强明显,各短历时雨型峰值强度基本随着历时增加而增大。济南市各短历时雨型均为单峰型,峰值均出现在降雨过程的前半程,峰值位置随着历时增加而提前,综合雨峰位置系数为 0.406。1991—2017 年各历时峰值平均强度最大。

济南市 1440min 历时设计暴雨雨型为单峰型,峰值处在降水过程 1/3 略偏后时段内,峰值雨量占比较高,达 7.222%。各气候态下,济南市 1440min 历时设计暴雨雨型除 1971—2000 年为多峰型外,其余各气候态均为单峰型;峰值均出现在降水过程的前半程,随着气候态的推移,峰值(主峰)位置后移,峰值(主峰)处降雨占比增大。随着气候态的推移,不同重现期济南市 1440min 历时设计暴雨峰值强度均自 1971 年之后呈增大趋势。长历时峰值后移有利于增加城市防涝工作准备时间,但强度增强,使得洪涝程度有加重趋势。

(4)深圳市暴雨日数多,年平均为 9.2d,主要集中在 5—9 月。受地形影响,年暴雨日数空间分布呈东多西少形态。强降水比例高,白天降水多于夜间。极端降水量大,1961—2018 年,深圳市多年平均年最大日降水量为 169.9mm,为大暴雨量级;年最大小时雨量平均为 49.6mm,接近我国气象上规定的日暴雨量标准。不同尺度的暴雨变化趋势不同,58 年中,年暴雨日数没有明显变化趋势,年小时雨量大于等于 20mm 频数总体呈增多趋势。

深圳市各短历时雨型均为单峰型,峰值出现在前半程,在 1/3 处左右,综合雨峰位置系数为 0.346。近 50 多年来,不同历时雨强均增强,且短历时降水增强显著。

深圳市 1440min 历时设计暴雨雨型为单峰型,峰值出现在降水过程的前半程,峰值雨量占整个历时雨量的 4.448%。各气候态下,深圳市 1440min 设计暴雨呈多峰型分布,除 1961—1990 年峰值位于后半程外,其余气候态下主峰值和次峰值均位于前半程。随着气候态的推移,主峰值位置呈提前趋势,峰值相对强度变化不大;10 年以上重现期深圳市 1440min 历时设计暴雨峰值强度呈增大—减小—增大变化特征,5 年、3 年和 2 年重现期的峰值强度随气候态推移呈增大趋势。

(5)成都市暴雨日数和小时强降水频数空间分布有差别:暴雨日数西多东少,而小时强降水频数则是东多西少。无论是日尺度还是小时尺度,成都市年内暴雨都集中在 7—8 月,随着气候态的推进,小时强降水更为集中于 7 月,但暴雨日数 7 月有减少趋势。成都市年暴雨日数减少,但暴雨极端性增强,年小时雨量大于等于 20mm 频数增多,累计雨量增多，雨强增大。

成都市各短历时雨型均为单峰型，峰值均出现在降水过程 1/3 处左右，峰值出现的相对位置随着历时增加而提前，综合雨峰位置系数为 0.328。成都市短历时峰值强度随着历时增加而减小。成都市短历时降水各气候态下的平均峰值位置变化差异明显，随着气候态的推移，峰值强度呈现增强的趋势。

成都市 1440min 历时设计暴雨雨型为单峰型，峰值处于中部略偏后，峰值雨量占比较高，达 6.119%。随着气候态的推移，峰值（主峰）位置提前，但峰值均出现在降雨过程的中部，且为后半程，峰值（主峰）处降雨占比增大。各气候态下，不同重现期成都 1440min 历时设计暴雨峰值强度变化特征不同，但以 1991—2017 年峰值位置最前，强度最大。说明气候变化背景下，成都市城市防洪形势将会变得更为严峻。

9.1.2 城市降雨径流特性及控制机理

采用一维非饱和土壤水运动基本方程作为产流模型，耦合二维地表浅水方程，形成以小区汇水单元为计算尺度，地表-土壤水动力过程耦合的城市地表产汇流计算模型，采用室外场地观测径流过程结果对所建模型参数进行率定和验证。在所选的 6 场降雨径流过程中，模型的纳什效率系数分布在 0.71~0.97 之间，说明所建模型可以较好地模拟汇水单元尺度城市降雨径流过程。经分析发现，模型对峰值的计算能力较好，但对达到峰值之前过程的捕捉能力稍差。

基于物理机制的产汇流模型能够更加科学有效地描述区域产汇流过程。考虑城市复杂下垫面条件的空间变异性，以小区为研究尺度，基于室外观测实验和数值模拟试验，探索产流特征因子与径流系数的响应关系。为了能够充分体现城市区域不透水面空间分布对城市径流的影响，将产流模型分为两类，分别是有效不透水型汇水单元和无效不透水型汇水单元，从而给出两种汇流路径下不透水面积比、汇水单元坡度、透水面土壤导水率等产流特征因子与径流系数的响应关系。

9.1.3 城市化流域产汇流模型研究

气候变化和城市化的发展影响着城市流域径流的变化，目前得到的共识是城市流域洪水径流随着城市化的发展在增加，而气候变化与城市化影响城市流域洪水的变化过程是十分复杂的。本书从不同的角度，结合统计模型和基于物理机制的数值模型，深入开展城市化的发展与气候变化对城市洪涝的影响分析。

（1）与传统 OUTLET 模式对比分析，考虑非有效不透水面积可增大下渗量，对流域出口流量过程线有削峰延时的作用，模型模拟精度得到了显著提高；将有效不透水面转化成非有效不透水面能够显著增加下渗量和减少地面径流。对不同重现期的设计降水在四种汇流情景下进行模拟发现，对于低重现期设计降水，不透水面空间组合方式对研究区地表径流模拟结果具有显著影响，洪峰流量削减率最高达 65.8%，而长重现期降水尽管降水历时短、强度大、降水量多，不透水面有效性的水文响应相对不明显，洪峰流量削减率也高达 15%。因此在城市统筹规划与建设中，可通过透水面和不透水面的合理空间布局，优化径流汇流路径，最大限度地使透水面对不透水面进行阻隔，减小有效不透水面积占比，对于降低城市洪涝灾害风险和促进雨水资源利用将具有十分重要的现实意义。

（2）以北京市通州区两河片区杨洼闸排水片区为研究对象，采用SWMM模型分别对2010年、2015年两种不同城市化情景进行模拟，并通过设置不同频率降水情景，定量分析不同城市化程度对流域产汇流的影响。主要结论包括：①随着设计降水重现期的增加，两种城市化程度下径流系数均增加，1年一遇设计降水条件下2010年和2015年径流系数差值为0.13，5年一遇和20年一遇径流系数差值为0.1，50年一遇和100年一遇设计降水条件下2010年和2015年径流系数较接近，表明当重现期继续增加，由城市化引起的不透水率改变对杨洼闸排水区径流系数的影响逐步减弱，洪峰流量与城市化程度则始终表现出较强的正相关性；②峰现时间在常遇降水时十分敏感，1年一遇设计降水2015年峰现时间比2010年提前了3h，随着设计降水重现期的增加，两种城市化程度峰现时间逐步接近，从50年一遇设计降水开始峰现时间不发生变化，主要是由于强降水条件下，流域内水流流速较快，减小了城市区域因汇流路径复杂导致汇流时间延长的影响。

（3）以深圳河流域为研究对象，基于遥感影像数据、实测降水数据和潮位数据，探讨了深圳河流域城市洪涝灾害成因，在此基础上采用Archimedean Copula函数定量评估了深圳河流域降水和潮位的双阈值组合风险率和单阈值组合风险率，并采用SWMM模型模拟了不同设计降水情景下流域出口的流量过程。主要结论包括：①深圳河流域下垫面不透水面积增大，林地/草地和水体面积减小，不同阈值极端降水量和降水频次增大，年平均高潮潮位和年平均低潮潮位呈增大趋势；②深圳河流域5年一遇降水与5年一遇潮位遭遇的双阈值风险率为0.060854，单阈值风险率为0.339146；③100年一遇降水与100年一遇潮位遭遇的双阈值风险率为0.000174，单阈值风险率为0.019826；④随着降雨强度增大，深圳河流域排放口洪峰流量和径流量均呈现增大趋势，且各过程线均呈现双峰特征，第二个洪峰逐渐提前。

（4）城市洪涝变化的主要原因中，下垫面变化和气候变化对于洪涝的影响最为重要，选择城市化流域温榆河流域开展环境变化对流域水文过程的影响，通过构建城市化流域水文模型系统，探讨了不同下垫面条件、不同设计降水情况下城市化流域洪水过程，从而揭示了城市洪涝驱动机理和主要贡献因子。

9.1.4 典型城市洪涝成因分析

我国城市洪涝灾害既是一种自然现象，也是一种社会现象；既是气象水文问题，又是一种城市发展模式的问题；既是工程问题，又是管理问题，还是社会问题。我国城市洪涝灾害日益严重是全球气候变化与高强度人类活动复合影响下城市水系统状态的一种极端响应，是多种自然、人文因素相互交织的结果，是城市洪涝致灾、孕灾环境与抗灾、承灾能力失衡的结果。总体来讲，我国城市洪涝灾害的形成原因包括以下几个方面：①我国城市洪涝是由我国基本的地理和气候条件决定的，但气候变化和快速城市化明显加重了我国城市洪涝发生的频次和灾害的程度；②我国城市下垫面的剧烈变化和城市防洪排涝格局的快速调整，导致城市水文规律发生变化，防洪排涝压力大幅度增加；③我国城市洪涝防治基础设施不健全，标准长期偏低且规划设计不合理，严重滞后于城市发展；④我国在城市化进程中表现出了粗放式发展特征，人口和财富正向城市高度聚集，这增加了生命、财产的暴露性和脆弱性，且极易产生连锁的洪涝影响；⑤我国城市洪涝管理机制不健全，政策法规存在缺失，风险管理体系不完整，洪涝灾害全过程综合应对能力不足。

9.2 成果应用前景与展望

9.2.1 应用前景

本书通过科学实验观测与系统分析相结合的途径，分析城市化对暴雨事件的影响规律，探讨城市雨岛效应形成的物理机制，揭示城市化对暴雨的影响及其互馈机理，辨析城市化发展与暴雨事件的相互关系，综合考虑城市区域复杂下垫面，提出城市化对产汇流的影响定量指标与评价技术，充分认识和理解城市化对产汇流过程的影响机制，从理论层面上揭示了城市化对暴雨事件及对产汇流过程的影响，可为城市规划与海绵城市建设提供科学依据，对保障城市水安全、支撑经济社会可持续发展具有重要的科学价值。

在项目研究成果的基础上，已经研发了集预警、洪涝模拟、灾情评估、实施调控等功能于一体的城市洪涝模拟和决策支持系统，并在典型城市开展了示范应用，纳入当地防汛抗旱指挥系统，提高了示范城市洪涝预报精度，显著提升了典型城市洪涝应急管理能力和抗灾减灾能力。该研究成果作为国家重点研发计划"我国城市洪涝监测预警预报与应急响应关键技术研究及示范"的基础理论研究部分，为整个项目的开展提供了重要的理论支撑和科学依据，亦具有广阔的应用前景。具体应用前景如下：

（1）建立了北京、济南、深圳和成都五个时段（1961—2017 年和 1961—1990 年、1971—2000 年、1981—2010 年、1991—2017 年）的暴雨强度公式，完成了四座城市短历时雨型的推算，分析了四座城市短历时雨型的分布特征以及气候变化背景下短历时雨型的气候变化特征；推算了四座城市长历时雨型，分析了四座城市长历时雨型的分布特征以及不同气候态下长历时雨型的变化特征；完成了基于日降水资料和小时降水资料两种尺度的全国范围的暴雨时空变化特征分析，为科学表达城市降雨规律提供了新的方法，也为城市室外排水工程规划设计提供了重要的依据。

（2）对典型城市降雨时空演变规律和下垫面的变化规律进行了统计分析，初步探讨了气候变化和快速城市化对典型城市的影响，为气候变化和城市化带来的水文效应研究提供了科学依据；基于室外观测实验和数值模拟试验，探讨了汇水单元尺度城市降雨径流的响应关系；通过构建水文和水动力学模型初步探讨了有效不透水面的空间分布对城市流域径流的影响，探讨了城市化进程对城市流域径流系数及峰现时间的影响，研究了城市地区产汇流过程，为全面深入开展洪涝驱动机制研究提供了科技支撑。

（3）通过实地调研、室外监测、数据挖掘、数理统计、情景分析等途径和方法，构建了典型城市暴雨洪涝事件数据库，总结了典型示范城市洪涝灾害防治问题与经验，评估了我国目前城市防洪除涝减灾的应对现状，剖析了环境变化对城市洪涝灾害的影响，分析了城市洪涝成灾规律及致灾机理，研究了变化环境下城市暴雨洪涝成因问题，从理论层面揭示了城市洪涝成因及其驱动机制，为科学认识城市洪涝问题提供了科学依据，为城市规划与海绵城市建设提供了科技支撑，对保障城市水安全、支撑社会经济可持续发展具有重要的科学价值。

9.2.2 展望

气候变化和城市化是城市洪涝事件发生的主要原因，而揭示城市流域降雨—产流的驱动机制是城市洪涝研究的重要方向。本书从汇水单元尺度对城市流域降雨径流关系及其驱动机制进行了研究，但有些工作还有待深入。未来的研究将从以下两个方面展开：

（1）进一步完善汇水单元尺度数值模型。由于城市地表降雨径流过程地表水层较薄，与明渠均匀流水力学计算存在一定的差异，导致观测径流过程与本书中的模拟过程存在一定的差异，后期拟结合场地观测实验，进一步完善汇水单元尺度的产汇流数值模型。

（2）进一步完善驱动因素与径流系数的响应函数。经验证，本次拟合函数较适用于城市建筑小区，同时比较适用于坡度为 3‰～5‰ 的汇水单元，在纯透水地表汇水小区或水域面积上适用性相对较差，后续还需开展更多的试验对拟合公式进行完善。考虑试验的可操作性，本次只选用了三种边长的汇水单元作为典型汇水单元，在此基础上开展数值模拟分析，后续还需继续开展大量的数值模拟试验，以对本次所得结果进行修正和完善。另外，本书只选用了汇水单元坡度、汇水单元不透水面积比和透水面入渗率作为主要影响因素，与径流系数建立了响应函数，后续还需进一步研究其他因素，例如汇水单元的下垫面属性、植被特性等对径流系数的影响。

参 考 文 献

ARNFIELD A J, 2003. Two decades of urban climate research: A review of turbulence, exchanges of energy and water, and the urban heat island [J]. International Journal of Climatology, 23 (1): 1 – 26.

BROOKS R H, COREY A T, 1964. Hydraulic properties of porous media [M]. Fort Collins, Colorado: Colorado State University.

BURNS D, VITVAR T, MCMONDELL J, et al., 2005. Effects of suburban development on runoff generation in the Croton River basin, New York, USA [J]. Journal of Hydrology, 311: 266 – 281.

CHEN L X, ZHU W Q, ZHOU X J, et al., 2003. Characteristics of the heat island effect in Shanghai and its possible mechanism [J]. Advances in Atmospheric Sciences, 20 (6): 991 – 1001.

DOBRIC J, SCHMID F., 2007. A goodness of fit test for copulas based on Rosenblatt's transformation [J]. Computation Statistics and Data Analysis, 51 (9): 4633 – 4642.

EARLES T A, URBONAS B, JONES J E, 2005. Urban storm – water regulations – Are impervious area limits a good ideal? [J]. Journal of Environmental Engineering, 131: 176 – 179.

ELLIOTT A H, TROWSDALE S A A, 2007. Review of models for low impact urban stormwater drainage [J]. Environmental Modelling & Software, (22): 394 – 405.

FRANCOS A, ELORZA F J, BOURAOUI F, et al., 2003. Sensitivity analysis of distributed environmental simulation models: understanding the model behaviour in hydrological studies at the catchment scale [J]. Reliability Engineering & System Safety, 79 (2): 205 – 218.

GAO C, XU Y, ZHU Q, et al., 2018. Stochastic generation of daily rainfall events: A single – site rainfall model with Copula – based joint simulation of rainfall characteristics and classification and simulation of rainfall patterns [J]. Journal of Hydrology, 564: 41 – 58.

GARDNER W R, 1958. Some steady – state solution of the unsaturated moisture flow equation with application to evaporation from a water – table [J]. Soil Science, 85 (4): 228 – 232.

GENEST C, REMILLARD B, BEAUDOIN D, 2009. Goodness – of – fit tests for copulas: a review and a power study [J]. Insurance Mathematic Economy, 44 (2): 199 – 213.

GIUNTOLI I, RENARD B, VIDAL J P, et al., 2013. Low flows in France and their relationship to large – scale climate indices [J]. Journal of Hydrology, 482: 105 – 118.

GONG P, Li X C, WANG J, et al., 2020. Annual maps of global artificial impervious areas (GAIA) between 1985 and 2018 [J]. Remote Sensing of Environment, 236: 111510.

GOSLING R, 2014. Assessing the impact of projected climate change on drought vulnerability in Scotland [J]. Hydrology Research, 45 (6): 806 – 816.

GOTTARDI G, VENUTELLI M, 1993. Richards: Computer program for the numerical simulation of one – dimensional infiltration into unsaturated soil. Computers & Geosciences, 19 (9): 1239 – 1266.

GUO X L, FU D H, WANG J, 2006. Mesoscale convective precipitation system modified by urbanization in Beijing City [J]. Atmospheric Research, 82 (1): 112 – 126.

GU X H, ZHANG Q, LI J F, et al., 2019. Impact of urbanization on nonstationary of annual and seasonal precipitation extremes in China [J]. Journal of Hydrology, 575: 638 – 655.

GYASI – AGYEI Y, 2012. Use of observed scaled daily storm profiles in a copula based rainfall disaggregation model [J]. Advances in Water Resources, 45: 26 – 36.

HAN W S, BURIAN S J, 2009. Determining effective impervious area for urban hydrologic modeling [J]. Journal of Hydrologic Engineering, 14 (2): 111 – 120.

HWANG J, RHEE D S, SEO Y, 2013. Implication of directly connected and isolated impervious areas to urban drainage network hydrographs [J]. Hydrology and Earth System Scienses, 17: 3473 – 3483.

IPCC, 2013. In Climate Change 2013: The Physical Science Basic Contribution of Working Group 7 to the Fifth Assessment Report of the intergovernmental Panel on Climate Change. Cambridge University Press: Cambridge, UK; NewYork NY, USA.

JHA A K, BLOCH R, LAMOND J, 2012. Cities and flooding guidebook: A guide to integrated urban flood risk management for the 21st century [M]. Washington D C: The World Bank.

KAUFMANN R K, SETO K C, SCHNEIDER A, et al. , 2007. Climate response to rapid urban growth: Evidence of a human – induced precipitation deficit [J]. Journal of Climate, 20: 2299 – 2306.

KOSUGI K I, 1996. Lognormal distribution model for unsaturated soil hydraulic properties [J]. Water Resources Research, 32 (9): 2697 – 2703.

LEE J G, HEANEY J P, 2003. Estimation of urban imperviousness and its impacts on storm water systems [J]. Journal of Water Resources Planning and Management, 129 (5): 419 – 426.

LI H Z, ZHANG Q, SING V P, 2017. Hydrological effects of cropland and climatic changes in arid and semiarid river basins: A case study from the Yellow river basin, China [J]. Journal of Hydrology, 549: 547 – 557.

MA H, JIANG Z, JIE S, et al. , 2015. Effects of urban land – use change in East China on the East Asian summer monsoon based on the CAM5. 1 model [J]. Climate Dynamics, 46 (9).

MISHRA S, DEEDS N, RUSKAUFF G, 2009. Global sensitivity analysis techniques for probabilistic ground water modeling [J]. Ground Water, 47 (5): 727 – 744.

MONTANARI A, YOUNG G, SAVENIJE H H G, et al. , 2013. "Panta Rhei – Everything Flows": Change in hydrology and society: The IAHS Scientific Decade 2013 – 2022 [J]. Hydrological Sciences Journal, 58 (6): 1256 – 1275.

ONSTAD C A, JAMIESON D G, 1970. Modelling the effects of land use modification on runoff [J]. Water Resource Research, 6 (5): 1287 – 1295.

OWRANGI A M, LANNIGAN R, SIMONOVIC S P, 2014. Interaction between land – use change, flooding and human health in Metro Vancouver, Canada [J]. Natural Hazards: 1 – 12.

REN M F, XU Z X, PANG B, et al. , 2018. Assessment of satellite – derived precipitation products for the Beijing region [J]. Remote sensing, 10: 1 – 18.

RIGBY R A, STASINOPOULOS D M, 2005. Generalized additive models for location, scale and shape [J]. Applied Statistics, 54 (3): 507 – 554.

SCHUELER T E, FRALEY – MNCENL, CAPPIELLA K, 2009. Is impervious cover still important: Review of recent research [J]. Journal of Hydrologic Engineering, 14 (4): 309 – 315.

SEO Y, CHOI N J, SCHMIDT A R, 2013. Contribution of directly connected and isolated impervious areas to urban drainage network hydrolographs [J]. Hydrology and Earth System Sciences, 17: 3473 – 3493.

SERAGO J M, VOGEL R M, 2018. Parsimonious nonstationary flood frequency analysis [J]. Advances in Water Resources, 112: 1 – 16.

SHIELDS M D, ZHANG J, 2016. The generalization of Latin hypercube sampling [J]. Reliability Engineering and System Safety, 148: 96 – 108.

SHUSTER W D, PAPPASE, ZHANG Y, 2008. Laboratory – scale simulation of runoff response from pervious – impervious systems [J]. Journal of Hydrologic Engineering, 13 (9): 886 – 893.

SLATER L J, VALLARINI G, BRADLEY A A, et al., 2019. A dynamical statistical framework for seasonal streamflow forecasting in an agricultural watershed [J]. Climate Dynamics, 53: 7429 – 7445.

SLATER L J, WILBY R L, 2017. Measuring the changing pulse of rivers: a 50 – year data set shows changes in the seasonal timing of river floods in Europe [J]. Science, 357 (6351): 552.

STASINOPOULOS D M, RIGBY R A, 2007. Generalized additive models for location scale and shape (GAMLSS) in R [J]. Journal of Statistical Software, 23 (7): 1 – 46.

TANG Y H, GUO Q Z, SU C J, et al., 2017. Flooding in delta areas under changing climate: response of design flood level to non – stationarity in both inflow floods and high tides in south China [J]. Water. 9 (7): 471.

TRIPATHI R, SENGUPTA S K, PATRA A, et al., 2014. Climate change, urban development, and community perception of an extreme flood: A case study of Vernonia, Oregon, USA [J]. Applied Geography, 46: 137 – 146.

TU X J, SINGH V P, CHEN X H, et al., 2016. Uncertainty and variability in bivariate modeling of hydrological droughts [J]. Stochastic Environmental Research and Risk Assessment, 30 (5): 1317 – 1334.

UM M J, KIM Y, MARKUS M, et al., 2017. Modeling nonstationary extreme value distributions with nonlinear functions: An application using multiple precipitation projections for U. S. cities [J]. Journal of Hydrology, 552: 396 – 406.

UNFP, 1999. The state of world population 1999 [M]. New York: United Nations Publications: 76.

United Nations. 2010. World population prospects: The 2009 revision [R]. New York: sn.

VALLARINI G, SERINALDI F, 2012. Development of statistical models for t – site probabilistic seasonal rainfall forecast [J]. International Journal of Climatology, 32 (14): 2197 – 2212.

VALLARINI G, SMITH J A, NAPOLITANO F, 2010. Nonstationary modeling of a long record of rainfall and temperature over Rome [J]. Advances in Water Resources, 33: 1256 – 1267.

VALLARINI G, SMITH J A, SERINALDI F, 2009. Flood frequency analysis for nonstationary annual peak records in an urban drainage basin [J]. Advances in Water Resources, 32: 1255 – 1266.

VALLARINI G, STRONG A, 2014. Roles of climate and agricultural practices in discharge changes in an agricultural watershed in Iowa [J]. Agriculture, Ecosystems & Environment, 188: 204 – 211.

VAN GENUCHTEN M T, 1980. A closed form equation for predicting the hydraulic conductivity of unsaturated soils [J]. Soil Science Society of America Journal, 44 (5): 892 – 898.

WANG G Q, YAN X L, ZHANG J Y, et al., 2013. Detecting evolution trends in the recorded runoffs from the major rivers in China during 1950 – 2010 [J]. Journal of Water and Climate Change, 4 (3): 252 – 264.

WANG D B, HEJAZI M, 2011. Quantifying the relative contribution of the climate and direct human impacts on mean annual streamflow in the contiguous United States [J]. Water Resources Research, 47 (10), W00J12.

WHITEHEAD P G, ROBIN M, 1993. Experimental basin studies—An international and historical perspective of forest impacts [J]. Journal of Hydrology, 145: 217 – 230.

WILBY R L, PERRY G L W, 2006. Climate change, biodiversity and the urban environment: a critical review based on London, UK [J]. Progress in Physical Geography, 30 (1): 73 – 98.

XU H, 2007. Extraction of urban built – up land features from landsat imagery using a thematicoriented index combination technique [J]. Pthotogrammetric Engineering & Remote Sensing, 73 (12): 1381 – 1391.

ZEVENBERGEN C, VEERBEEK W, GERSONIUS B, et al., 2008. Challenges in urban flood management：travelling across spatial and temporal scales [J]. Journal of Flood Risk Management，1 (2)：81 - 88.

ZHANG Q，GU X，SINGH V P，et al.，2015. Homogenization of precipitation and flow regimes across China：changing properties，causes and implications [J]. Journal of Hydrology，530：462 - 475.

ZHANG Q，SINGH V P，LI J，2013. Eco - hydrological requirements in arid and semi - arid regions：the Yellow River in China as a case study [J]. Journal of Hydrology，18 (6)：689 - 697.

ZHOU Y，ZHANG Q，SINGH V P，2014. Fractal - based evaluation of the effect of water reservoirs on hydrological processes：the dams in the Yangtze River as a case study [J]. Stochastic Environmental Research and Risk Assessment，28：263 - 279.

班玉龙，孔繁花，尹海伟，等，2016. 土地利用格局对SWMM模型汇流模式选择及相应产流特征的影响 [J]. 生态学报，36 (14)：4317 - 4326.

岑国平，沈晋，范荣生，等，1997. 城市地面产流的试验研究 [J]. 水利学报，(10)：48 - 53，72.

陈伏龙. 2017. 流域环境变化下玛纳斯河融雪洪水的水文效应及其防洪风险不确定性问题研究 [D]. 天津：天津大学.

陈云霞，许有鹏，付维军，2007. 浙东沿海城镇化对河网水系的影响 [J]. 水科学进展，18 (1)：68 - 63.

邓洪福，惠源. 2011. 不同堰型流量计算公式的初步分析 [J]. 重庆工商大学学报（自然科学版），28 (6)，644 - 648.

丁文峰，张平仓，陈杰，2006. 城市化过程中的水环境问题研究综述 [J]. 长江科学院院报，23 (2)：21 - 24.

董国强，杨志勇，于赢东，2013. 下垫面变化对流域产汇流影响研究进展 [J]. 南水北调与水利科技，11 (3)：111 - 117，126.

董欣，陈吉宁，赵冬泉，2006. SWMM模型在城市排水系统规划中的应用 [J]. 给水排水，(5)：106 - 109.

董旭光，邱粲，刘焕彬，等，2019. 济南地区小时强降水变化特征 [J]. 干旱气象，37 (6)：892 - 898.

高颖会，沙晓军，徐向阳，等，2016. 基于Morris的SWMM模型参数敏感性分析 [J]. 水资源与水工程学报，27 (3)：87 - 90.

葛怡，史培军，周俊华，等，2003. 土地利用变化驱动下的上海市区水灾灾情模拟 [J]. 自然灾害学报，(3)：25 - 30.

郭生练，熊立华，熊丰，等，2020. 梯级水库运行期设计洪水理论和方法 [J]. 水科学进展，31 (5)：734 - 745.

胡庆芳，张建云，王银堂，等，2018. 城市化对降水影响的研究综述 [J]. 水科学进展，29 (1)：138 - 150.

胡伟贤，何文华，黄国如，等，2010. 城市雨洪模拟技术研究进展 [J]. 水科学进展，21 (1)：137 - 144.

花振飞，江志红，李肇新，等，2013. 长三角城市群下垫面气候效应的模拟研究 [J]. 气象科学，1 (1)：1 - 9.

黄国如，李碧琦，2018. 深圳民治河流域低影响开发措施水文效应评估 [J]. 水资源与水工程学报，29 (3)：1 - 6.

江晓燕，刘伟，2006. 东从不同的陆面资料看城市化对北京强降水的影响 [J]. 气象学报，64 (4)：527 - 536.

焦圆圆，谢志高，2014. 深圳市暴雨洪涝灾害风险评估与区划 [J]. 中国农村水利水电，(1)：77 - 80.

李天杰，1995. 上海市区城市化对降水的影响初探 [J]. 水文，3：34 - 41.

李文文，傅旭东，吴文强，等，2014. 黄河下游水沙突变特征分析 [J]. 水力发电学报，33 (1)：108 - 113.

李秀敏，江卫华，2006. 相关系数与相关性度量 [J]. 数学的实践与认识，(12)：188 - 192.

梁忠民，胡义明，王军，2011. 非一致性水文频率分析的研究进展 [J]. 水科学进展，22 (6)：864 - 871.

廖如婷，胡珊珊，杜龙刚，等，2018. 基于 HEC - HMS 模型的温榆河流域水文模拟 [J]. 南水北调与水利科技，16 (6)：15 - 20.

廖镜彪，王雪梅，李玉欣，等，2011. 城市化对广州降水的影响分析 [J]. 气象科学，31 (4)：384 - 390.

刘家宏，梅超，向晨瑶，等，2017. 城市水文模型原理 [J]. 水利水电技术，48 (5)：1 - 13.

刘志雨. 2009. 城市暴雨径流变化成因分析及有关问题探讨 [J]. 水文，29 (3)：55 - 58.

柳杨，范子武，谢忱，等，2018. 城镇化背景下我国城市洪涝灾害演变特征 [J]. 水利水运工程学报，40 (2)：10 - 18.

陆桂华，闫桂霞，吴志勇，等，2010. 基于 copula 函数的区域干旱分析方法 [J]. 水科学进展，21 (2)：188 - 193.

聂安祺，陈星，冯志刚，2011. 中国三大城市带城市化气候效应的检测与对比 [J]. 气象科学，31 (4)：372 - 383.

牛文元，2012. 中国新型城市化报告 2012 [M]. 北京：科学出版社.

任伯帜，周赛军，邓仁建，2006. 城市地表产流特性与计算方法分析 [J]. 南华大学学报（自然科学版），(1)：8 - 12.

任慧军，徐海明，2011. 珠江三角洲城市群对夏季降雨影响的初步研究 [J]. 气象科学，31 (4)：391 - 397.

尚志海，丘世钧，2009. 当代全球变化下城市洪涝灾害的动力机制 [J]. 自然灾害学报，18 (1)：100 - 105.

邵海燕，宋洁，马红云，2013. 东亚城市群发展对中国东部夏季风降水影响的模拟 [J]. 热带气象学报，29 (2)：299 - 305.

史蓉，赵刚，庞博，等，2016. 基于 GLUE 方法的城市雨洪模型参数不确定性分析 [J]. 水文，36 (2)：1 - 6.

司波，余锦华，丁裕国，2012. 四川盆地短历时强降水极值分布的研究 [J]. 气象科学，32 (4)：403 - 410.

宋松柏，王小军，2018. 基于 Copula 函数的水文随机变量和概率分布计算 [J]. 水利学报，49 (6)：687 - 693.

宋晓猛，张建云，王国庆，等，2014. 变化环境下城市水文学的发展与挑战——Ⅱ. 城市雨洪模拟与管理 [J]. 水科学进展，25 (5)：752 - 764.

宋晓猛，张建云，贺瑞敏，等，2019. 北京城市洪涝问题与成因分析 [J]. 水科学进展，30 (2)：153 - 165.

宋晓猛，张建云，孔凡哲，2018. 基于极值理论的北京市极端降水概率分布研究 [J]. 中国科学：技术科学，48 (6)：639 - 650.

陶诗言，赵思雄，周晓平，等，2003. 天气学和天气预报的研究进展 [J]. 大气科学，27 (4)：451 - 467.

熊立华，郭生练，江聪，2018. 非一致性水文概率分布估计理论和方法 [M]. 北京：科学出版社.

王萃萃，翟盘茂，2009. 中国大城市极端强降水事件变化的初步分析 [J]. 气候与环境研究，14 (5)：553 - 560.

王国庆，张建云，管晓祥，等，2020. 中国主要江河径流变化成因定量分析 [J]. 水科学进展，31 (3)：313 - 323.

王强，张华，王青，等，2009. 深圳河流域"6·13"特大暴雨洪水特性分析 [J]. 长江工程职业技术学院学报，26 (1)：33 - 35.

王忠静，李宏益，杨大文，2003. 现代水资源规划若干问题及解决途径与技术方法：还原"失真"与"失效" [J]. 海河水利，1：13 - 16.

吴息，王晓云，曾宪宁，等，2000. 城市化效应对北京市短时降水特征的影响 [J]. 南京气象学院学报，23（1）：68 - 72.

夏军，张印，梁昌梅，等，2018. 城市雨洪模型研究综述 [J]. 武汉大学学报（工学版），51（2）：95 - 105.

解建仓，李波，柴立，等，2015. 对应对城市洪涝问题的一些认识 [J]. 西安理工大学学报，31（1）：25 - 33.

熊剑智，2016. 城市雨洪模型参数敏感性分析与率定 [D]. 济南：山东大学.

徐宗学，陈浩，任梅芳，等，2020. 中国城市洪涝致灾机理与风险评估研究进展 [J]. 水科学进展，31（5）：713 - 724.

徐宗学，程涛，2019. 城市水管理与海绵城市建设之理论基础——城市水文学研究进展 [J]. 水利学报，50（1）：53 - 61.

徐宗学，赵刚，程涛，2016. 城市看海：城市水文学面临的挑战与机遇 [J]. 中国防汛抗旱，26（5）：54 - 55，57.

许有鹏，等，2012. 长江三角洲地区城市化对流域水系与水文过程的影响 [M]. 北京：科学出版社.

姚丽娟，陈金凤，2006. 深圳河流域降雨典型年分析 [J]. 人民长江，（08）：38 - 39.

尹承美，梁永礼，冉桂平，等，2010. 济南市区短时强降水特征分析 [J]. 气象科学，（2）：262 - 267.

张建云，宋晓猛，王国庆，等，2014. 变化环境下城市水文学的发展与挑战——Ⅰ. 城市水文效应 [J]. 水科学进展，25（4）：594 - 605.

张建云，王银堂，贺瑞敏，等，2016. 中国城市洪涝问题及成因分析 [J]. 水科学进展，27（4）：485 - 491.

张建云，王银堂，胡庆芳，等，2016. 海绵城市建设有关问题讨论 [J]. 水科学进展，27（6）：793 - 799.

张建云，王银堂，刘翠善，等，2017. 中国城市洪涝及防治标准讨论 [J]. 水力发电学报，36（1）：1 - 6.

张建云，2012. 城市化与城市水文学面临的问题 [J]. 水利水运工程学报，（1）：1 - 4.

张丽，申双和，孙向明，等，2010. 深圳市强降水的气候变化趋势及突变特征 [J]. 广东气象，32（3）：17 - 19.

张立杰，李磊，江姿，等，2011. 基于自动站观测资料的深圳城市热岛研究 [J]. 气候与环境研究，16（4）：479 - 486.

张立杰，胡天浩，胡非，2009. 近 30 年北京夏季降水演变的城郊对比 [J]. 气候与环境研究，14（1）：63 - 68.

张明义，高建新，陈晓梅，2010. 直角三角形量水堰的计算公式探讨 [J]. 水利规划与设计，6，56 - 58.

张新华，张祥伟，王华，等，2007. 尾矿堆场对地下水及其水质影响的联合模拟影响 [J]. 水动力学研究进展 A 辑，（5）：654 - 664.

赵安周，朱秀芳，史培军，等，2013. 国内外城市化水文效应研究综述 [J]. 水文，33（5）：16 - 22.

郑璟，方伟华，史培军，等，2009. 快速城市化地区土地利用变化对流域水文过程影响的模拟研究——以深圳市布吉河流域为例 [J]. 自然资源学报，24（9）：1560 - 1572.

郑益群，贵志成，强学民，等，2013. 中国不同纬度城市群对东亚夏季风气候影响的模拟研究 [J]. 地球物理学进展，28（2）：0554 - 0569.

朱利英，陈媛媛，刘静，等，2020. 温榆河水环境质量与浮游植物群落结构的时空变化及其相互关系 [J]. 环境科学，41（2）：702 - 712.

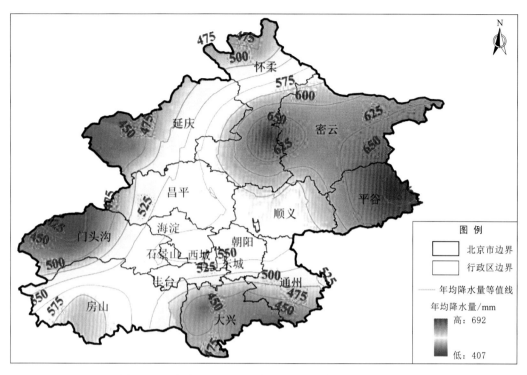

图 2.4 北京市 1981—2017 年多年平均降水量空间分布图

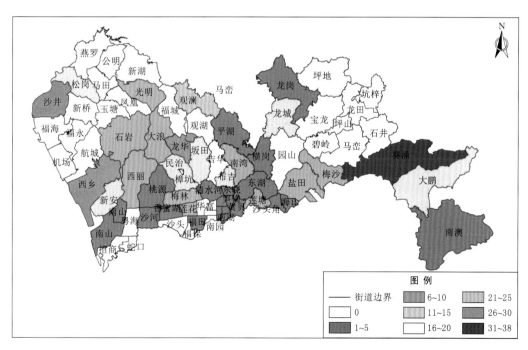

图 3.6 深圳市易涝区和积水点数量分布

图例

NDVI
高：0.74
低：0

图 7.2　大红门排水片区 NDVI 分布

图例
○ 公园
○ 新建小区
○ 老旧小区
　 高校

（a）丰台区典型小区　　　　（b）南四环典型高校　　　　（c）南三环典型小区

（a）　　　　　　　　　（b）　　　　　　　　　（c）

　透水区　　无效不透水区　　有效不透水区　→ 水流方向　▲ 排水口

图 7.4　三种典型区域及其汇流示意

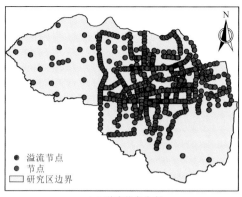

（a）溢流节点分布

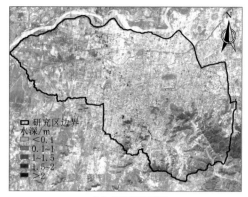

（b）地表淹没范围

图 7.17 实测降水溢流节点分布和地表淹没范围

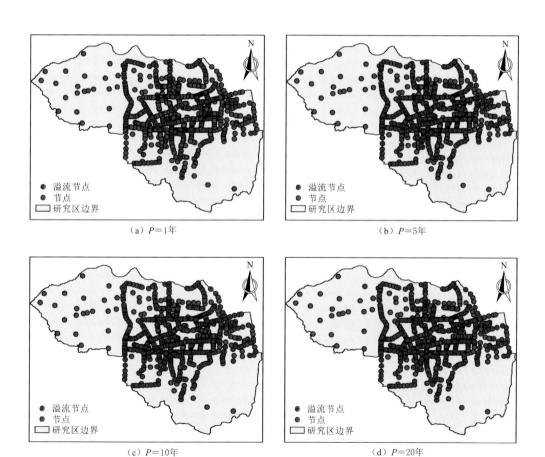

（a）P=1年

（b）P=5年

（c）P=10年

（d）P=20年

图 7.18 不同重现期设计降水溢流节点分布

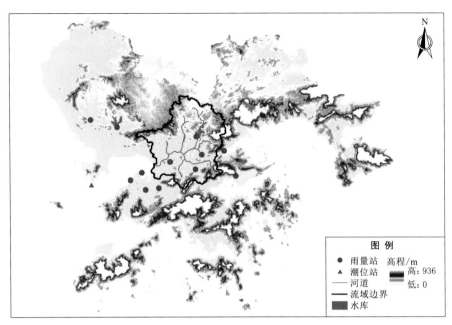

图 7.20　深圳河流域雨量站及潮位站位置示意图

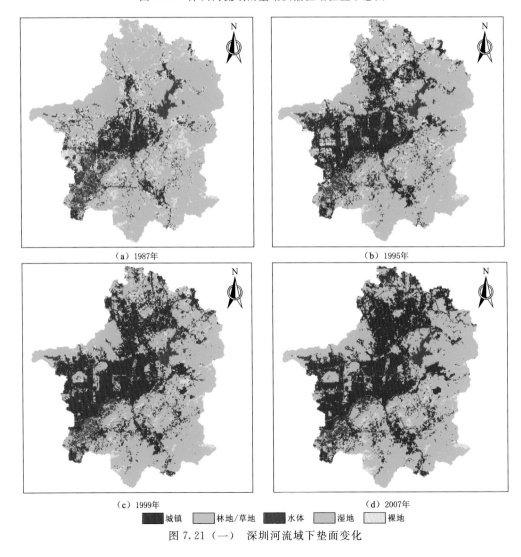

（a）1987年

（b）1995年

（c）1999年

（d）2007年

城镇　林地/草地　水体　湿地　裸地

图 7.21（一）　深圳河流域下垫面变化

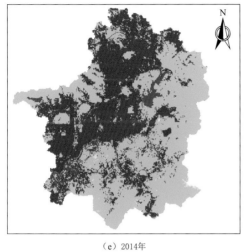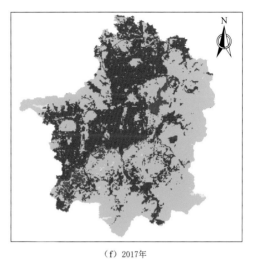

（e）2014年 （f）2017年

■ 城镇 ■ 林地/草地 ■ 水体 ■ 湿地 ■ 裸地

图 7.21（二） 深圳河流域下垫面变化

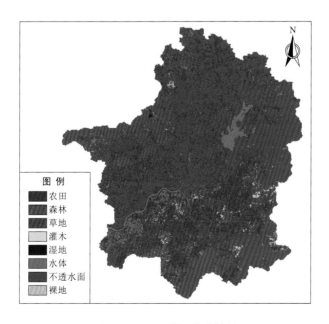

图 7.26 土地利用分类结果

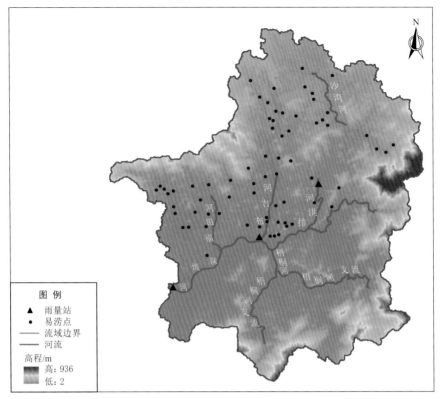

（a）流域内实际易涝点分布

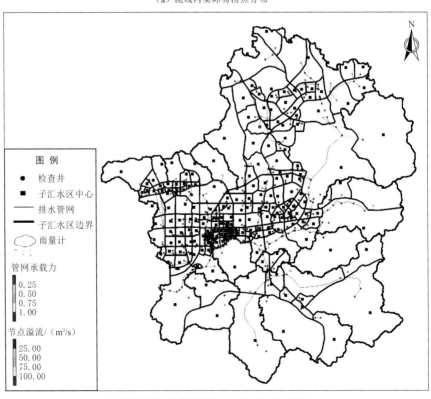

（b）模拟易涝点及满流管网（2018年8月29日22时）

图 7.32　深圳河流域易涝点空间分布模拟与实测对比

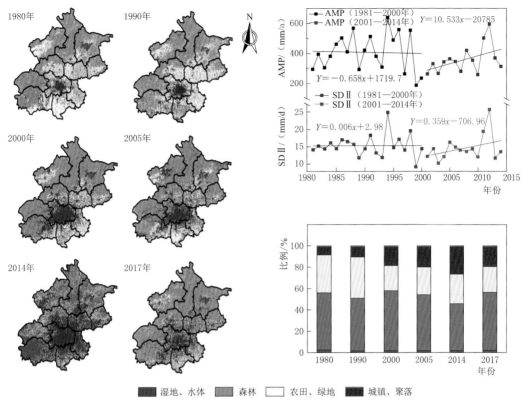

图 8.1 北京市 1980—2017 年土地利用类型变化

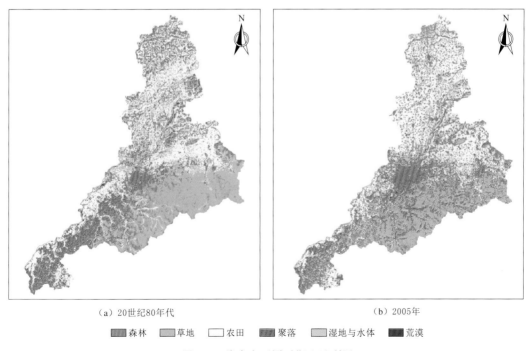

（a）20世纪80年代 （b）2005年

图 8.2 济南市不同时期土地利用

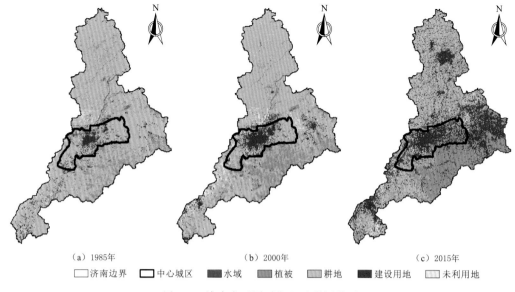

（a）1985年　　　　　（b）2000年　　　　　（c）2015年

☐济南边界　■中心城区　■水域　■植被　■耕地　■建设用地　■未利用地

图 8.4　济南市不同时期土地利用类型

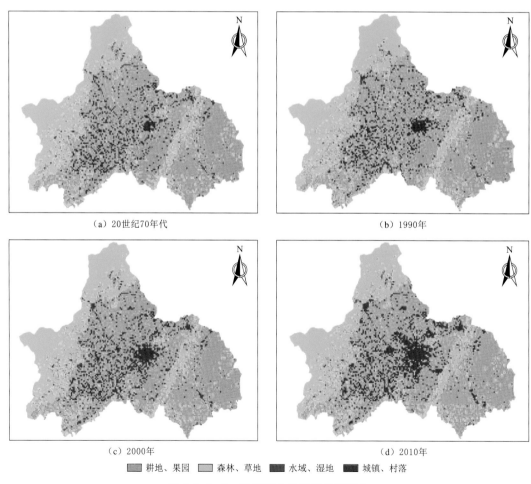

（a）20世纪70年代　　　　　　　　　　　（b）1990年

（c）2000年　　　　　　　　　　　（d）2010年

■耕地、果园　■森林、草地　■水域、湿地　■城镇、村落

图 8.6（一）　成都市土地利用类型变化

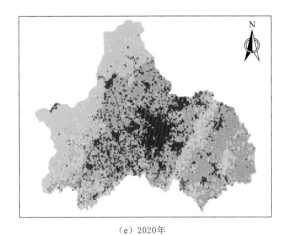

（e）2020年

🔲 耕地、果园　🔲 森林、草地　🔲 水域、湿地　■ 城镇、村落

图 8.6（二）　成都市土地利用类型变化

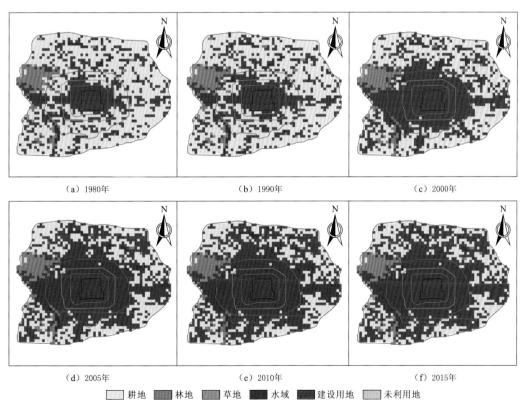

（a）1980年　　　　　　　（b）1990年　　　　　　　（c）2000年

（d）2005年　　　　　　　（e）2010年　　　　　　　（f）2015年

🔲 耕地　■ 林地　🔲 草地　■ 水域　■ 建设用地　🔲 未利用地

图 8.15　北京城区六环范围内土地利用类型

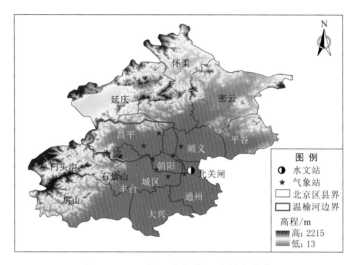

图 8.21 温榆河流域位置及站点分布

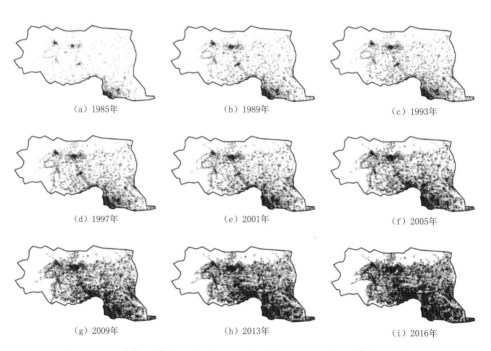

(a) 1985年   (b) 1989年   (c) 1993年

(d) 1997年   (e) 2001年   (f) 2005年

(g) 2009年   (h) 2013年   (i) 2016年

图 8.22 研究期温榆河不透水面积空间变化过程（红色区域为不透水面）